普通高等教育通识类课程教材

大学计算机基础上机实践教程
（第八版）

主　编　罗　奕　钱　前

副主编　张　勇　王俊杰　孟　丽　刘剑波

主　审　何振林

中国水利水电出版社
www.waterpub.com.cn
·北京·

内 容 提 要

本书是《大学计算机基础》（第八版）（罗奕、胡绿慧主编，中国水利水电出版社）一书的配套教材。

本书安排 8 章、共 18 个实验，以 Windows 10 和 Microsoft Office 2016 为背景，安排了 Windows 10 操作系统、网络与 Internet 应用、Access 2016 数据库技术基础、Word 2016 文字处理、Excel 2016 电子表格、PowerPoint 2016 演示文稿、Python 程序设计基础、Pandas 数据分析与 Matplotlib 数据可视化等内容的实践练习等。

本书语言流畅、结构简明、内容丰富、条理清晰、循序渐进、可操作性强，注重基础训练和高级应用能力的培养。

本书既可作为应用型高等学校、高职高专和成人高校非计算机专业学生计算机基础课程的上机辅导教材，也可供各类计算机培训及自学者使用。

本书配有实验素材，读者可以从中国水利水电出版社网站（www.waterpub.com.cn）或万水书苑网站（www.wsbookshow.com）免费下载。

图书在版编目（CIP）数据

大学计算机基础上机实践教程 / 罗奕，钱前主编.
8 版. -- 北京 : 中国水利水电出版社，2025. 8.
（普通高等教育通识类课程教材）. -- ISBN 978-7-5226
-3472-2

Ⅰ. TP3

中国国家版本馆 CIP 数据核字第 2025AY1840 号

策划编辑：寇文杰　　责任编辑：张玉玲　　加工编辑：丰芸　　封面设计：苏敏

书　　名	普通高等教育通识类课程教材 **大学计算机基础上机实践教程（第八版）** DAXUE JISUANJI JICHU SHANGJI SHIJIAN JIAOCHENG
作　　者	主　编　罗　奕　钱　前 副主编　张　勇　王俊杰　孟　丽　刘剑波 主　审　何振林
出版发行	中国水利水电出版社 （北京市海淀区玉渊潭南路 1 号 D 座　100038） 网址：www.waterpub.com.cn E-mail: mchannel@263.net（答疑） 　　　　sales@mwr.gov.cn 电话：（010）68545888（营销中心）、82562819（组稿）
经　　售	北京科水图书销售有限公司 电话：（010）68545874、63202643 全国各地新华书店和相关出版物销售网点
排　　版	北京万水电子信息有限公司
印　　刷	三河市鑫金马印装有限公司
规　　格	184mm×260mm　16 开本　15.25 印张　390 千字
版　　次	2010 年 3 月第 1 版　2010 年 3 月第 1 次印刷 2025 年 8 月第 8 版　2025 年 8 月第 1 次印刷
印　　数	0001—6000 册
定　　价	42.00 元

凡购买我社图书，如有缺页、倒页、脱页的，本社营销中心负责调换

版权所有·侵权必究

第八版前言

为配合教材《大学计算机基础》(第八版)(罗奕、胡绿慧主编,中国水利水电出版社,2025 年 8 月)课程的学习和帮助读者理解其内容,我们编写了这本《大学计算机基础上机实践教程》(第八版)。

本书内容新颖、面向应用、强调操作能力培养和综合应用,其特点更加突出。本书的宗旨是使读者能够快速掌握办公自动化技术、多媒体技术、网络环境下的计算机应用新技术等。

本书内容紧密结合《大学计算机基础》(第八版)一书,以 Windows 10、Microsoft Office 2016、Python 为背景,安排了 Windows 10 操作系统、网络与 Internet 应用、Access 2016 数据库技术基础、Word 2016 文字处理、Excel 2016 电子表格、PowerPoint 2016 演示文稿、Python 程序设计基础、Pandas 数据分析与 Matplotlib 数据可视化等内容的实践练习。

计算机科学是一门实践性很强的学科,熟练使用计算机已经成为人们应掌握的基本技能之一。计算机应用能力的培养和提高,要靠大量的上机实践与实验来实现。

本书在编写时力求做到语言流畅、结构简明、内容丰富、条理清晰、循序渐进、可操作性强,同时注重基础训练和高级应用能力的培养。全书设计的实验较多,这样便于各任课教师根据实际的教学情况灵活安排。书中共安排 18 个实验,在每个实验中又分别设置了若干个小的实验,以对应《大学计算机基础》(第八版)各个章节的不同内容;在每个实验下还安排了综合练习题,供读者加深对该部分知识点的理解。

所有实验就其内容划分为以下 8 章:

第 1 章:从实验 1 到实验 4,主要安排了有关 Windows 10 操作系统的基础应用实验。介绍了 Windows 10 基础、任务栏和窗口操作、文件与文件夹的操作、Windows 10 控制面板与几个实用小程序这 4 个实验。

第 2 章:安排 2 个实验,主要内容是 TCP/IP 协议网络配置和文件夹共享和 Internet 的基本使用。这 2 个实验可使读者快速了解计算机的网络配置,进行网络浏览等。

第 3 章:安排 Access 2016 数据库技术的实践练习,主要内容有 Access 2016 数据库与数据表、SQL 查询、查询与数据的导出等。

第 4 章:从实验 8 到实验 11,实验内容是 Word 的基本操作和编辑、文档格式设置和页面布局、图文混排、提取目录与邮件合并等。通过这 4 个实验,读者能快速全面地掌握 Word 2016 文字处理软件的使用精髓。

第 5 章:实验 12 和实验 13 的主要实验内容有 Excel 的初步使用、Excel 的数据分析与图形化。通过这 2 个实验,读者能够了解 Excel 处理数据的强大功能。

第 6 章:安排 1 个实验,包含 2 个综合实验指导。通过该实验,读者将具备幻灯片的制作、编辑、修饰及切换和动画创建的能力。

第 7 章:安排 3 个实验,通过这些实验,读者可具备一定的 Python 程序设计能力。

第 8 章:安排 1 个实验,包含 7 个小实验。通过这些实验,读者可具备 Pandas 数据处理和分析能力,同时还具备对数据进行可视化展示的能力。

本书可作为大中专院校"大学计算机基础"课程的配套实验教材，也可供自学《大学计算机基础》（第八版）的读者参考。

本书在编写过程中，参考了大量的资料，在此对这些资料的作者表示感谢，同时在这里也特别感谢我的同事，他（她）们为本书的写作提供了无私的建议。

本书的编写得到了中国水利水电出版社全方位的帮助，以及有关兄弟院校的大力支持，在此一并表示感谢。

本书由罗奕、钱前任主编，张勇、王俊杰、孟丽、刘剑波任副主编，由何振林主审。胡绿慧、程小恩、杨霖、肖丽、罗维、赵亮、何力、张晓彤、王德贤、闵新、程爱景、陈卓、彭安杰、何振林、何若熙等任编委。

由于时间仓促及作者的水平有限，虽经多次教学实践和修改，书中难免存在错误和不妥之处，恳请广大读者批评指正。

编 者
2025 年 3 月

第一版前言

计算机是一门实验性很强的学科,能熟练使用计算机已经是人们最基本的技能之一。计算机应用能力的培养和提高,要靠大量的上机实践与实验来实现。为配合创新教材《大学计算机基础》(何振林、罗奕主编,中国水利水电出版社,2010 年 6 月)课程的学习和对其内容的理解,我们编写了这本《大学计算机基础上机实践教程》。

本教程内容新颖、面向应用、强调操作能力培养和综合应用,其特点更加突出。本书宗旨是使读者能够快速掌握办公自动化技术、多媒体技术、网络环境下的计算机应用技术等。

教材紧密结合《大学计算机基础》一书,以 Windows XP、Microsoft Office 2003 为背景软件,安排了键盘操作与指法练习、Windows XP 操作系统、中文 Word 2003 文字处理系统、Excel 2003 电子表格、PowerPoint 2003 演示文稿、Photoshop 图像处理与 Flash 动画制作、TCP/IP 网络配置和文件夹共享、Internet 基本使用、FrontPage 2003 网页制作初步以及文件压缩 WinRAR 等 6 种常用工具软件的实践练习。

本教材在编写时力求做到语言流畅、结构简明、内容丰富、条理清晰、循序渐进、可操作性强,同时注重应用能力的培养。全书设计的实验较多,这样便于各任课教师根据实际的教学情况灵活安排。教材中安排 25 个实验,在每个实验中又分别设置了若干个小的实验,以对应于《大学计算机基础》各个章节的不同内容;在每个实验后面还安排了大量的思考与综合练习题,供读者加深对该部分的理解与提高。

所有实验,就其内容来说,可划分为以下 9 章:

第 1~2 章:从实验一到实验七,主要安排了有关 Windows XP 操作系统的基本操作与使用。介绍了键盘操作与指法练习、Windows XP 的基本操作、文件与文件夹的操作、磁盘管理与几个实用程序、Windows XP 的系统设置与维护、注册表的使用等。

第 3 章:从实验八到实验十四,实验内容是 Word 的基本初步、Word 表格与图形、Word 的高级操作等。通过这 5 个实验,使读者能快速地了解和掌握 Word 2003 文字处理软件的使用精髓。

第 4 章:从实验十五到实验十七,主要内容有 Excel 的基本操作、Excel 数据管理以及 Excel 数据的图形化。

第 5 章:从实验十八到实验二十,即 PowerPoint 使用初步、幻灯片的修饰和编辑以及 PowerPoint 高级操作等 3 个实验。

第 6 章:安排实验二十一,即 Photoshop 与 Flash 使用初步。通过该实验,使读者具备处理图片和制作动画的初步能力。

第 7 章:安排了两个实验,主要内容是 TCP/IP 网络配置与文件夹共享和 Internet 基本使用。这两个实验,使读者快速了解计算机的网络配置,进行网络浏览等。

第 8 章:安排了一个实验,即 FrontPage 2003 网页制作初步。该实验能让读者学会使用 FrontPage 2003 进行初步的网页制作。

第 9 章:为了方便日常生活的需要,安排了 6 个实用型小程序的实验内容。这部分内容安排在实验二十五中。在本实验中，包括压缩软件 WinRAR 的高级功能的使用、暴风影音（Media Player Classic）的使用、Arial CD Ripper 音频转换软件的使用、迅雷（Thunder）下载软件的使用、WinISO 映像文件制作软件的使用、使用 Nero-Burning Rom 制作光盘等内容。

本教程可作为大中专院校开设"大学计算机基础"课程的配套实验教材，也可供自学《大学计算机基础》的读者参考。

本书在编写过程中，参考了大量的资料，在此对这些资料的作者表示感谢，同时在这里也特别感谢为本书的写作提供帮助的人们。

本书主要由何振林、胡绿慧任主编，罗奕、杜磊、信伟华、范彩霞任副主编，参加编写的还有孟丽、赵亮、张庆荣、张勇、肖丽、王俊杰、刘剑波、杨进、杨霖、庞燕玲等。本书的编写得到了中国水利水电出版社以及有关兄弟院校的大力支持，在此一并表示感谢。

由于时间仓促及作者的水平有限，虽经多次教学实践和修改，书中难免存在错误和不妥之处，恳请广大读者批评指正。

编　者
2009 年 12 月

目 录

第八版前言
第一版前言
第1章 Windows 10 操作系统 1
   实验1 Windows 10 基础 1
   实验2 任务栏和窗口操作 7
   实验3 文件与文件夹的操作 11
   实验4 Windows 10 控制面板与几个实用小程序 16
第2章 网络与 Internet 应用 27
   实验5 TCP/IP 协议网络配置和文件夹共享 27
   实验6 Internet 的基本使用 35
第3章 Access 2016 数据库技术基础 47
   实验7 Access 2016 数据库技术基础 47
第4章 Word 2016 文字处理 65
   实验8 Word 的基本操作和编辑 65
   实验9 文档格式设置和页面布局 72
   实验10 图文混排 82
   实验11 提取目录与邮件合并 93
第5章 Excel 2016 电子表格 116
   实验12 Excel 的初步使用 116
   实验13 Excel 的数据分析与图形化 135
第6章 PowerPoint 2016 演示文稿 155
   实验14 PowerPoint 的使用 155
第7章 Python 程序设计基础 186
   实验15 Python 语言环境的使用 186
   实验16 结构化程序设计 192
   实验17 函数的使用 200
第8章 Pandas 数据分析与 Matplotlib 数据可视化 210
   实验18 Pandas 数据分析与 Matplotlib 数据可视化 210
参考文献 236

第 1 章　Windows 10 操作系统

实验 1　Windows 10 基础

实验目的

（1）掌握 Windows 10 开启与退出的正确方法。
（2）掌握 Windows 10 的基本操作和"任务管理器"的使用方法。
（3）了解"记事本"和"写字板"程序的启动方法、文件保存和退出的方法。
（4）了解压缩软件 WinRAR 的基本使用方法。

实验内容与操作步骤

实验 1-1

实验内容：Windows 10 的基本操作。
操作方法及步骤如下：
（1）启动并登录计算机。按主机前置面板上的"电源开关"按钮，启动并登录进入 Windows 10，观察 Windows 10 桌面的组成。
（2）鼠标的基本操作练习。
1）右击桌面空白处，执行快捷菜单中的"个性化"命令，打开如图 1-1 所示的个性化"设置"窗口。利用窗口左侧的"背景"菜单，选择一幅图片作为新的桌面背景。

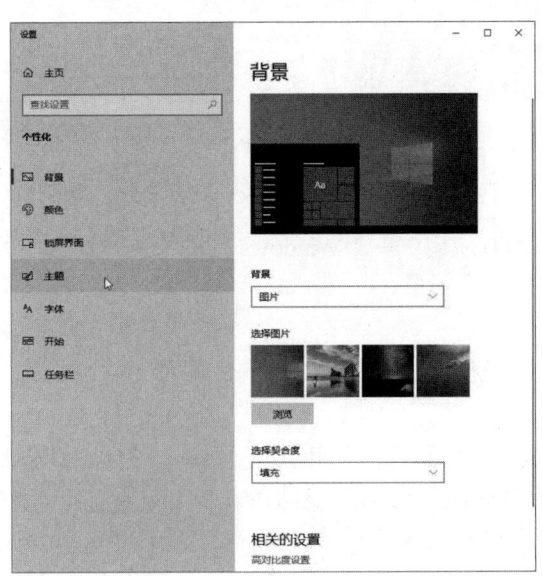

图 1-1　个性化"设置"窗口

利用"锁屏界面"菜单，选择一幅图片作为新的锁屏界面；使用"变幻线"并且设置"等待"为 2 分钟，作为屏幕保护程序。

利用"主题"菜单，显示或隐藏桌面上的"此电脑"和"用户的文件"文件夹图标。

2）按住左键，将"此电脑"图标 移动到桌面上的其他位置。

3）按住右键，拖动"此电脑"图标到桌面某一位置，松开后，选择某一操作。

4）双击或右击打开"此电脑"窗口。

5）用鼠标实行拖拽操作改变"此电脑"窗口的大小和在桌面上的位置。

6）将鼠标指针指向任务栏的右边系统通知区的"当前时间"图标 ，单击打开"当前日期"对话框，用户可在此对话框中调整系统时间与日期。

7）右击桌面空白处，执行快捷菜单中的"显示设置"命令，打开如图 1-2 所示的显示设置"设置"窗口。利用此窗口左侧的"显示"菜单，将桌面上的图标和文字扩大 25%；使用"电源和睡眠"菜单，设置无人操作时，经过 10 分钟后，电脑自动进入睡眠状态。

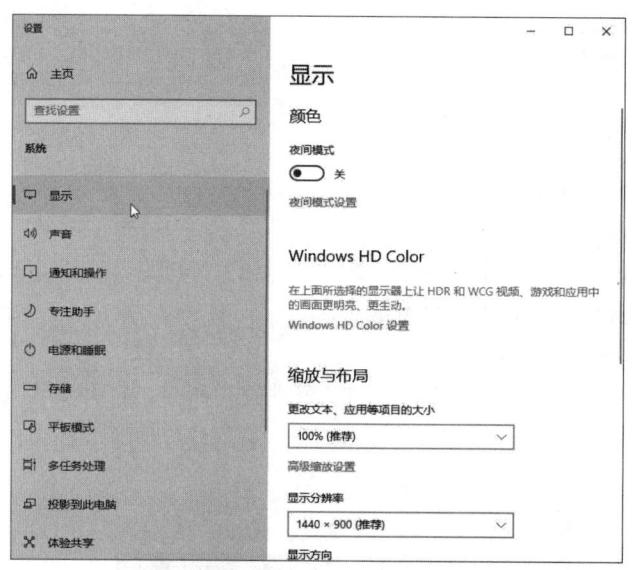

图 1-2 显示设置"设置"窗口

8）在 Windows 10 桌面上，双击 打开 Microsoft Edge 浏览器。

9）单击"开始"→"所有应用"→"Windows 附件"→"画图"命令，打开"画图"程序。

实验 1-2

实验内容：桌面的基本操作。

操作方法及步骤如下：

（1）通过鼠标拖拽添加一个新图标。单击"开始"图标，在弹出的菜单中将鼠标指针指向"所有应用"，拖动"所有应用"右侧的滚动条，找到 命令。右击，在弹出的快捷菜单中，依次选择"更多"→"打开文件位置"项，在打开的 Proograms 窗口中，找到 PowerPoint 快捷方式。按住 Ctrl 键，按住左键拖拽该图标至桌面，松开后可在桌面上添加一个 图标。

（2）使用"新建"菜单添加新图标。在桌面任一空白处右击，在弹出的快捷菜单中选择"新建"命令，然后在子菜单中选择"快捷方式"命令。然后，利用"创建快捷方式"向导，选择所需对象，创建新快捷图标，如创建"记事本"程序的快捷方式图标。

（3）图标的更名。选择上面创建的"记事本"程序的快捷方式图标并右击，在弹出的快捷菜单中选择"重命名"命令，重新输入一新名称即可。

（4）删除前面新建的图标。将鼠标指针指向前面建立的 PowerPoint 图标并右击，在弹出的快捷菜单中选择"删除"命令（或将该对象图标直接拖到"回收站"）。

（5）排列图标。右击桌面，在弹出的快捷菜单中选择"查看"命令，观察下一层菜单中的"自动排列图标"命令是否起作用（看该命令前是否有"√"标记），若没有，单击使之起作用；移动桌面上某图标，观察"自动排列图标"命令如何起作用；右击桌面，调出桌面快捷菜单中的"排序方式"菜单项，分别按"名称""大小""项目类型""修改日期"排列图标；取消桌面的"自动排列图标"方式。

实验 1-3

实验内容：使用"Windows 任务管理器"查看已打开的程序，利用进程关闭程序。

实验准备：先将 Windows Media Player（媒体播放器）、计算器、写字板、记事本等程序打开。

操作方法及步骤如下：

（1）右击任务栏的空白处，在弹出的快捷菜单中选择"任务管理器"命令，打开"任务管理器"窗口，如图 1-3 所示。

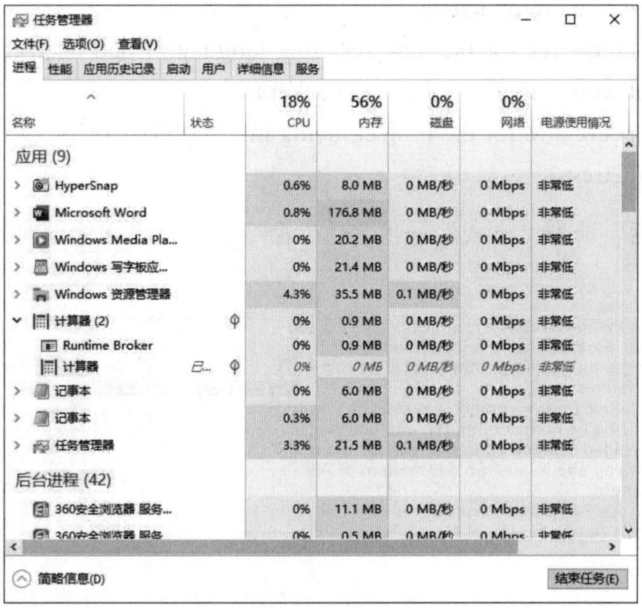

图 1-3　"任务管理器"窗口

（2）单击"进程"选项卡，该标签页下显示计算机上正在运行的进程的信息，包括应用、后台进程等。

在"进程"选项卡中，找到需要结束的进程，右击，执行快捷菜单中的"结束进程"命令（或单击"任务管理器"窗口右下角的"结束任务"按钮 结束任务(E) ）就可以强行终止相应程序，如 notePad.exe（记事本）。不过这种方式将丢失未保存的数据，而且如果结束的是系统服务，则系统的某些功能可能无法正常使用。

提示：如果要打开"任务管理器"窗口，还可使用下面的方法：

方法 1：右击"开始"按钮，在弹出的快捷菜单中，执行"任务管理器"命令。

方法 2：按下 Windows + R 组合键，打开 Windows 10 运行命令窗口。在"打开"框中输入命令：taskmgr.exe。然后，单击"确定"按钮。

方法 3：同时按下 Ctrl + Shift + Esc 组合键。

实验 1-4

实验内容：记事本的使用。

操作方法及步骤如下：

（1）单击"开始"→"所有应用"→"Windows 附件"→"记事本"命令，打开"记事本"窗口。

（2）将下列英文短文录入"记事本"，短文如下：

The Python's history

Over six years ago, in December 1989, I was looking for a "hobby" programming project that would keep me occupied during the week around Christmas.

My office (a government-run research lab in Amsterdam) would be closed, but I had a home computer, and not much else on my hands.

I decided to write an interpreter for the new scripting language I had been thinking about lately: a descendant of ABC that would appeal to Unix/C hackers.

I chose Python as a working title for the project, being in a slightly irreverent mood (and a big fan of Monty Python's Flying Circus).

（3）输入完成后，单击"格式"→"字体"命令，打开"字体"对话框，如图 1-4 所示。

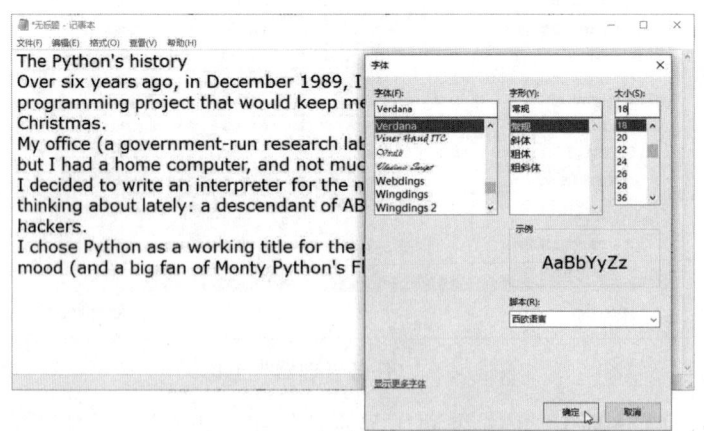

图 1-4 记事本中的"字体"对话框

（4）选择字体为 Verdana，大小为 18，观察记事本窗口中文字的变化。

（5）单击"文件"菜单中的"保存"命令，打开"另存为"对话框，在"保存在"下拉列表框中，选择一个目录（文件夹）如 Administrator 作为该文件保存的位置，然后在"文件名"文本框中输入 ywlx，单击"保存"按钮，则输入的内容保存在文件 ywlx.txt 中。

（6）单击"文件"菜单中的"退出"命令，关闭"记事本"窗口。

实验 1-5

实验内容：使用写字板录入下面的汉字短文，并以文件名 zw.docx 保存。

操作方法及步骤如下：

（1）右击"开始"按钮，执行快捷菜单中的"运行"命令。打开"运行"对话框，然后在"打开"文本框处输入 Wordpad.exe，单击"确定"按钮，打开如图 1-5 所示的"写字板"程序窗口。

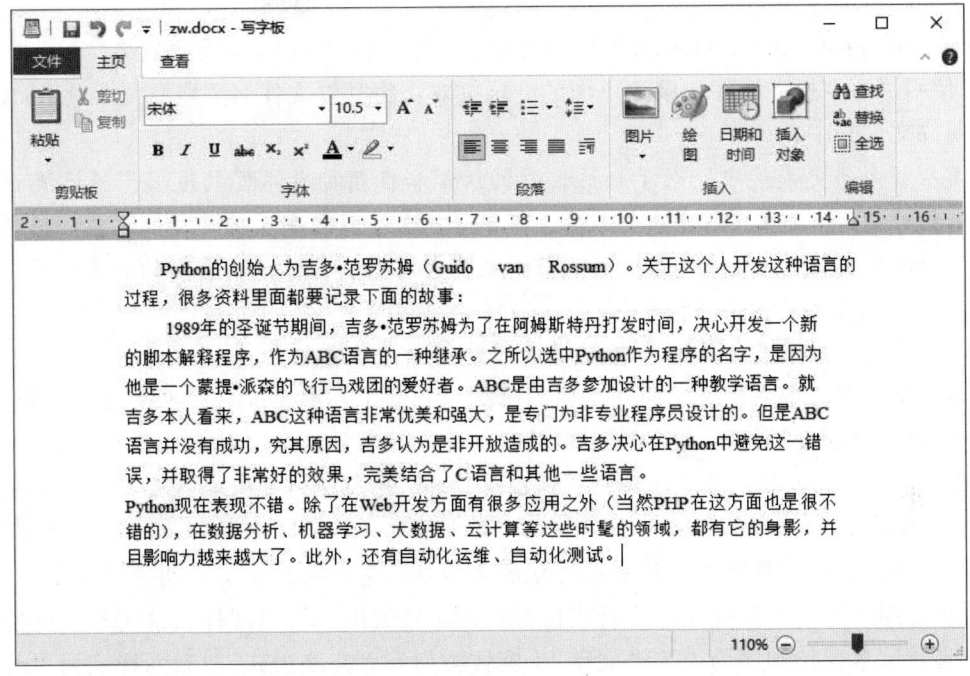

图 1-5　"写字板"窗口

（2）在"写字板"里输入图 1-5 中的短文。

（3）短文输入完毕后，按下 Ctrl+S 组合键，打开"另存为"对话框，在"文件名"文本框中输入 zw.docx，单击"保存"按钮，短文以 Word 文档格式存盘。

思考与综合练习

1. 打开两个"记事本"程序，然后使用"Windows 任务管理器"，关闭其中一个"记事本"程序。

2. 使用"记事本"程序，输入下面的一段文本，将其以文件名"我的网页.html"保存到桌面上。

```html
<html>
    <head>
        <title>欢迎来到梦之都</title>
    </head>
    <body>
        <p>这是我的第一个网页,在这里
            <a href="http://www.dreamdu.com/xhtml/">
            尽情学习使用 SharePoint Designer 2010 制作网页吧!
            </a>
        </p>
    </body>
</html>
```

3．在 Windows 10 桌面上双击 Microsoft Edge 图标 ，在浏览器地址栏处输入 "C:\Users\Administrator\Desktop\我的网页.html",并按下 Enter 键,观察效果。

4．使用 "写字板" 程序,录入下面的一段文本,将其以文件名 "电脑与文化.docx" 保存到桌面用户文件夹中。

人类在社会历史发展中,对于自然世界的认识和在精神世界里的追求,源远流长,形成了巨大的精神财富,如文学、艺术、教育、科学等,这些以文字或符号加以记载和传播,就形成了我们所说的文化。历史上,尽管各民族的文化差异很大,但一项重大的科学成就,常常能够影响整个世界文化发展的进程。

机械的发明,延长了人类用于劳动的四肢;而电子计算机的出现,则延伸了人类用于思维的大脑,使人类的智慧挣脱时间和空间的限制,开创了人类改造自然也改造自身的新纪元。为此,电子计算机也叫电脑。电脑涌向了科研机关、军事系统和工矿企业,也走进了办公室、家庭和教室,既万马奔腾,又涓涓细流,风靡全世界,电脑进入了人类活动的一切领域,正无情地改变着文化和文明的本来含义:一个人的文化程度,将要以电脑知识的多少来重新评价;一个国家的发展水平,将要以电脑应用的程度来加以衡量,电脑成了文明的同义词。

5．当使用 "写字板" 完毕后,若直接按正常步骤关机,会出现什么情况?如何处理?

6．设置屏幕保护程序为 "三维文字",旋转类型为 "跷跷板式",表面样式为 "纹理"。

7．设置屏幕保护程序为 "三维文字",文字内容为 "自己姓名+班级",等待时间为 1 分钟,并要有密码保护。

8．设置桌面为你喜欢的样式。

9．要求桌面只显示 "此电脑" 和 "回收站" 图标。

10．更改桌面 "此电脑" 的图标。

11．在桌面上新建一个文本文件(文件名为 "a.docx"),在 Windows "搜索框" 中搜索关键字 "任务管理器",找出打开任务管理器的七种方式的操作方法,并将内容保存到 "a.docx" 文件中。

实验 2　任务栏和窗口操作

实验目的

（1）了解 Windows 桌面上图标的概念以及对图标的各种操作。
（2）理解任务栏的概念，掌握操作任务栏的各种设置；使用 Windows 帮助系统。
（3）理解窗口的概念，熟悉窗口的种类，掌握对窗口的各种操作。
（4）学会使用 Windows 的截图功能。

实验内容与操作步骤

实验 2-1

实验内容：使用任务栏上的"开始"按钮和工具栏浏览计算机。
操作方法及步骤如下：

（1）单击"开始"→"文档"命令，打开"文档"文件夹；单击"开始"→"音乐"命令，打开库中的"音乐"文件夹，观察任务栏上"文件资源管理器"图标是否有重叠现象。

（2）单击"开始"→"所有应用"→"Windows 附件"→"记事本"命令，打开"记事本"程序，当前窗口为记事本，此时对应图标发亮。

（3）单击任务栏上的不同图标，在"记事本"窗口和"文件资源管理器"窗口间切换。

（4）单击任务栏上最右侧的"显示桌面"▍按钮，快速最小化已经打开的窗口并在桌面之间切换。

实验 2-2

实验内容：在 Windows 10 中，对窗口进行操作。
操作方法及步骤如下：

（1）双击桌面上"此电脑"图标，打开"此电脑"窗口，观察图标、 、 、 、 、 、 和 ，理解这些图标的含义（注意，必要时可打开其他文件夹）。

（2）在"此电脑"窗口中，单击"查看"选项卡，在"布局"组中，分别选择"超大图标"、"中图标"、"列表"、"大图标"、"小图标"、"详细信息"、"平铺"和"内容"菜单项，观察窗口内图标的变化。

（3）用"此电脑"窗口右上角的"最大化"、"最小化"、"还原"和"关闭"按钮来改变窗口的状态。

（4）用控制菜单打开、最大化、还原、最小化和关闭窗口。
（5）用拖动的方式调节窗口的大小和位置。
（6）选定一个文件夹，对其进行复制、重命名、删除以及恢复等操作。
（7）用"任务栏"中的"搜索框"打开一个应用程序，如文件资源管理器 explorer.exe。
（8）同时打开 3 个窗口，如"此电脑"、Administrator（即用户文件夹）、"回收站"，并把它们最小化。然后在不同窗口之间进行切换；对已打开的多个窗口分别按层叠、堆叠和并排显示方式显示窗口。

（9）按下 PrintScreen 键或 Alt+PrintScreen 组合键，可把整个屏幕或当前窗口复制到剪贴板中。然后，运行"写字板"程序，打开 zw.docx 文档，再单击"粘贴"按钮，观察效果。

实验 2-3

实验内容：设置任务栏，要求完成下面的操作任务。
（1）将任务栏移到屏幕的右边缘，再将任务栏移回原处。
（2）改变任务栏的高度。
（3）取消任务栏上的时钟并设置任务栏为自动隐藏。
（4）将"开始"→"所有应用"中的 计算器 锁定到任务栏，然后再从任务栏中解锁。
（5）单击任务栏上显示的"桌面"图标，看看有什么作用。

操作方法及步骤如下：
（1）操作任务 1。
步骤 1：右击"任务栏"空白处，执行快捷菜单中的"锁定任务栏"命令。
步骤 2：再将鼠标指针指向"任务栏"空白处，按住左键，拖动"任务栏"到屏幕右边缘。之后，再拖动"任务栏"到屏幕的下边缘。
（2）操作任务 2。
步骤：将鼠标移动到"任务栏"与桌面交界处，此时鼠标指针变为↕，按住左键并拖动，可改变"任务栏"的高度。
（3）操作任务 3。
步骤 1：右击"任务栏"空白处，执行快捷菜单中的"任务栏设置"命令，打开如图 2-1 所示的"设置"窗口。

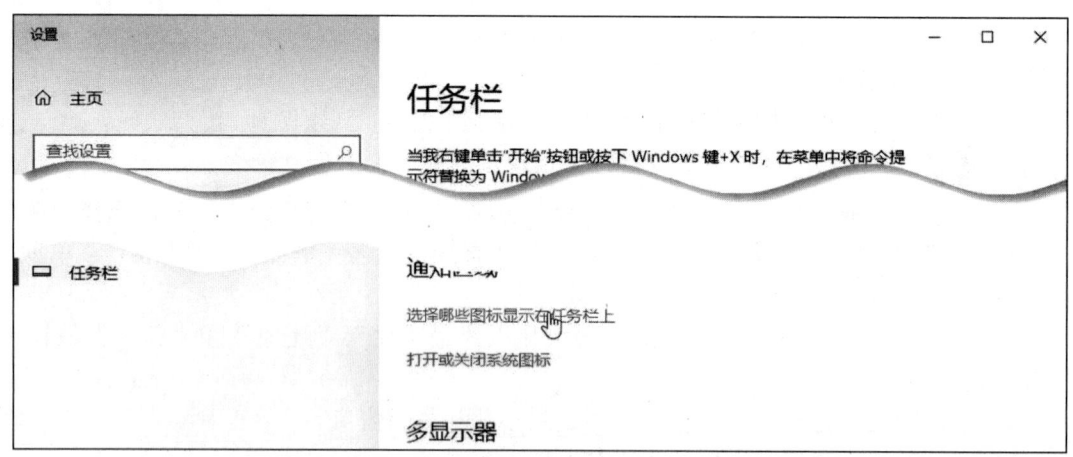

图 2-1 "设置"窗口

步骤 2：拖动窗口右侧滚动条，显示出"通知区域"项目栏，单击"打开或关闭系统图标"按钮，弹出如图 2-2 所示的"打开或关闭系统图标"窗口，找到"时钟"图标，拖动其右侧开关按钮到左侧。

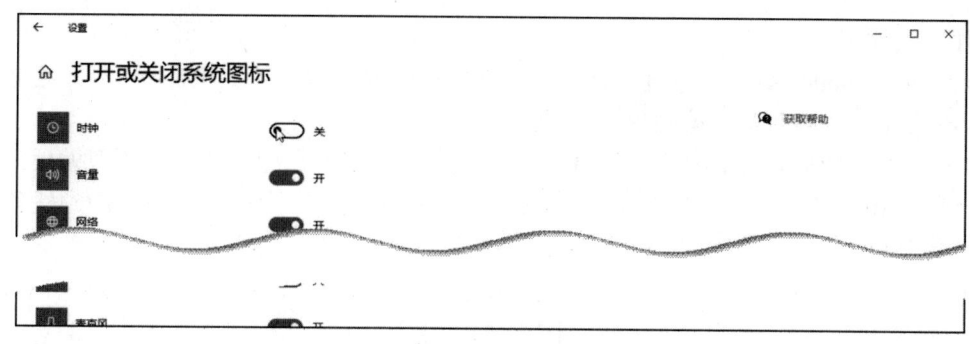

图 2-2 "打开或关闭系统图标"窗口

（4）操作任务 4。

步骤 1：依次单击"开始"→"所有应用"→"Windws 附件"，右击 计算器 图标，执行快捷菜单中的"固定到任务栏"命令。

步骤 2：在"任务栏"中，右击计算器图标，执行快捷菜单中的"从任务栏取消固定"命令。

（5）操作任务 5。

步骤：单击任务栏最右侧的"显示桌面"按钮，此时将最小化所有窗口并显示出整个桌面。再次单击该图标，看看有什么作用。

实验 2-4

实验内容："此电脑"窗口的使用。

操作方法及步骤如下：

（1）"此电脑"窗口的打开。打开窗口的方法有两种：一是在桌面上双击"此电脑"图标；二是将鼠标指针指向"此电脑"图标并右击，在弹出的快捷菜单中，选择"打开"命令。

（2）浏览磁盘。在打开的"此电脑"窗口中，将鼠标指针指向 C 盘，双击打开，此时在"文件资源管理器"右窗格中显示 C 盘的对象内容，再将鼠标指针指向文件夹 Program Files，双击打开。

执行"查看"选项卡下"窗格"组中的"预览窗格"命令，观察窗口的显示方式。

（3）分别单击"地址栏"左侧的"后退"按钮←和"前进"按钮→，观察窗口中显示内容的变化。

思考与综合练习

1．打开"开始"菜单的方法有几种？分别怎样进行操作？

2．窗口由哪些部分组成？对窗口进行放大、缩小、移动、滚动、最大化、恢复、最小化、关闭等操作。当打开多个窗口时，如何激活某个窗口，使之变成活动窗口？

3．利用"任务栏"菜单，搜索本地硬盘中所有的 EXE 文件。按下 Windows+T 组合键打开任务中的程序。

4．使用"截图工具"截取桌面和"此电脑"窗口，图片截取后分别以 Desktop.jpg 和 FileEexplorer.jpg 为文件名保存到桌面中。

5．通过下面的操作，使程序不能固定在任务栏中。

操作方法如下：

（1）按下 Windows+R 组合键，打开"运行"对话框，如图 2-3 所示。然后，在命令框中输入 gpedit.msc（本地组策略编辑器），按 Enter 键。

（2）打开"本地组策略编辑器"窗口后，依次展开"用户配置"→"管理模板"→"开始"→"菜单和任务栏"，接着在右边"设置"列表中右击"不允许将程序附加到任务栏"选项，在快捷菜单中单击"编辑"命令，如图 2-4 所示。

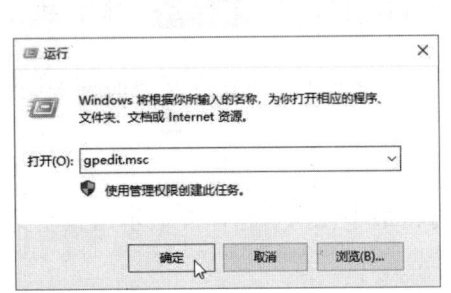

图 2-3　"运行"对话框

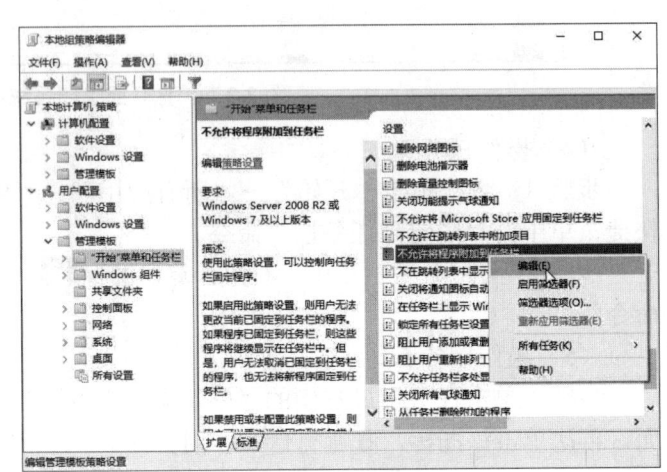

图 2-4　"本地组策略编辑器"窗口

（3）在弹出的"不允许将程序附加到任务栏"对话框中，单击"已启用"单选项，然后单击"确定"更改设置即可，如图 2-5 所示。

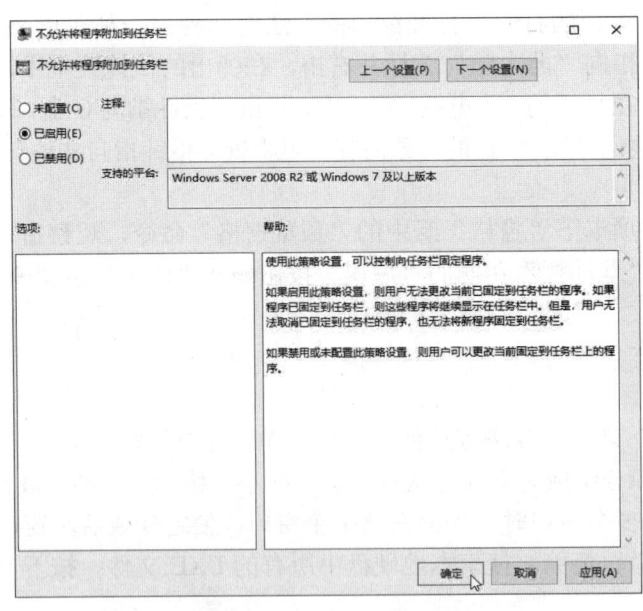

图 2-5　"不允许将程序附加到任务栏"对话框

完成上述操作，重启电脑后，用户便无法取消已固定到任务栏的程序，也无法将新程序固定到任务栏。

实验 3　文件与文件夹的操作

实验目的

（1）熟练掌握"文件资源管理器"的使用。
（2）掌握对文件（夹）的浏览、选取、创建、重命名、复制、移动和删除等操作。
（3）掌握文件和文件夹属性的设置。
（4）掌握在 Windows 中如何搜索文件（夹）。
（5）掌握"回收站"的使用。

实验内容与操作步骤

实验 3-1

实验内容："文件资源管理器"窗口的使用。
操作方法及步骤如下：

（1）"文件资源管理器"窗口的打开。打开窗口的常见方法有 4 种：①依次单击"开始"→"所有程序"→"Windows 系统"→"文件资源管理器"命令；②右击"开始"菜单，在弹出快捷菜单中选择"文件资源管理器"命令；③右击"开始"→"运行"命令，弹出"运行"对话框，在"打开"文本框处输入 explorer，然后按下 Enter 键即可；④按 ⊞+E 组合键。

（2）调整左右窗格的大小。将鼠标指针指向左右窗格的分隔线上，当鼠标指针变为水平双向箭头↔时，按住左键左右移动即可调整左右窗格的大小。

（3）展开和折叠文件夹。单击"此电脑"前的大于符号图标>或双击"此电脑"，将文件夹展开，此时大于符号>变成了向下图标⌄。在左窗格中，单击"本地磁盘(C:)"前的大于符号图标>或双击"本地磁盘(C:)"，将展开磁盘 C。在左窗格（即导航窗格）中，单击文件夹 Windows 前的大于符号图标>或双击名称 Windows，将展开文件夹 Windows。

单击向下图标⌄或将光标定位到该文件夹，按←键，可将已展开的内容折叠起来。如单击"Windows"前的向下图标⌄也可将该文件夹折叠。

（4）打开一个文件夹。将当前文件夹打开的方法有 3 种：①双击或单击"导航窗格"中的某一文件夹图标；②直接在地址栏中输入文件夹路径，如 C:\Windows，然后按 Enter 键确认；③单击"地址栏"左侧上的 2 个工具按钮即"后退"按钮←或"前进"按钮→，可切换到当前文件夹的上一级或下一级文件夹。

实验 3-2

实验内容：使用"文件资源管理器"窗口选定文件（夹）。
操作方法及步骤如下：

（1）选定文件（夹）或对象。在"文件资源管理器"窗口导航窗格中，依次单击"本地磁盘(C:)"→Windows→Media，此时文件夹 Media 的内容将显示在"文件资源管理器"的右窗格中。

（2）选定一个对象。将鼠标指针指向文件 Windows Logon.wav 图标上，单击即可选定该对象。

（3）选定多个连续对象。单击"查看"选项卡下"布局"组中的"列表"命令 列表 ，将 Media 文件夹下的内容对象以列表形式显示在右窗格中，单击选定"Windows Logon.wav"，再按住 Shift 键，然后单击要选定的 Windows Notify.wav，再释放 Shift 键，此时可选定两个文件对象之间的所有对象；也可将鼠标指针指向显示对象窗格中的某一空白处，按下左键拖拽到某一位置，此时鼠标指针拖出一个矩形框，矩形框交叉和包围的对象将全部被选中。

（4）选定多个不连续对象。在文件夹 Media 中，单击要选定的第一个对象，按住 Ctrl 键，然后依次单击要选定的对象，再释放 Ctrl 键，此时可选定多个不连续的对象。

（5）选定所有对象。单击"主页"选项卡下"选择"组中的"全部选择"命令 全部选择 ，或按下 Ctrl+A 组合键，可将当前文件夹下的全部对象选中。

（6）反向选择对象。单击"主页"选项卡下"选择"组中的"反向选择"命令 反向选择 ，可以选中此前没有被选中的对象，同时取消已被选中的对象。

（7）取消当前选定的对象。单击窗口中任一空白处，或按键盘上的任意方向键即可（或使用"选择"组中的"全部取消"命令 全部取消 ）。

实验 3-3

实验内容：文件（夹）的创建与更名。

操作方法及步骤如下：

（1）打开"此电脑"或"文件资源管理器"窗口。

（2）选中一个驱动器符号［这里选择"本地磁盘(C:)"］，双击打开该驱动器窗口。

（3）单击"主页"选项卡下"新建"组中的"新建文件夹"命令 新建文件夹 ，此时就新建了一个文件夹，如图 3-1 所示。

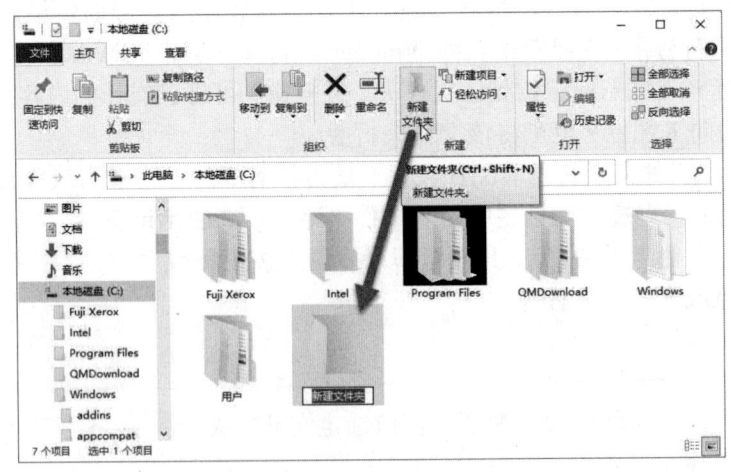

图 3-1 新建一个文件夹

要创建一个文件夹，也可右击窗口空白处，执行弹出的快捷菜单中的"新建"→"文件夹"命令，即可创建一个文件夹。

（4）文件（夹）的重命名。单击选定要重命名的文件（夹），单击"主页"选项卡下"组织"组中的"重命名"按钮，这时在文件（夹）名称框处出现一条不断闪动的竖线即插入点，直接输入新的文件（夹）名称，如 MySite，然后按下 Enter 键或在其他空白处单击即可。

要为一个文件（夹）进行重命名，还有以下几种方法：①将鼠标指针指向需要重命名的文件（夹）并右击，在弹出的快捷菜单中选择"重命名"命令；②将鼠标指针指向文件（夹）名称处，选中该文件（夹）后稍停一会再次单击；③选中需要命名的文件后，直接按下 F2 键，也可进行重命名。

实验 3-4

实验内容：文件（夹）的复制、移动与删除。

复制文件（夹）的方法如下：

（1）选择要复制的文件（夹），如 C:\MySite，按住 Ctrl 键拖拽到目标位置如 D 盘即可完成复制。

（2）选择要复制的文件（夹），按住右键并拖拽到目标位置，松开鼠标，在弹出的快捷菜单中选择"复制到当前位置"命令即可。

（3）选择要复制的文件（夹），单击"主页"选项卡下"剪贴板"组中的"复制"按钮（或右击，在弹出的快捷菜单中选择"复制"命令；也可直接按 Ctrl+C 组合键），然后定位到目标位置，单击"主页"选项卡下"剪贴板"组中的"粘贴"按钮（或右击，在弹出的快捷菜单中选择"粘贴"命令，或直接按 Ctrl+V 组合键）。

（4）使用"主页"选项卡下"组织"组中的"复制到"命令，也可进行复制的操作。

移动文件（夹）的方法如下：

（1）选择要移动的文件（夹），如 C:\MySite；单击"主页"选项卡下"剪贴板"组中的"剪切"按钮（或右击鼠标，在弹出的快捷菜单中选择"复制"命令；也可按 Ctrl+X 组合键）；然后定位到目标位置，单击"主页"选项卡下"剪贴板"组中的"粘贴"按钮（或右击，在弹出的快捷菜单中选择"粘贴"命令，或直接按 Ctrl+V 组合键）。

（2）在"此电脑"或"文件资源管理器"中，单击"主页"选项卡下"组织"组中的"移动到"命令，在弹出的"移动到"列表中，选择要移动到的目标文件夹位置。

删除文件（夹）的方法如下：

（1）选择要删除的文件（夹），如 C:\MySite，直接按 Delete（Del）键。

（2）选择要删除的文件（夹），右击，在弹出的快捷菜单中选择"删除"命令。

（3）选择要删除的文件（夹），单击"主页"选项卡下"组织"组中的"删除"按钮（或按下 Ctrl+D 组合键）。

执行上述命令或操作后，在弹出的如图 3-2 所示的"删除文件夹"对话框中，单击"是"按钮。

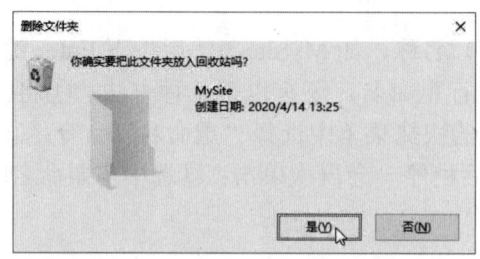

图 3-2 "删除文件夹"对话框

在删除时，若按住 Shift 键不放，则会弹出和图 3-2 所示对话框不同的"确认文件夹删除"对话框，单击"是"按钮，则删除的文件（夹）不送到"回收站"而直接从磁盘中删除。

实验 3-5

实验内容：设置与查看文件（夹）的属性。
操作方法及步骤如下：

选定要查看属性的文件（夹），如文件夹 C:\MySite，单击"主页"选项卡下"打开"组中的"属性"按钮，则弹出文件（夹）的"属性"对话框，可查看该文件夹的属性。

双击打开 C:\MySite，右击，在弹出的快捷菜单中，单击"新建"命令，在下一级联菜单中选择"Microsoft Word 文档"，建立一个空白的 Word 文档；单击该新建文档并右击，在弹出的快捷菜单中，选择"属性"命令，打开该文件的"属性"对话框，观察此文件的各种属性。

实验 3-6

实验内容：搜索窗口的打开。
打开搜索窗口的方法如下：

（1）打开"此电脑"或"文件资源管理器"，在窗口左侧导航窗格中单击要搜索的磁盘或文件夹，然后再在窗口右上方的"搜索框"中输入要搜索的文件或文件夹名称，单击"搜索"按钮，系统弹出搜索列表，选择条件，系统即可开始进行搜索，如图 3-3 所示。

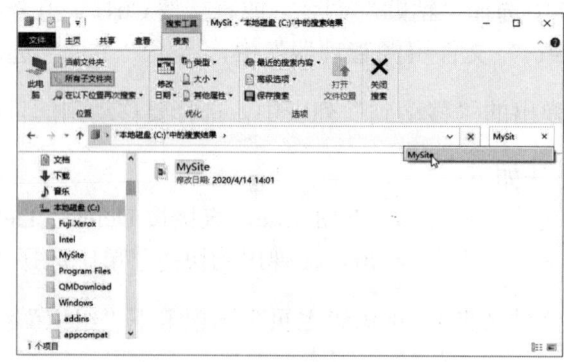

图 3-3 利用"搜索框"进行查找

（2）如果中断搜索，可单击"搜索工具/搜索"选项卡中的"关闭搜索"按钮，但此时也将关闭已搜索出的结果。

提示：

（1）利用在"搜索工具/搜索"选项卡中的各种命令，可以设置在什么地方、以什么条件（如修改日期、通过文件类型、文件大小等）进行搜索，读者还可以保存搜索的结果。

（2）可使用通配符"*"和"？"来帮助进行搜索。其中，"*"表示代替文件名中任意长的一个字符串；"？"表示代替每一个单个字符。

思考与综合练习

1．建立桌面对象，要求完成：

（1）通过快捷菜单在桌面上为"文件资源管理器"建立快捷方式。

（2）在桌面上建立名为 myfile.txt 的文本文件和名为"我的数据"的文件夹。

（3）使用拖拽（复制）方法在桌面上建立查看 C 盘资源的快捷方式。

（4）在 Administrator（即用户文件夹）里利用快捷菜单中的"发送到"命令，在桌面上建立可以打开文件夹"文档"的快捷方式。

2．桌面对象的移动和复制，要求完成：

（1）将题 1 在桌面上建立的"文件资源管理器"快捷方式移动到"我的数据"文件夹内。

（2）用 Ctrl 键加鼠标拖拽操作，将桌面上的文件 myfile.txt 文件复制到"我的数据"文件夹内。

3．完成以下对文件或文件夹的操作：

（1）设置 Windows，在文件夹中显示所有文件和文件夹。

（2）在桌面上选择一个文件或文件夹，改变其图标。

4．现有文件夹结构，如图 3-4 所示（本题所用文件夹及各类文件，请读者自建）。

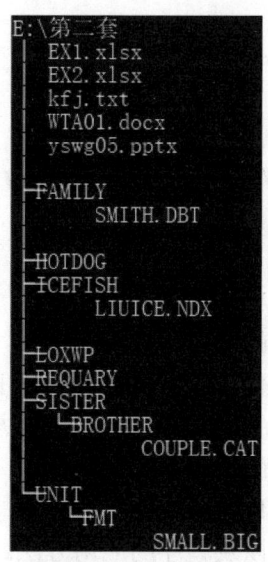

图 3-4 第 4 题图

要求完成以下操作：

（1）将 FAMILY 文件夹中的文件 SMITH.DBT 设置为隐藏和存档属性。

（2）将 ICEFISH 文件夹中的文件 LIUICE.NDX 移动到文件夹下的 HOTDOG 文件夹中，并将该文件改名为 GUSR.FIN。

（3）将 SISTER\BROTHER 文件夹中的文件 COUPLE.CAT 删除。

（4）在 REQUARY 文件夹中建立一个新文件夹 SLASH。

（5）将 UNIT\FMT 文件夹中的文件 SMALL.BIG 复制到 LOXWP 文件夹中。

5．搜索文件（夹）。查找 C 盘上扩展名为.sys 的文件；查找 D 盘上 "上次访问时间" 在前 1 个月的所有文件和文件夹。

6．设置 "回收站" 的大小为 4096MB，位置为 D 盘。删除文件时，显示 "确认" 对话框。

7．新建一个库，名字为 MyStoreRoom，然后在 D 盘创建一个用于保存个人文件的文件夹 PesonalDocu；在 E 盘创建一个用于保存音乐文件的文件夹 MyMusic；在 F 盘创建一个用于保存用户图像的文件夹 MyImage。将上述三个文件夹添加到 MyStoreRoom 库中，如图 3-5 所示。

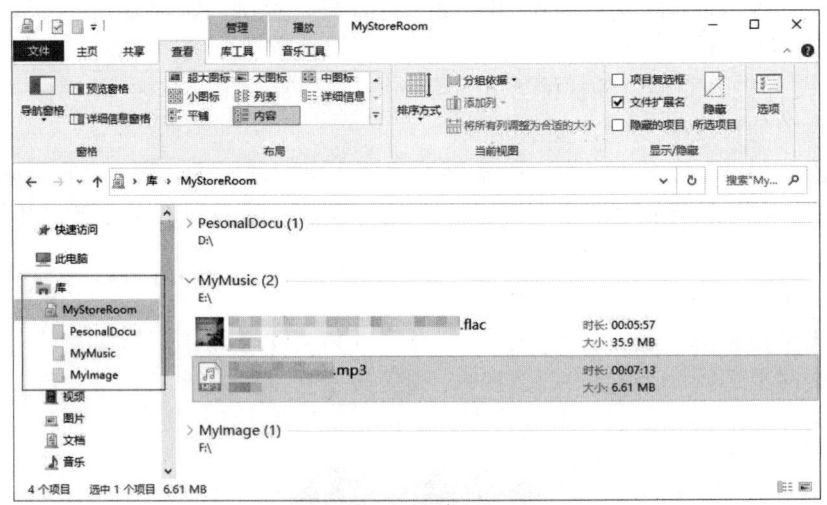

图 3-5 "库" 的使用

实验 4　Windows 10 控制面板与几个实用小程序

实验目的

（1）了解控制面板中常用命令的功能与特点。

（2）掌握显示器的显示、个性化、区域属性和系统/日期设置的方法。

（3）掌握输入法的配置，了解打印机的安装和使用方法。

（4）了解应用程序安装与卸载的正确方法。

（5）熟练掌握 Windows Media Player（媒体播放器）和画图程序的使用方法。

（6）学会使用剪贴板查看程序以及程序的应用方法。

（7）掌握计算器工具的使用方法。

实验内容与操作步骤

实验 4-1

实验内容：控制面板的打开与浏览。

操作方法及步骤如下：

（1）右击任务栏中的"搜索"按钮，输入要搜索的关键字"控制面板"。在"搜索结果"处，单击"控制面板"按钮，打开"控制面板"窗口。

（2）将鼠标指针指向某一类别的图标或名称，可以显示该项目的详细信息。

（3）要打开某个项目，可以双击该项目图标或类别名。

（4）单击工具栏中"查看方式"列表框的某个命令，用户可以"类别"、"大图标"和"小图标"三种方式改变控制面板的视图显示方式（以下实验内容，均在"大图标"视图界面下进行）。

实验 4-2

实验内容：手动安装打印机驱动程序。

操作方法及步骤如下：

（1）打开"控制面板"，单击"设备和打印机"图标，打开"设备和打印机"窗口，如图 4-1 所示。

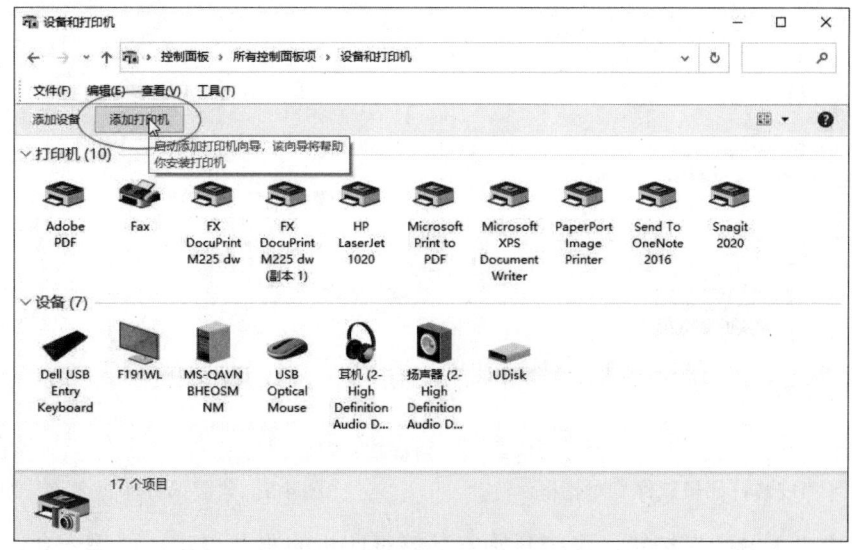

图 4-1 "设备和打印机"窗口

（2）在"设备和打印机"窗口上的工具栏中，单击"添加打印机"命令，系统出现"添加设备"窗口，搜索要添加到这台电脑的设备或打印机并列出。如果所需要的打印机未列出，用户可直接单击列表框下方的"我所需要的打印机未列出"按钮，出现如图 4-2 所示的"添加打印机"对话框。

（3）在"按其他选项查找打印机"列表处，单击"通过手动设置添加本地打印机或网络打印机"单选项,单击"下一步"按钮,出现"选择打印机端口"对话框,如图 4-3 所示。

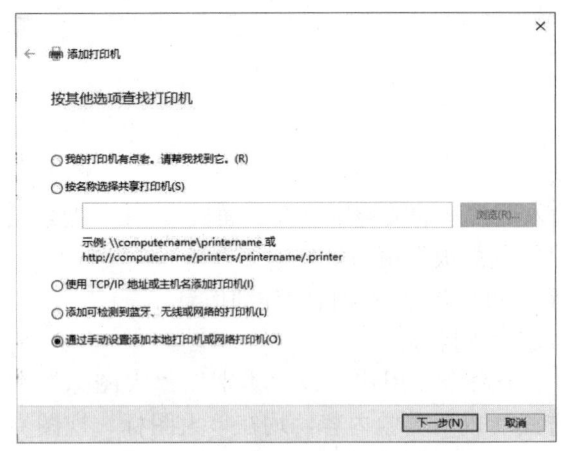

图 4-2 "添加打印机"对话框

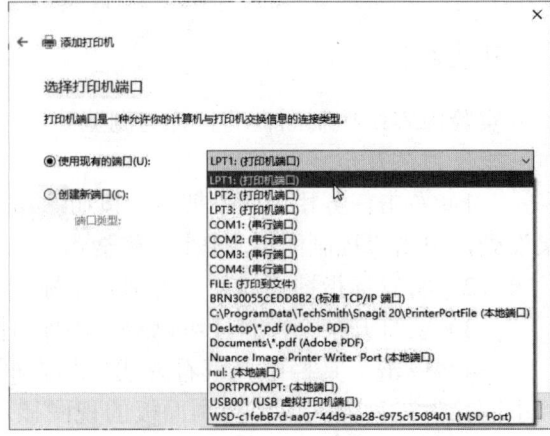

图 4-3 "选择打印机端口"对话框

(4)在图 4-3 所示对话框的"使用现有的端口"下拉列表框中,选择"LPT1: (打印机端口)"项,该端口是 Windows 10 系统推荐的打印机端口,然后单击"下一步"按钮。

(5)出现如图 4-4 所示的"安装打印机软件"对话框。在该对话框中可以选择打印机生产厂商和打印机型号。本例选择 HP LaserJet 1022nw。

(6)单击"下一步"按钮,打开"键入打印机名称"对话框,如图 4-5 所示。用户可以在"打印机名称"处输入打印机的名称,如 HP LaserJet 1022nw。

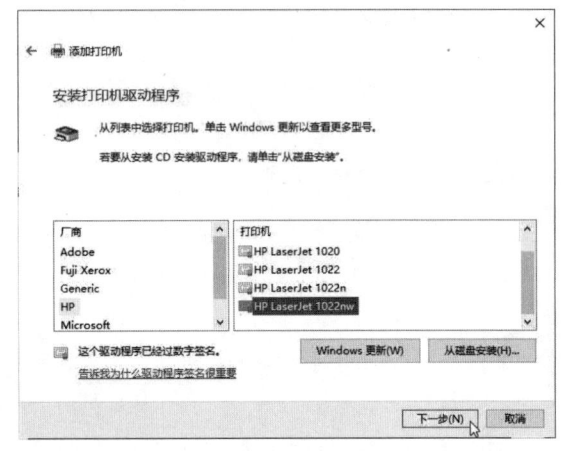

图 4-4 "安装打印机软件"对话框

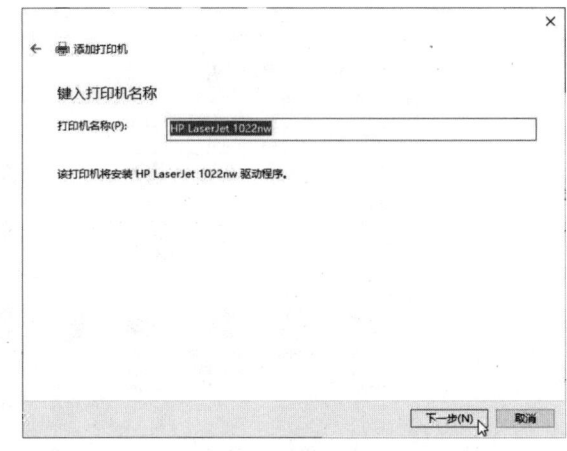

图 4-5 "键入打印机名称"对话框

(7)单击"下一步"按钮,系统开始安装该打印机的驱动程序。稍等一会,驱动程序安装后,出现"打印机共享"对话框,如图 4-6 所示。如果要在局域网上共享这台打印机,则单击"共享此打印机以便网络的中其他用户可以找到并使用它"单选项,并输入共享名称,否则单击"不共享这台打印机"单选项,然后单击"下一步"按钮。

(8)单击"下一步"按钮,打开"添加成功"对话框,如图 4-7 所示。在此对话框中,用户可以决定是否将新安装的打印机设置为默认打印机,以及决定是否打印测试页。最后,单击"完成"按钮,新打印机添加成功。

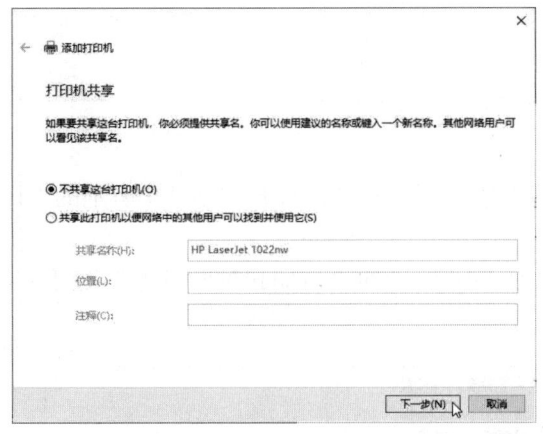
图 4-6 "打印机共享"对话框

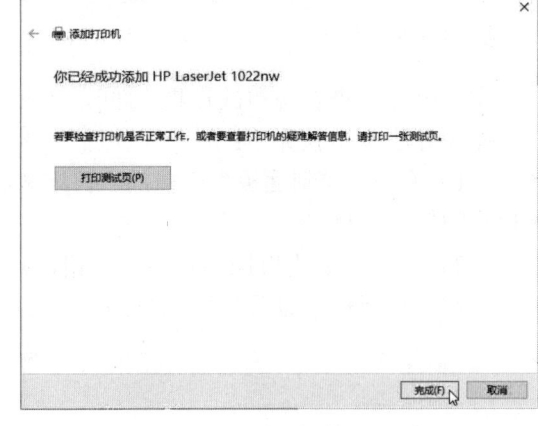
图 4-7 "添加成功"对话框

实验 4-3

实验内容：在"开始"菜单中显示"文件资源管理器"、"音乐"和"图片"菜单。

操作方法及步骤如下：

（1）打开"控制面板"窗口。

（2）将鼠标指针指向"任务栏和导航"子项 任务栏和导航 后，双击打开如图 4-8 所示的"设置"窗口（也可将鼠标指针指向任务栏的空白处并右击，选择快捷菜单中的"任务栏设置"命令）。

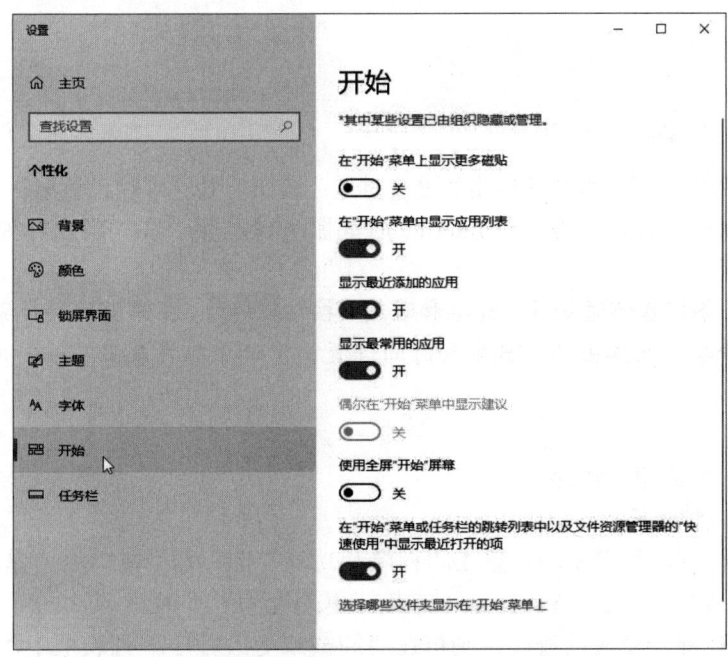
图 4-8 "设置"窗口

（3）单击"选择哪些文件夹显示在'开始'菜单上"超链接，打开"选择哪些文件夹显示在'开始'菜单上"窗口，将"文件资源管理器"、"音乐"和"图片"打开。

实验 4-4

实验内容：查看与更改日期/时间。

操作方法及步骤如下：

（1）单击"控制面板"窗口的"日期和时间"图标 日期和时间，打开如图 4-9 所示的"日期和时间"对话框。

（2）单击"更改日期和时间"按钮，打开如图 4-10 所示的"日期和时间设置"对话框。用户可在此对话框中设置日期和时间。

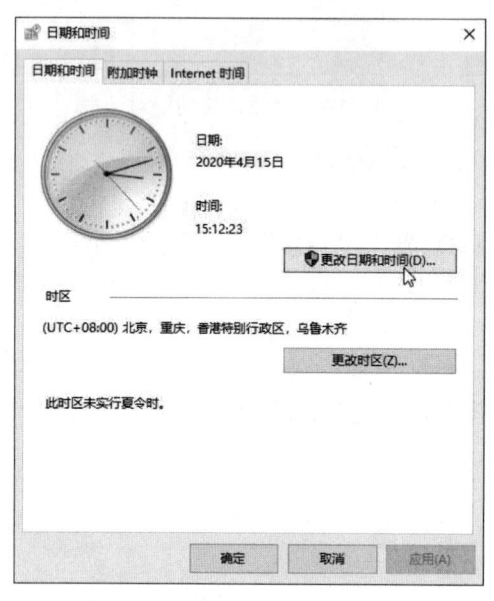

图 4-9 "日期和时间"对话框

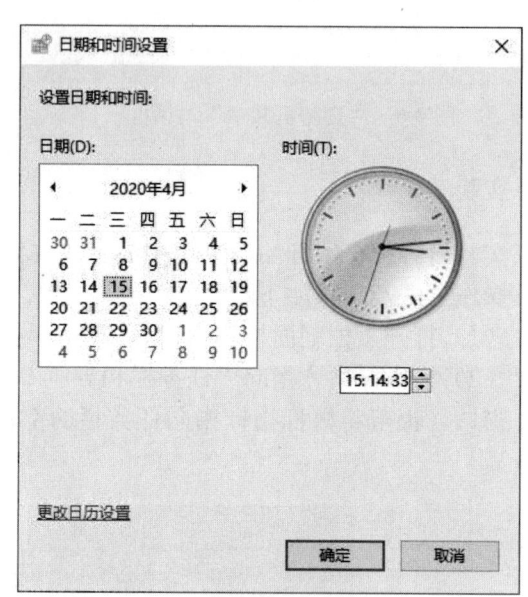

图 4-10 "日期和时间设置"对话框

（3）在图 4-9 所示对话框中，单击"更改时区"按钮，用户可以设置时区。在"Internet 时间"选项卡下可以设置计算机与某台 Internet 时间服务器同步；在"附加时钟"选项卡下可以设置添加其他时区。

提示：单击任务栏右侧通知区"日期和时间"按钮 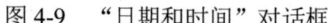，在弹出的快捷菜单中，单击"调整日期和时间"命令，在弹出的"日期和时间设置"窗口中可更改日期和时间。

实验 4-5

实验内容：卸载或更改程序。

操作方法及步骤如下：

（1）打开"控制面板"窗口，单击"程序和功能"图标 程序和功能，弹出如图 4-11 所示的"程序和功能"窗口，系统默认显示"卸载或更改程序"界面。

（2）如果要删除一个应用程序，则可在"卸载或更改程序"列表框中，选择要删除的程序名，单击"卸载/更改"按钮，在出现的向导中选择合适的命令即可。

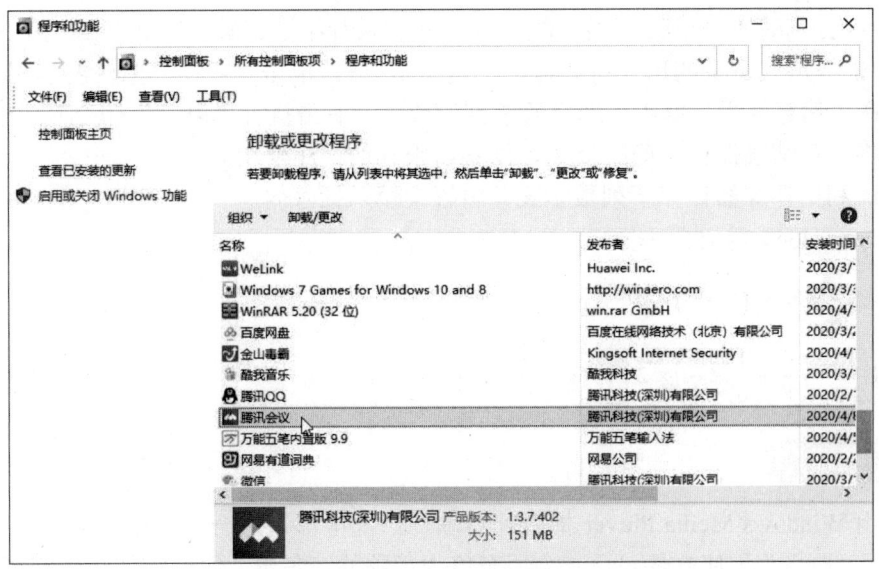

图 4-11 "程序和功能"窗口

实验 4-6

实验内容：科学型计算器的使用。

操作方法及步骤如下：

（1）单击"开始"→"所有应用"→"计算器"命令，运行"计算器"程序。

（2）单击"打开导航" ≡ →"科学"命令，打开科学型计算器窗口，如图 4-12 所示。

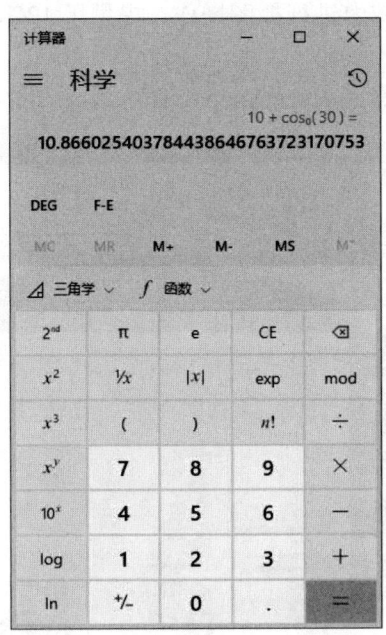

图 4-12 "科学型"计算器窗口

（3）执行简单的计算。利用"标准型"或"科学型"计算器做一个简单的计算，如 4×9+15，方法是：输入计算的第一个数字 4；单击"×"按钮执行乘法运算；输入计算的下一个数字 9；以此类推，输入所有剩余的运算符和数字，这里是+15；单击"="按钮，得到结果为 51。

（4）在"运算结果"框中，选择要复制的数字，右击执行"复制"命令（或按 Ctrl+C 组合键），可将计算结果保存在剪贴板中，以备将来其他程序使用。

（5）请利用计算器计算下列数学式并将答案填入括号内。

- $\cos\pi + \log 20 + (5!)^2 =$ （　　　）
- $(4.3 - 7.8) \times 2^2 - \dfrac{3}{5} =$ （　　　）
- $\left[1\dfrac{1}{24} - \left(\dfrac{3}{8} + \dfrac{1}{6} - \dfrac{3}{4}\right) \times 24\right] \div 5 =$ （　　　）

思考与综合练习

1. 使用 Windows Media Player 播放一首歌、一部电影以及一部网络电影。
2. 利用"画图"程序软件，画一个填充色为黄色的三角形，保存该图片到 U 盘根目录下，取名为"基本图形 1.bmp"。
3. 使用抓图软件 HyperSnap 8 完成下面几个操作。

- 抓取 Windows 全屏幕。
- 抓取记事本活动窗口。
- 用椭圆方式抓取 Windows 的一个区域。
- 抓取"画图"窗口中"主页"选项卡下"图像"组中的"选择"命令列表。

（1）HyperSnap 8 简介。HyperSnap 8 是一款非常优秀的屏幕抓图软件，使用它可以快速地从当前桌面、窗口或指定区域内进行抓图操作，提供了 JPG、BMP、GIF、TIF、WMF 等多达 16 种的图片存储功能。

安装完毕并运行后，可以看到 HyperSnap 8 的界面，如图 4-13 所示。

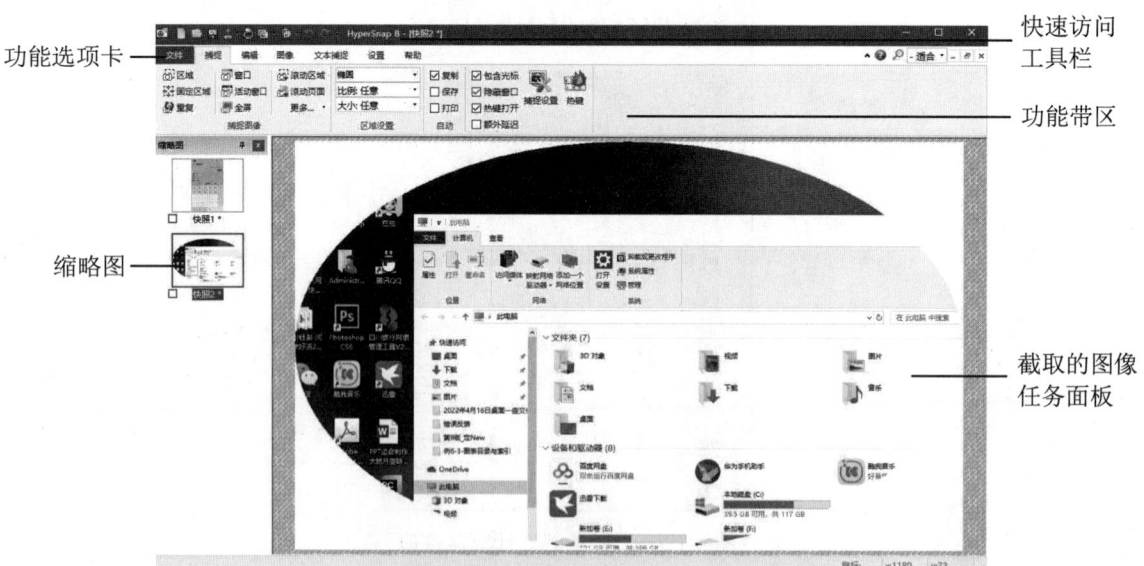

图 4-13　HyperSnap 8 的工作主窗口

（2）HyperSnap 8 的图像抓取功能。HyperSnap 8 有多种图像抓取方法，主要通过"捕捉"功能菜单（选项卡）下的各个捕捉命令来完成。

1）全屏幕抓取。按下 Ctrl+Shift+F 组合键可抓取全屏幕。

2）活动窗口的抓取。按下 Ctrl+Shift+W 组合键可对窗口（包括全屏幕和活动窗口）或控件进行抓取。

3）选定区域的抓取。抓取选定区域的组合键是 Ctrl+Shift+R。

4）抓取窗口中的一个菜单。窗口中的一个菜单，一般是一个多区域抓取的操作，其命令的组合键为 Ctrl+Shift+M。

此外，HyperSnap 8 还提供了文字、视频等的抓取功能。

4．利用"格式工厂"软件将 MP4 音频格式转换成 MP3 音频格式，或将 AVI 视频格式转换成 MP4 视频格式。

格式工厂（Format Factory）是一款多功能的多媒体格式转换软件，它支持将所有多媒体格式转换为常用格式，并可以设置文件输出配置，也可以实现 DVD 转换到视频文件，CD 转换到音频文件等，同时支持图片和文件的转换。格式工厂还具有 DVD 抓取功能，可轻松备份 DVD 到本地硬盘。它还可以方便地抓取音乐片段或视频片段。

格式工厂软件安装要求操作系统为 64 位。安装并启动该软件后，将弹出格式工厂主界面窗口，该窗口包含菜单栏、工具栏、折叠面板和转换列表等，如图 4-14 所示。

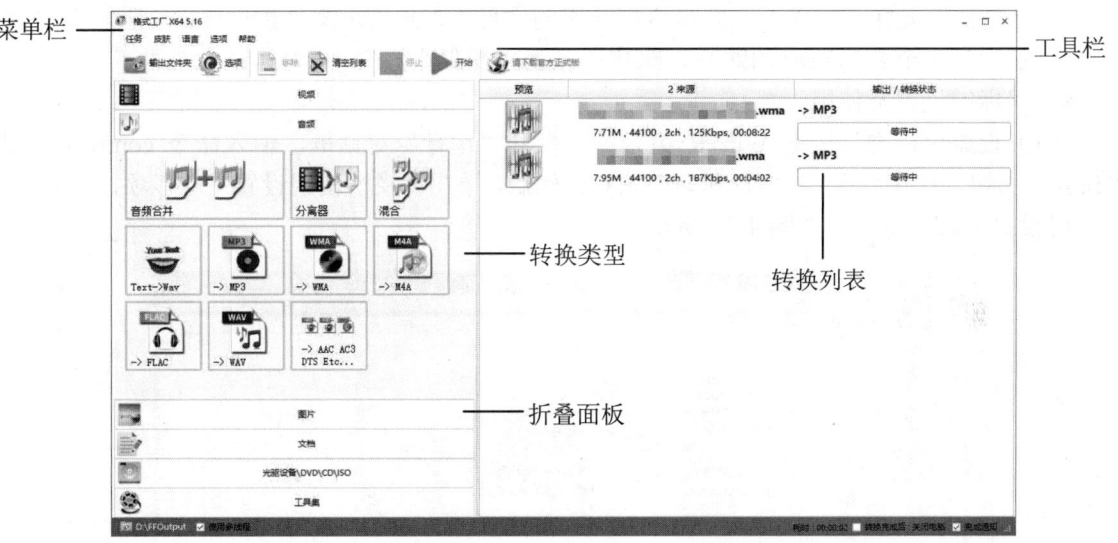

图 4-14 "格式工厂"主界面窗口

例如，将.wma 格式的音频转换成.mp3 格式，操作步骤如下：

（1）单击左侧的"音频"面板，展开所有音频格式图标。

（2）单击"->MP3"图标，弹出"->MP3"对话框，如图 4-15 所示。

（3）单击左下角的"浏览文件夹"按钮 ，可以设置转换输出的目标文件夹。

（4）单击右下角第二个"添加文件"按钮，选择一首或多首要转换成 MP3 的音乐文件。

（5）单击上方"选项"按钮，可设置音乐文件片段的起点和终点，同时可设置音乐播放时的淡入和淡出效果。

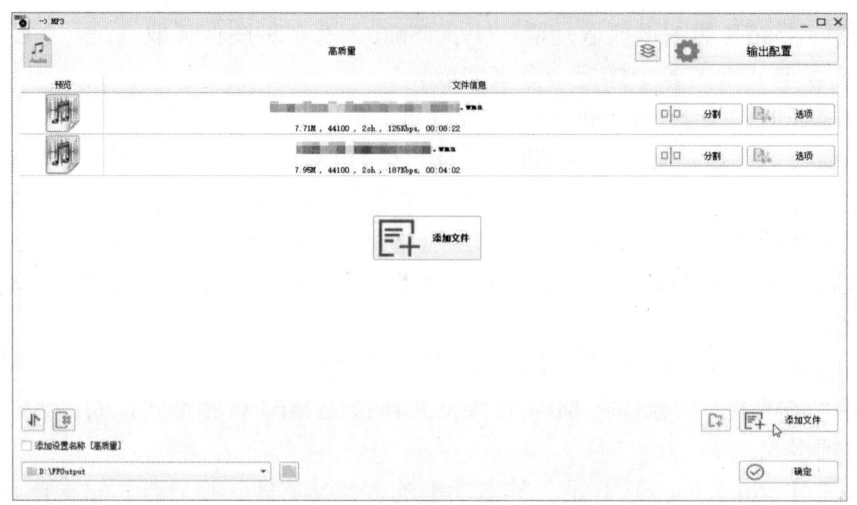

图 4-15 "->MP3"对话框

(6) 单击右下角的"确定"按钮,返回图 4-14 所示的界面,单击工具栏中的"开始"按钮 ▶开始 ,系统开始转换。

其他格式的转换操作步骤类似上述步骤,这里不再重复。

5. 给自己所使用的计算机配置一定大小的虚拟内存。

6. 设置文件夹打开方式为不同窗口打开不同文件夹,并显示文件扩展名,显示隐藏文件。

7. 试创建一个名为 user 的账户,账户类型为"受限账户",并为其设定密码。

8. 鼠标键设置及使用。

(1) 设置鼠标键。按下 Win+R 组合键,打开"运行"对话框,输入命令 control,单击"确定"按钮,打开"所有控制面板项"窗口。然后,单击"轻松使用设置中心"项,显示"轻松使用设置中心"窗口,如图 4-16 所示。

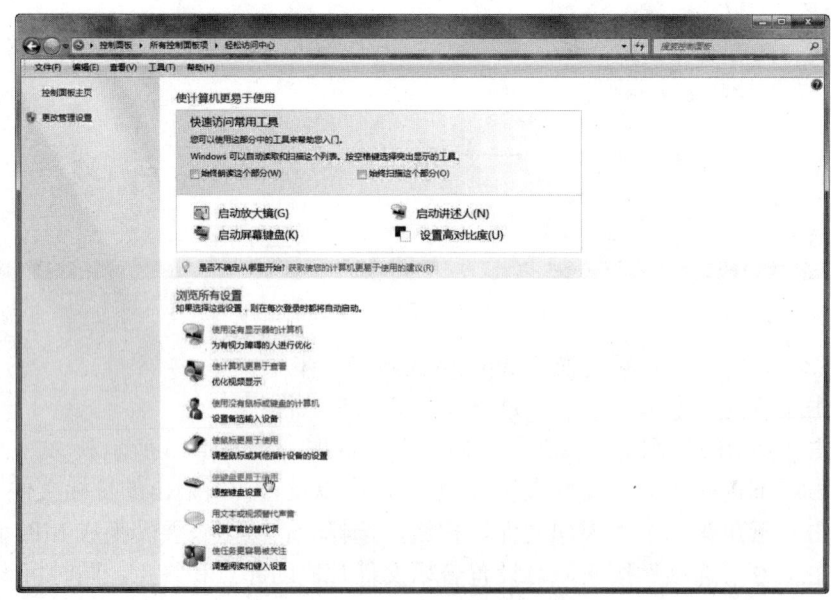

图 4-16 "轻松访问中心"窗口

1)单击"使键盘更易于使用"按钮,打开如图4-17所示的"使键盘更易于使用"界面。

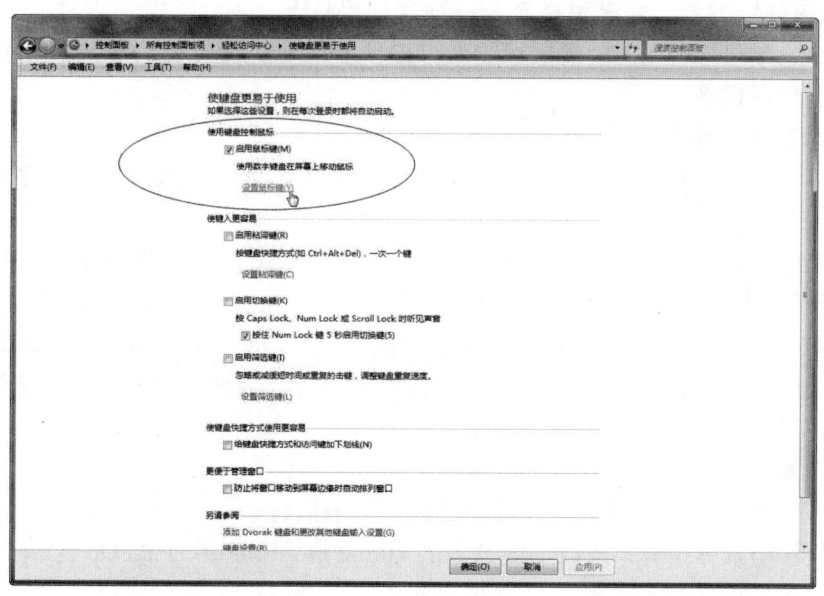

图4-17 "使键盘更易于使用"界面

2)在"使用键盘控制鼠标"样式处,勾选"启用鼠标键"项,然后单击"设置鼠标键",打开如图4-18所示的"设置鼠标键"窗口。

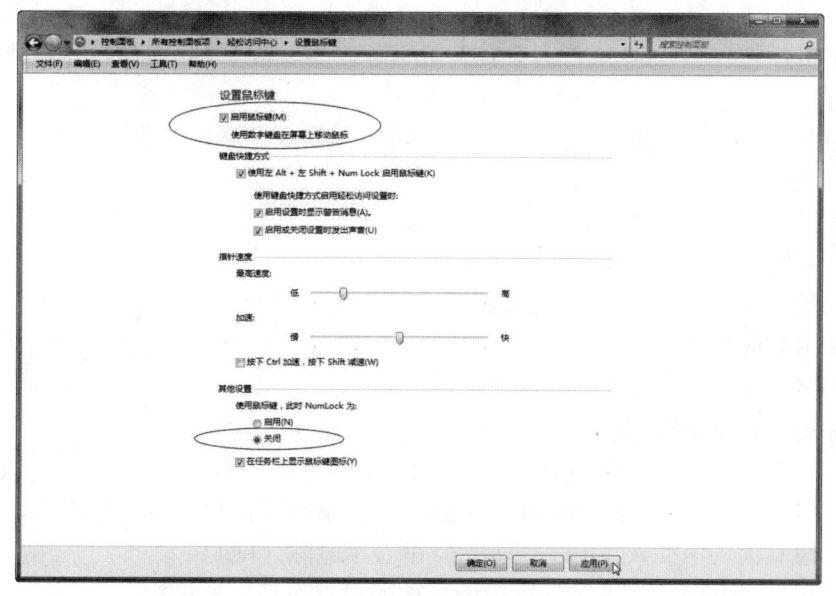

图4-18 "设置鼠标键"窗口

3)在"设置鼠标键"处,勾选"启用鼠标键"项;在"其他设置"样式中,单击"使用鼠标键时,NumLock 为:"下的"关闭"单选项,然后再单击右下角的"应用"按钮。

4)两次单击"确定"按钮,回到"轻松访问中心"窗口,单击右上角的 ✕ 按钮,关闭"控制面板"并回桌面。按下 NumLock 键,查看键盘右上角的 NumLock 指示灯,使其关闭，这时就可使用数字键盘上相应的键来验证鼠标键的使用了。

注意：启用鼠标键后，托盘中会显示一个鼠标图标🖱。

5）鼠标键的打开与关闭。模拟鼠标的鼠标键都映射在键盘右侧的小键盘（数字键盘）中，按 NumLock 键进行切换。

（2）鼠标键的三种状态。

1）标准单击状态：启用鼠标键后系统处于该状态下，此时，所有的操作都与左键有关，托盘中的鼠标图标左键发暗。

2）右键单击状态：按数字键盘上的减号（-）进入该状态，此时所有的操作都与右键有关，托盘中的鼠标图标右键发暗。

3）同时按下左右键状态：按数字键盘上的星号（*）进入该状态，此时所有的操作都在左、右两键同时按下的状态下进行，托盘中的鼠标图标左、右两键都发暗。要切换到标准单击状态，可按数字键盘上的斜杠（/）键。

（3）用鼠标键移动鼠标指针。

1）水平或垂直移动鼠标指针：按数字键盘上的方向键。

2）沿对角移动鼠标指针：按数字键盘上的 Home 键、End 键、PageUp 键和 PageDown 键。

3）加快移动：先按住 Ctrl 键，然后再按步骤1）、步骤2）中的按键。

4）减慢移动：先按住 Shift 键，然后再按步骤1）、步骤2）中的按键。

5）用鼠标键单击。

以下操作涉及的所用按键均为数字键盘上的按键。

①左键单击，按5键，要双击则按加号（+）。

②右键单击，先按减号（-）进入右键单击状态，然后按5键，此后要用右键双击则按加号（+）键即可。

③同时用两个鼠标键单击，先按星号（*）键，然后按5键，要双击则按加号（+）键。

6）用鼠标键拖放。

①按箭头键将鼠标指针移动到要拖放的对象上。

②按 Ins 键选中（或称抓起）对象。

③按箭头键将鼠标指针移动到目的地。

④按 Del 键释放对象。

注：在任何时候都可以按 Esc 键取消操作。

汇总鼠标键的各个键的功能：

按下8、2、4、6、7、9、1、3八个键中的任何一个键，可移动鼠标指针，按下 **Ctrl**+以上八个键中的任何一个键，可长距离移动鼠标指针；按下5键，可实现鼠标单击，按两次5键，可实现双击；按0键表示插入（Ins），按"."键表示删除（Del）。

9．在 Windows 10 中的"设置"窗口中，如何设置及使用鼠标键。

第 2 章　网络与 Internet 应用

实验 5　TCP/IP 协议网络配置和文件夹共享

实验目的

（1）掌握本地计算机的 TCP/IP 协议网络配置，建立和测试网络连接。
（2）学习使用家庭网络（局域网络）资源的方法。
（3）学会搜索和使用家庭网络（局域网络）资源的一般性方法。
（4）掌握利用家庭网络（局域网络）进行网络资源搜索，设置网络共享驱动器的方法。
（5）学会建立、使用和维护网络打印机的方法。

实验内容与操作步骤

实验 5-1

实验内容：本地计算机的 TCP/IP 协议网络配置。
操作方法及步骤如下：
1. 更改计算机名
（1）在 Windows 桌面上，右击"此电脑"图标，在快捷菜单中，执行"属性"命令，打开"系统"窗口，如图 5-1 所示。

图 5-1　"系统"窗口

（2）单击"更改设置"按钮，打开"系统属性"对话框，如图 5-2 所示。

（3）在"计算机描述"框处输入对计算机的描述文字，如：My first Computer；单击"更改"按钮，出现"计算机名/域更改"对话框，用户可对计算机名进行更改。在"计算机名"框处输入计算机名称 cdzyydx，如图 5-3 所示。

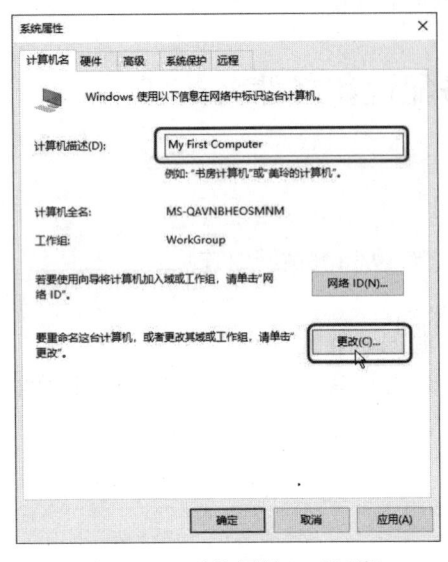

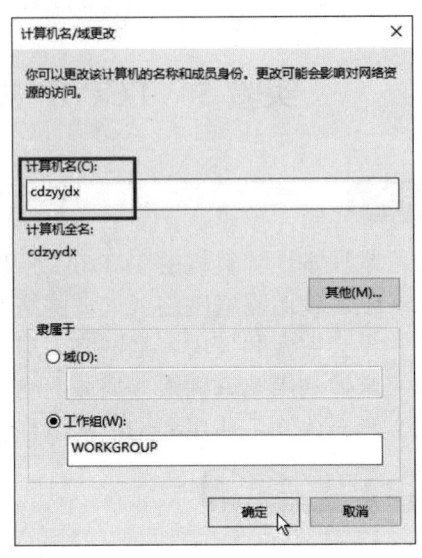

图 5-2　"系统属性"对话框　　　　　图 5-3　"计算机名/域更改"对话框

（4）单击"确定"按钮，Windows 系统出现"计算机名/域更改"提示框，如图 5-4 所示。在此提示框中，系统提示用户必须重新启动计算机后，上面的设置才能生效。

（5）单击"确定"按钮，系统回到图 5-2 所示的对话框，单击"应用"或"确定"按钮，重新启动计算机。

2. 配置本地计算机的 IP 地址

（1）在"控制面板"窗口中，单击"网络和共享中心"命令  网络和共享中心，打开如图 5-5 所示的"网络和共享中心"窗口。

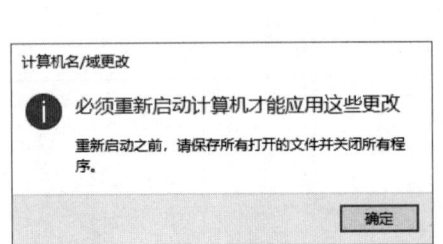

图 5-4　"计算机名/域更改"提示框　　　　图 5-5　"网络和共享中心"窗口

(2)单击"以太网"命令,进入如图 5-6 所示的"以太网 状态"对话框。单击"属性"按钮,弹出"以太网 属性"对话框,如图 5-7 所示。在此对话框中,用户可安装有关的客户、服务和协议。

图 5-6 "以太网 状态"对话框

图 5-7 "以太网 属性"对话框

(3)选中"Internet 协议版本 4(TCP/IPv4)"选项,单击"属性"按钮,打开"Internet 协议版本 4(TCP/IPv4)属性"对话框,用户可进行 IP 地址的配置,如图 5-8 所示。

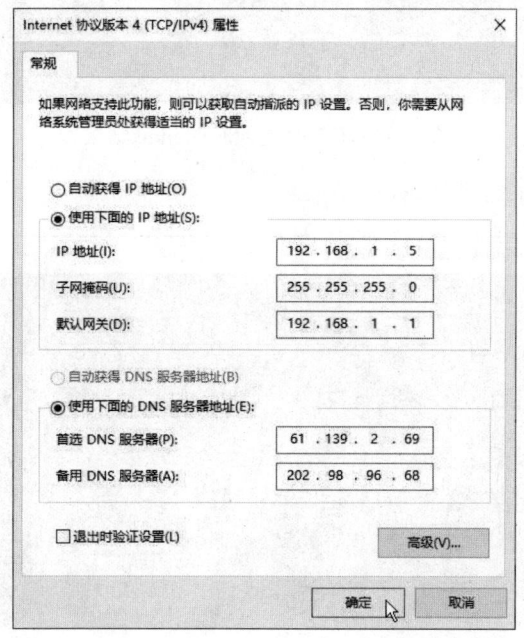

图 5-8 "Internet 协议版本 4(TCP/IPv4)属性"对话框

提示：要想知道自己电脑的 DNS，前提是电脑 IP、DNS 设置成自动捕获时可以上网。自动捕获上网后，单击"开始"→"运行"命令，输入 cmd，在弹出的窗口中输入 ipconfig /all，并按下 Enter 键。在出现的信息中，可以看到最后两行"DNS Servers…………………：202.106.XXX.XXX"。一个是首选 DNS 服务器，另一个是备选 DNS 服务器。或者直接将首选 DNS 服务器的地址配置成默认的网关地址。

（4）单击"确定"按钮，并分别再次单击图 5-7 中和图 5-6 所示对话框中的"确定"和"关闭"按钮，完成 Windows 10 的网络配置。

实验 5-2

实验内容：使用 ping 命令测试本地计算机的 TCP/IP 协议。

操作方法及步骤如下：

（1）在桌面上，单击"开始"→"所有应用"→"Windows 系统"→"命令提示符"命令，出现"管理员：命令提示符"窗口。

（2）输入"ping 192.168.1.101"，按下 Enter 键后，查看 TCP/IP 的连接测试结果，TCP/IP 已经连通的测试结果如图 5-9 所示。

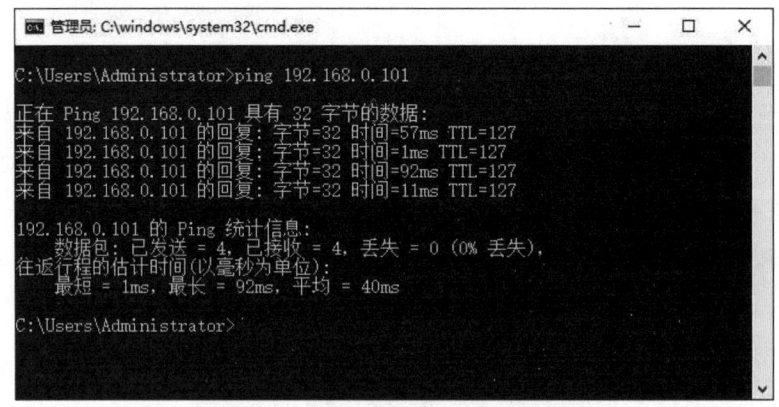

图 5-9 TCP/IP 连通时的 ping 结果

（3）不连通的情况如图 5-10 所示。

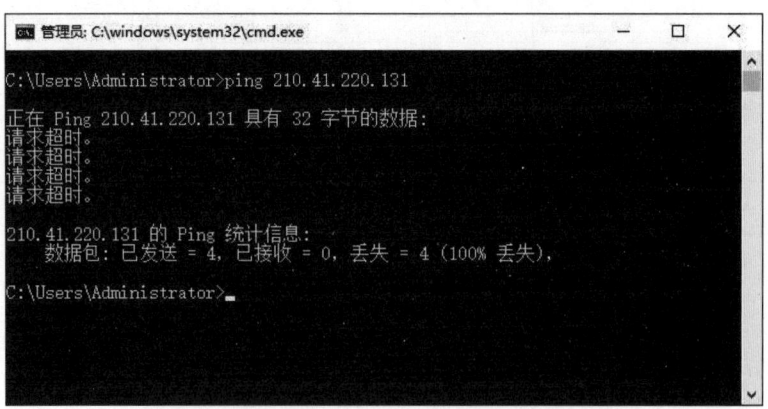

图 5-10 当 TCP/IP 断开连接时的 ping 结果

实验 5-3

实验内容：将用户 Administrator 中的"文档"，即 C:\Users\Administrator\Documents 共享到局域网络上，共享名为 GX1。

操作方法及步骤如下：

（1）在用户 Administrator 文件夹中，右击"文档"项，在弹出的快捷菜单中，执行"属性"命令，弹出如图 5-11 所示的"文档 属性"对话框。

（2）单击"共享"选项卡，单击"高级共享"按钮，弹出"高级共享"对话框，如图 5-12 所示。在此对话框中，将共享的文件夹名设置为 GX1。

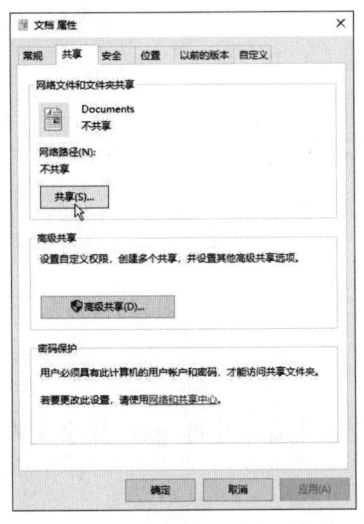

图 5-11 "文档 属性"对话框

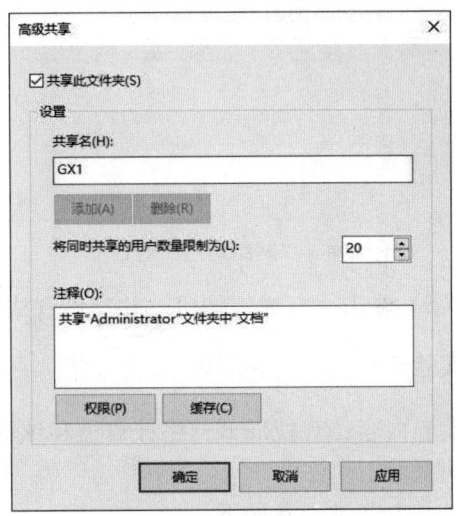

图 5-12 "高级共享"对话框

如果单击图 5-12 中的"权限"按钮，将弹出如图 5-13 所示"GX1 的权限"对话框。在该对话框中，可以设置用户查看共享文件夹的权限，如完全控制、更改和读取，两次单击"确定"按钮，返回图 5-11 所示对话框。

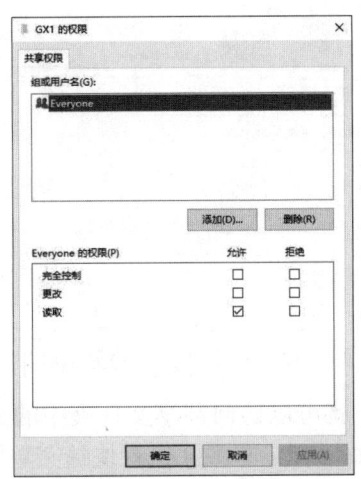

图 5-13 "GX1 的权限"对话框

（3）在图 5-11 所示对话框中，单击"共享"按钮，系统弹出"网络访问"对话框，如图 5-14 所示。然后，在"选择要与其共享的用户"栏中选择要添加的用户，本例是 Everyone。

（4）单击"共享"按钮，弹出"共享项目"设置进程对话框，稍等一会，完成设置后，出现"文件共享"对话框，如图 5-15 所示。

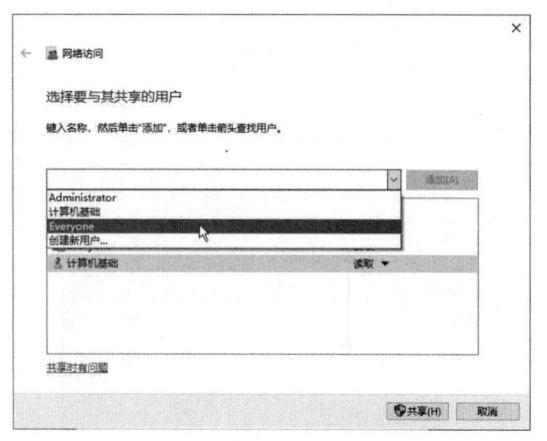 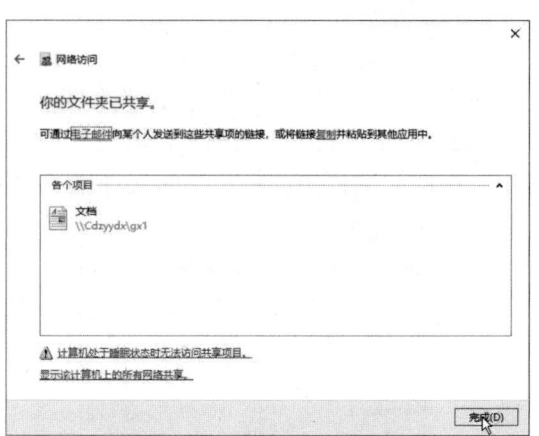

图 5-14　"网络访问"对话框　　　　　　　图 5-15　"文件共享"对话框

（5）单击"完成"按钮，共享设置成功。

实验 5-4

实验内容：查找局域网络计算机和该计算机上的共享资源，并将 gx1 共享文件夹定义为自己的 R 盘。

操作方法及步骤如下：

（1）在桌面上，双击"此电脑"图标，打开"文件资源管理器"窗口。

（2）在"文件资源管理器"地址栏输入网址：\\192.168.7.101 或计算机名，按下 Enter 键。显示的共享文件夹，如图 5-16 所示。

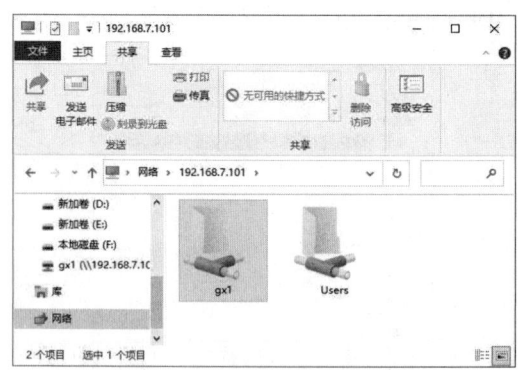

图 5-16　共享文件夹的显示结果

（3）双击共享文件夹 gx1，就可以访问共享文件夹中的文件。

（4）选择共享文件图标，如 gx1。右击并执行快捷菜单中的"映射网络驱动器"命令，系统将打开"映射网络驱动器"对话框，如图 5-17 所示。

第 2 章 网络与 Internet 应用

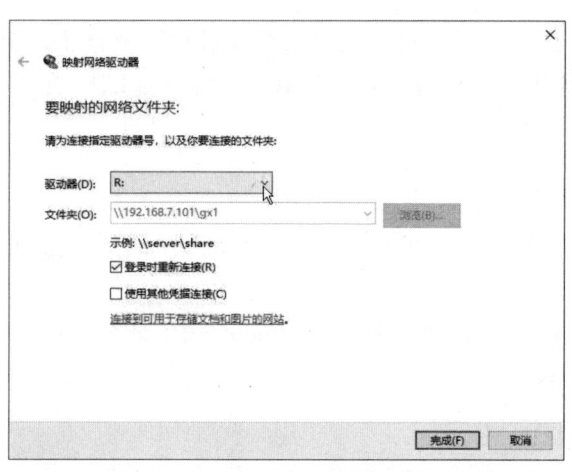

图 5-17 "映射网络驱动器"对话框

（5）在"映射网络驱动器"对话框中的"驱动器"处选择将远程的另一台计算机上的共享文件夹资源定义为自己的盘符 R。

（6）单击"完成"按钮，网络映射驱动器设置成功。最后用户即可对 R 盘中的对象进行有关的操作，如移动、复制和建立快捷方式等。

思考题：如何断开前面设置的映射网络驱动器。

实验 5-5

实验内容：在提供打印机服务的主机上设置共享打印机。

操作方法及步骤如下：

（1）打开"控制面板"窗口并单击"设备和打印机"命令，打开"设备和打印机"窗口。

（2）在此窗口中，右击需要共享的打印机，如 HP LaserJet 1020。在弹出的快捷菜单中执行"打印机属性"命令，打开"HP LaserJet 1020 属性"对话框，如图 5-18 所示。

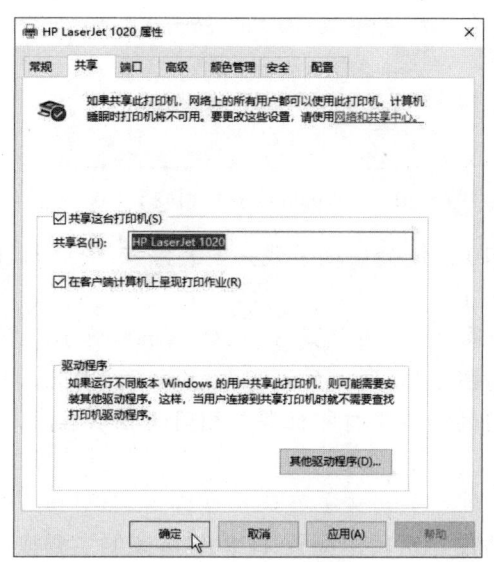

图 5-18 "HP LaserJet 1020 属性"对话框

(3)单击"共享"选项卡,勾选"共享这台计算机"复选框,单击"确定"按钮,则完成打印机共享到局域网络的操作设置。在图 5-16 所示的窗口中,按下 F5 键,刷新后就可以看到打印机 HP LaserJet 1020 成为共享资源。

实验 5-6

实验内容:在使用网络打印机的计算机上安装打印机的网络驱动程序。
操作方法及步骤如下:

(1)打开使用共享打印机的计算机,在 Windows 10 桌面上双击"网络"图标,打开"网络"窗口,如图 5-19 所示。

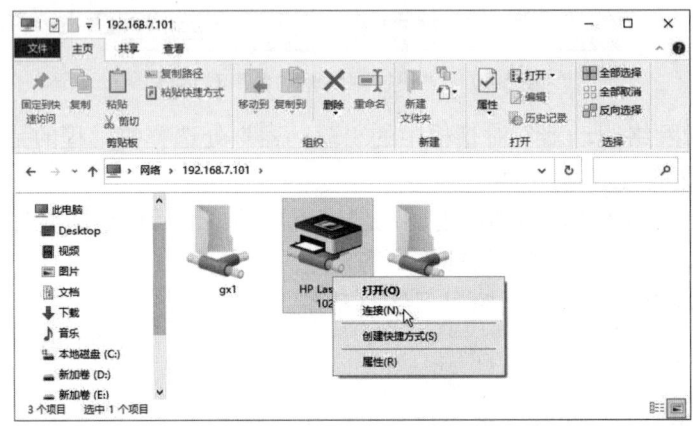

图 5-19 "网络"窗口

(2)打开共享打印机所在的主机,右击共享打印机图标,执行快捷菜单中的"连接"命令,弹出"Windows 打印机安装"对话框,如图 5-20 所示。

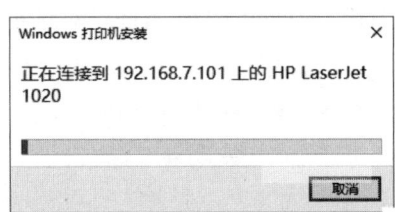

图 5-20 "Windows 打印机安装"对话框

(3)此时,Windows 10 系统会自动下载并安装该共享打印机的驱动程序。安装结束后,用户即可使用该共享打印机了。

提示:在用户使用的计算机中,有的是 32 位的 Windows 10,有的是 64 位的 Windows 10,可能与打印机不匹配,此时图 5-20 所示的过程不能完成。因此,建议在共享打印机连接前,事先安装好本地计算机使用的和共享打印机型号相同的驱动程序,方便连接。

思考与综合练习

1. 如何配置 TCP/IP 协议?试写出配置 TCP/IP 协议的主要操作步骤。
2. 如何通过"网络"浏览并查看共享文件夹?如何将共享文件夹定义成映射驱动器?如

何断开一个映射驱动器？

3．在局域网中，如何让不同网段的计算机同时访问共享文件夹？

实验 6　Internet 的基本使用

实验目的

（1）掌握 Edge 浏览器启动与退出的方法。
（2）掌握 Edge 浏览器启动主页的设置。
（3）掌握其他浏览器，如 360 安全浏览器的使用。
（4）掌握搜索引擎或搜索器的使用方法。
（5）掌握网页及图片的下载和保存的方法。
（6）熟悉一些常用的网站地址并理解 Web 资源的组织特点。

实验内容与操作步骤

实验 6-1

实验内容：启动 Edge 浏览器，浏览网易主页。

操作方法及步骤如下：

（1）在 Windows 桌面上双击 Edge 浏览器图标　，启动 Edge 浏览器。

（2）在 Edge 浏览器的地址栏输入网易网站地址，按下 Enter 键稍等片刻，Edge 浏览器窗口出现网易网站主页画面，如图 6-1 所示。

图 6-1　网易网站的主页画面

（3）单击窗口右上角的"关闭"按钮　（或按下 Alt+F4 组合键），可关闭 Edge 浏览器窗口。

实验 6-2

实验内容：打开 Edge 浏览器窗口，对 Edge 浏览器做以下修改。

（1）删除 Edge 浏览器缓存。
（2）停止自动播放视频。
（3）浏览"百度"主页，将该网站主页设置为默认的主页。
（4）使用"百度"的搜索引擎查询教学课件"计算机应用基础.ppt"。

操作方法及步骤如下：

（1）打开 Edge 浏览器，单击窗口右上角的"设置"按钮 ⋯（或按下 Alt+X 组合键），打开"设置"任务窗格。

（2）依次单击"隐私、搜索和服务"→"删除浏览数据"→"选择要清除的内容"，打开如图 6-2 所示的"删除浏览数据"面板。

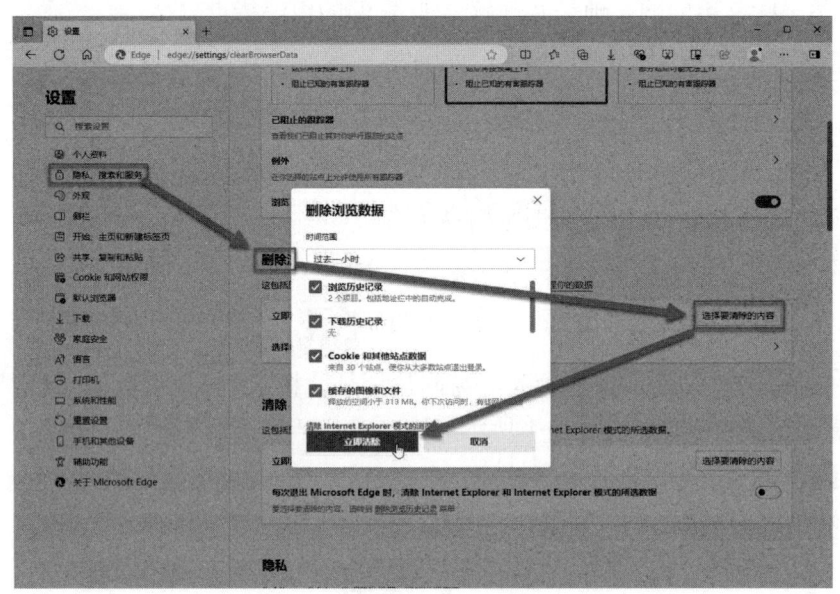

图 6-2 "删除浏览数据"面板

（3）在"删除浏览数据"面板中，勾选所要清除的选项，单击"立即清除"按钮。

（4）依次单击"Cookie 和网站权限"→"站点权限"→"所有权限"→"媒体自动播放"，打开"站点权限/媒体自动播放"界面，在"控制是否自动播放网站上的音频及视频"右侧下拉列表框中，选择"阻止"项。

（5）在图 6-2 所示窗口中，单击左侧导航栏中的"开始、主页和新建标签页"链接按钮，找到"'开始'按钮"栏目处，在"在工具栏上显示'首页'按钮"的下方输入 URL 框中，输入百度主页网址，并单击右侧的"保存"按钮 保存 。

提示：读者也可以设置"Microsoft Edge 启动时"的默认打开页面。

（6）在"百度"网站主页"搜索"栏处输入"计算机应用基础+PPT"（或计算机应用基础.PPT），单击 百度一下 搜索按钮，"百度"搜索引擎开始搜索和词条"计算机应用基础+PPT"有关的信息，如图 6-3 所示。

图 6-3 使用"百度"搜索引擎进行相关搜索的结果

在出现的众多条目中,选择自己感兴趣的项,单击可打开相关内容的网页。

实验 6-3

实验内容:将优秀网站添加到收藏夹。

操作方法及步骤如下:

(1)启动 Edge 浏览器。

(2)在地址栏中输入"中国教育和科研计算机网",然后按 Enter 键,则可以通过实名地址的方法,搜索与"中国教育和科研计算机网"相关的网站。

(3)打开"中国教育和科研计算机网"网站,单击地址栏右侧中的"添加到收藏夹或阅读列表"按钮☆(或按下 Ctrl+D 组合键),打开"编辑收藏夹"任务窗格,如图 6-4 所示。

图 6-4 "编辑收藏夹"任务窗格

(4)在"名称"框中输入收藏网页的名称,在"文件夹"列表框中,选择一个收藏夹的位置。然后,单击"完成"按钮,可将"中国教育和科研计算机网"收藏。

(5)单击 Edge 浏览器地址栏右侧的"收藏夹"按钮☆,观察"收藏夹"任务窗格中条目的变化情况;如果单击对话框中的"创建新的文件夹"按钮,则可直接创建一个新的收藏"文件夹",在上一步中,可将一个网站添加到新创建的收藏文件夹中。

（6）将其他网站添加到收藏夹中。

（7）根据需要，用户可以将选中的网站直接拖动至另外一个文件夹中，也可以将其更改名称，或在不需要时将其删除等。

实验 6-4

实验内容：使用 Edge 浏览器浏览网页，下载网页图片、文字和网页全部资源格式。
操作方法及步骤如下：

（1）启动 Edge 浏览器。

（2）在地址栏中输入 Python123 网站网址，按下 Enter 键后，打开 Python123 学习平台主页，如图 6-5 所示。

图 6-5　"Python123"学习平台主页

（3）在网页中，单击"专栏"页面下的"推荐"选项卡，再在该页面下选择所需要的题目，如"Python Turtle 绘画"并单击，再选择并打开"Turtle 绘画 -《小瓢虫》"页面，如图 6-6 所示。

图 6-6　打开所需要的页面

（4）将鼠标指针指向某处，按下鼠标左键拖至另一处，将所需文本选定；右击，在弹出的快捷菜单中选择"复制"命令，将信息存入剪贴板；启动 Word 应用程序，再将剪贴板中的信息粘贴到 Word 文档中。

（5）右击要保存的图片，在弹出的快捷菜单中，选择"图像另存为"命令，打开"保存图片"对话框，指定保存位置和文件名即可将图片保存。

（6）若需要保存整个网页，则可右击网页，执行快捷菜单中的"另存为"命令，打开"另存为"对话框，在保存类型下拉列表框中选择"网页，全部（*.htm;*.html）"项。

实验 6-5

实验内容：使用迅雷 12 下载"万能五笔输入法 10.2.4"。

操作方法及步骤如下：

（1）首先启动迅雷 12，然后再启动 Edge 浏览器。

（2）在 Edge 浏览器的地址栏中输入万能五笔输入法网站，按下 Enter 键后，打开万能五笔输入法官方网站下载界面，如图 6-7 所示。

图 6-7　万能五笔输入法官方网站

（3）右击"10.2.4 版本下载"按钮，执行快捷菜单中的"复制链接"命令，弹出如图 6-8 所示的"添加链接或口令"对话框。

图 6-8　"添加链接或口令"对话框

（4）选择好下载软件存放的磁盘和文件夹，单击"立即下载"按钮，打开如图 6-9 所示下载界面。

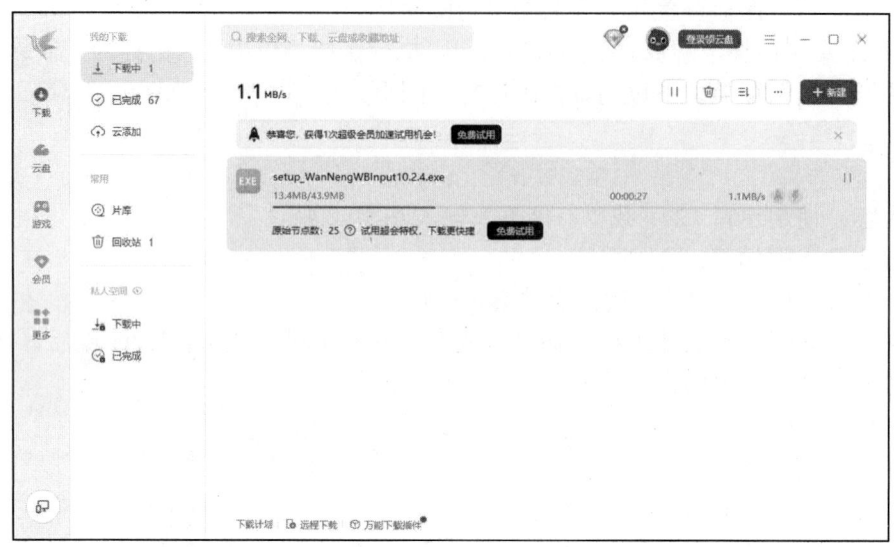

图 6-9　迅雷 12 主界面

下载完成后的文件会显示在左侧"已完成"的目录内，用户可自行管理。到此，一个软件就下载好了。

实验 6-6

实验内容：Outlook 2016（简称 Outlook）的使用。

Outlook 2016 是 Microsoft Office 2016 中的一个组件，该程序只有在安装了 Microsoft Office 2016 后才能使用。

操作方法及步骤如下：

（1）申请一个电子邮箱。想要收发电子邮件，必须先拥有电子邮箱，用户可以从 163、新浪等网站申请免费邮箱。

如果用户拥有一个 QQ 号，则此 QQ 号附带同名免费邮箱功能，具体地址的形式是：QQ 号@qq.com。

下面以某个 QQ 邮箱为例说明使用 Outlook 2016 查看邮件的方法。

（2）开启 QQ 邮箱的 POP3/SMTP 服务。

1）用 Edge 浏览器或 360 安全浏览器打开 QQ 邮箱网站，登录自己的 QQ 邮箱，如图 6-10 所示。

2）在邮箱首页中，单击"设置"按钮，打开"设置"页面窗口，如图 6-11 所示。

3）单击"账户"→"POP3/IMAP/SMTP/…"服务，单击"开启服务 POP3/SMTP 服务"，最后单击设置界面的最下方左侧的"保存更改"按钮。然后，退出 QQ 邮箱。

（3）将 Outlook 与 QQ 邮箱进行关联。

1）单击"开始"→"所有应用"→"Outlook 2016"，打开 Outlook 工作主窗口，如图 6-12 所示。

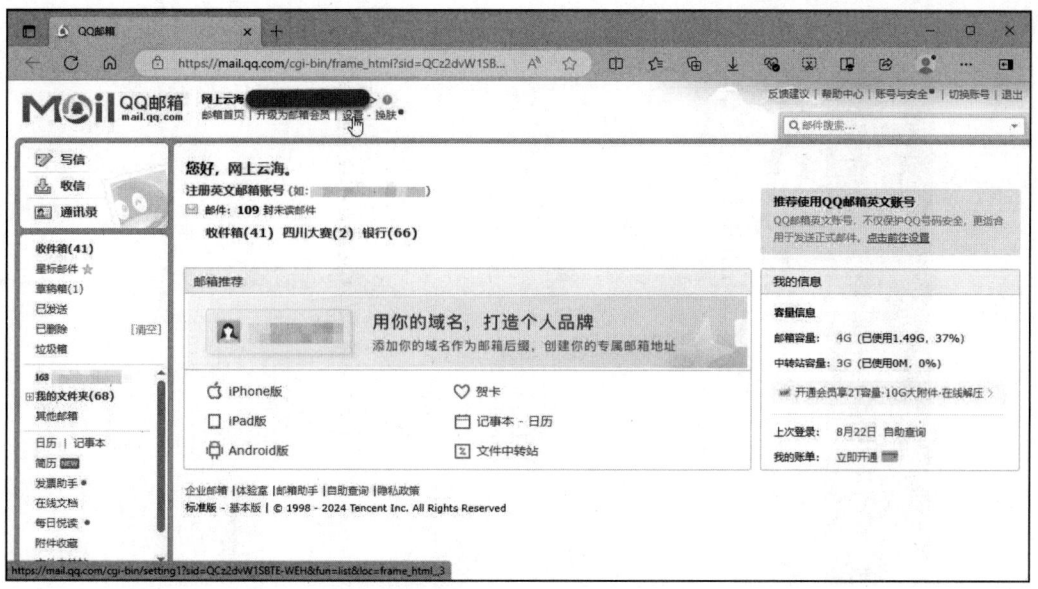

图 6-10　登录用户的 QQ 邮箱

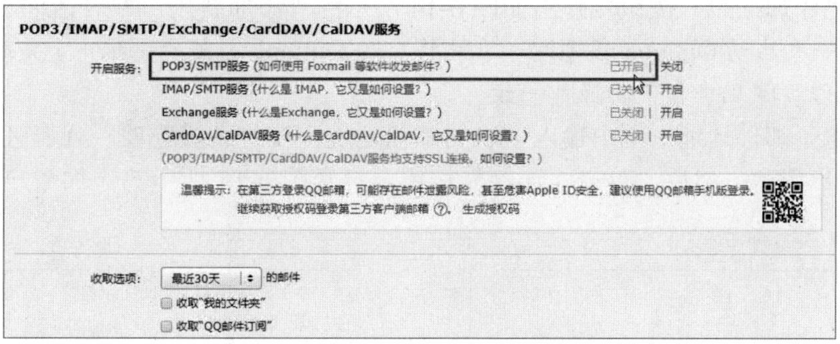

图 6-11　开启 POP3/SMTP 服务

图 6-12　Outlook 2016 工作主窗口

2）单击"文件"选项卡，打开如图 6-13 所示的 Outlook 后台视图界面。

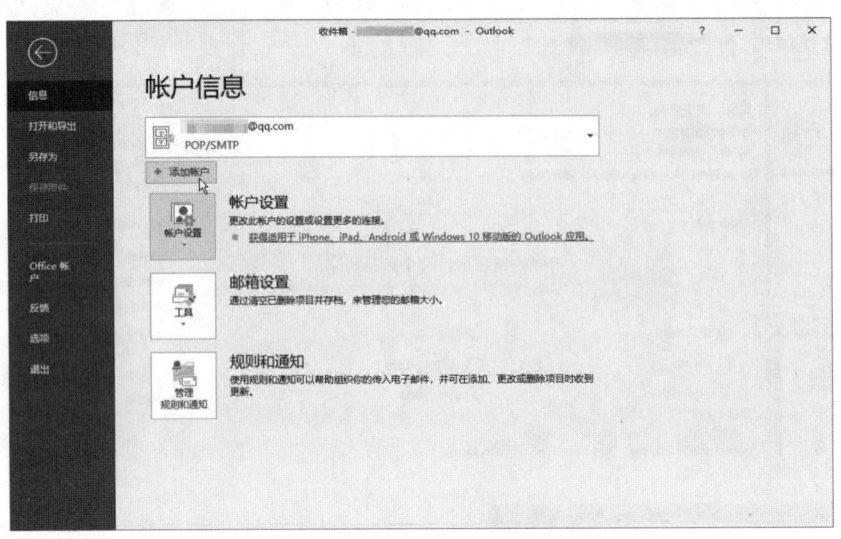

图 6-13　Outlook 后台视图界面

3）单击"添加账户"按钮，弹出如图 6-14 所示的"添加新账户"对话框。

说明：第一次启动 Outlook 程序时，系统将启动 Outlook 与邮箱（账户）关联的配置向导，配置向导的操作步骤几乎和下面操作一致。

4）在"电子邮件地址"框中输入关联的邮箱地址；在"高级选项"列表区勾选"让我手动设置我的账户"项；然后，单击"连接"按钮，打开图 6-15 所示的添加账户"高级设置"对话框。

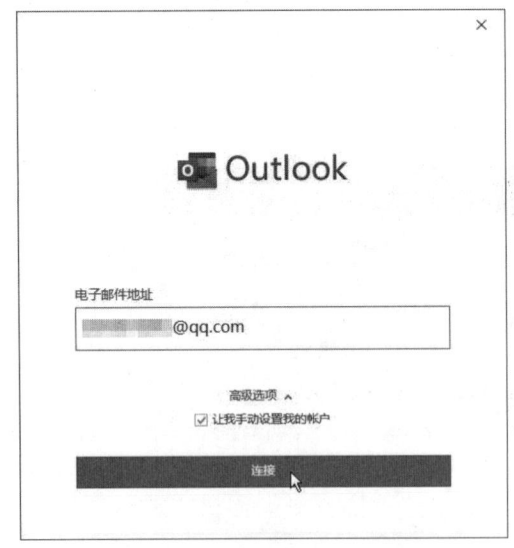

图 6-14　"添加新账户"对话框

图 6-15　添加账户"高级设置"对话框

5）单击 POP 按钮，打开图 6-16 所示的"POP 账户设置"对话框。

6）在"接收邮件服务器"框中，输入：pop.qq.com；在"待发邮件服务器"框中，输入：

smtp.qq.com；单击"下一步"按钮，打开图 6-17 所示的输入 POP3/SMTP 的"密码"对话框。

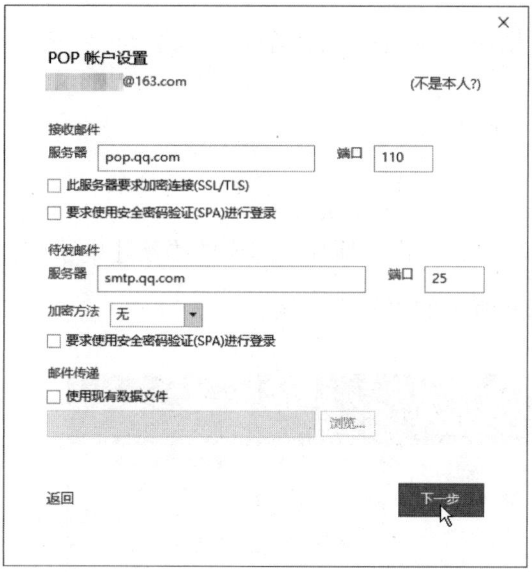

图 6-16　"POP 账户设置"对话框 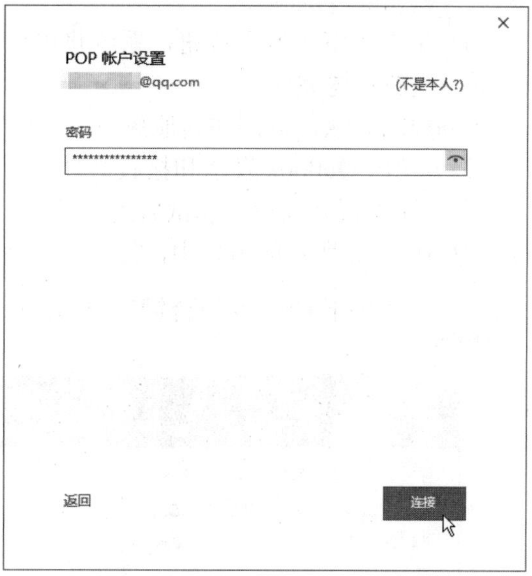　　　　　图 6-17　输入 POP3/SMTP 的"密码"

注意：这里的密码不是登录 QQ 邮箱的密码，而是 QQ 邮件开通 POP3/SMTP 的授权码。

7）单击"连接"按钮，系统进行连接。稍等一会，弹出连接"完成"对话框，如图 6-18 所示。

8）在如图 6-12 所示的窗口中，单击"文件"选项卡，打开 Outlook 后台视图。在"信息"面板中，单击"账户设置"按钮 　　，执行其列表框中的"账户名和同步设置"命令，打开如图 6-19 所示的"POP 账户设置"对话框。

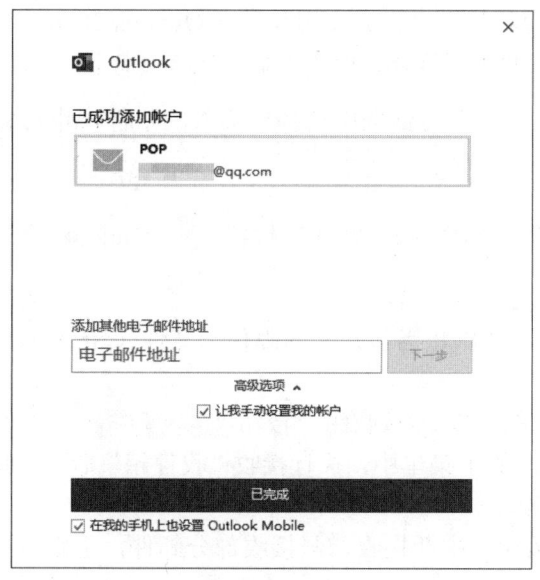

图 6-18　设置"完成"对话框

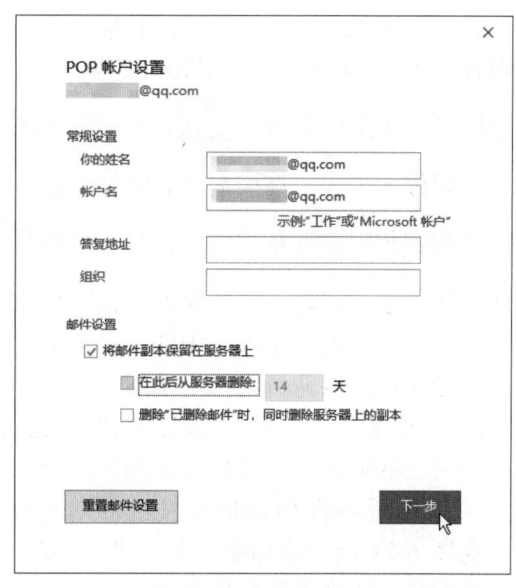

图 6-19　"POP 账户设置-高级"对话框

9）在"邮件设置"栏目下，勾选"将邮件副本保留在服务器上"选项，取消勾选"在此后从服务器删除"选项。

10）单击"下一步"按钮，系统将出现"已成功更新账户"对话框，单击"已完成"按钮，账户更新设置完毕。

用同样的方法，可添加其他账户（其他的电子邮箱）。

（4）使用 Outlook 发送和接收邮件。

1）上述设置完成后，先试着给自己发一封邮件，按以下步骤操作：

①在图 6-12 所示的窗口中，打开"开始"选项卡，单击"新建"组中的"新建电子邮件"按钮 ![新建电子邮件] （或按下 Ctrl+N 组合键），打开如图 6-20 所示的"邮件"窗口。

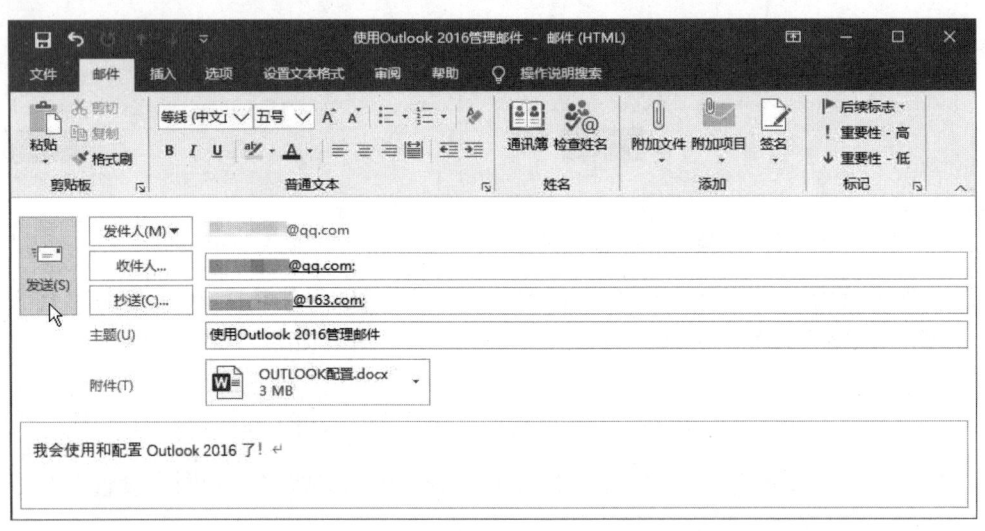

图 6-20 "邮件"窗口

②依次输入收件人、抄送、主题等项，在内容栏输入"我会使用和配置 Outlook 2016 了！"在内容栏中，也可进行类似 Word 的编辑操作，在此不再详述；单击"邮件"选项卡下"添加"组中的"附加文件"按钮 ![附加文件] ，在打开的"插入文件"对话框中选择要插入的附件，也可将插入的附件（文件）直接拖至"附件"框中。

③内容和附件准备就绪后，单击"邮件"窗口左上方的"发送"按钮 ![发送(S)] ，Outlook 会将邮件发送出去，同时，邮件保存在该账户中的"发件箱"里。

④单击"文件"选项卡中的"另存为"命令，可以将当前建立的邮件以文件（*.msg）的形式进行保存，以便将来再次使用。

2）接收邮件。单击"发送/接收"选项卡中的"发送/接收组"按钮 ![发送/接收组] ，在弹出命令列表框中选择要接收邮件的账户，在其弹出的子菜单中，执行接收"收件箱"命令，弹出如图 6-21 所示的"Outlook 发送/接收进度"窗口。

在图 6-21 所示窗口中，单击"全部取消"按钮，中断接收，只接收部分邮件，否则将接收全部邮件，这个过程可能耗时较长。

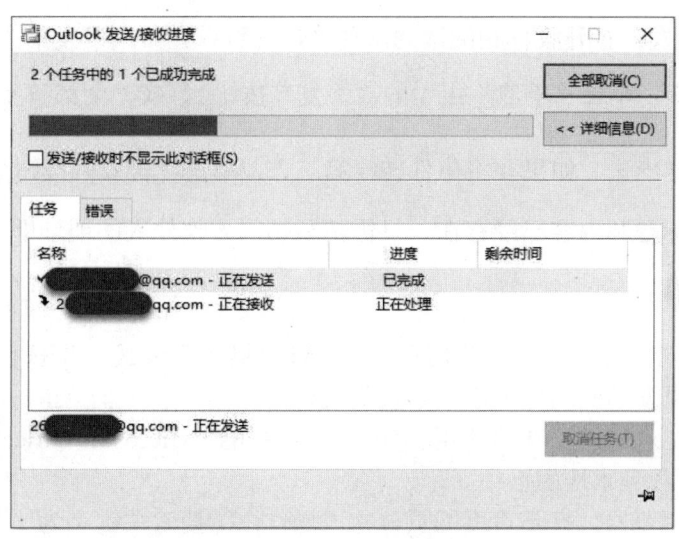

图 6-21 "Outlook 发送/接收进度"窗口

3) 查看邮件。

①在图 6-12 所示窗口的导航栏中,单击某账户前的"折叠"按钮▷,展开该账户的邮件管理结构。单击"收件箱"图标,该账户接收的邮件将显示在中部的邮件列表框中。

②单击上面接收的某邮件,邮件内容显示在右侧的邮件内容查看框中(或者双击该邮件,系统将弹出"邮件"查看窗口,并显示邮件的内容),如图 6-22 所示。

图 6-22 在 Outlook 窗口中查看邮件

③双击右侧中的某一附件,可查看附件的内容。如果右击某一附件,在出现的快捷菜单中可选择"预览"、"打开"、"另存为"、"保存所有附件"和"删除附件"等命令。

如果要对邮件中的附件进行处理,也可使用 Outlook 系统主选项卡中的附件工具"附件"选项卡中的相关命令。

（5）回复和转发。打开收件箱阅读完邮件之后，可以直接回复发信人。单击 Outlook 主窗口"开始"选项卡，单击"响应"组中的"答复"按钮 或"全部答复"按钮，即可撰写回复内容并发送出去。如果要将信件转给第三方，单击"转发"按钮，显示转发邮件窗口，此时邮件的标题和内容已经存在，只需填写第三方收件人的地址即可。

思考与综合练习

1．打开 Edge 浏览器，搜索一些信息，如：计算机等级考试、英语考试、mp3 等，打开这些站点，将自己喜爱的网站地址添加到收藏夹。

2．打开 I Tell You 网站，在"应用程序"栏目中找到 Microsoft Office 2019。然后，利用迅雷 12 将该软件下载到本地磁盘中。

3．打开 Edge 浏览器，打开百度网页，完成操作：①搜索关键字为"蓝牙技术"的网页，搜索后，打开某一页面，将有关蓝牙技术的内容复制到文件名为 Bluetooth.doc 的文件中；②利用搜索引擎查找 2023 全国计算机等级考试二级 Python 大纲，并将大纲内容以文件名"二级 Python 大纲.txt"进行保存。

4．利用 Outlook 给自己发送一个邮件，主题为"二级大纲"，内容为：全国计算机等级考试二级 Python 大纲，见附件，最后插入文件"二级 Python 大纲.txt"。在发送邮件的同时，将此邮件抄送给一个收件人，密送给一个收件人。

5．使用中国知网，检索主题为"用 VB.NET 开发图形数据库"，其他条件均不设置。查询结果显示后选择序号为 1 的记录进行查看。

第 3 章　Access 2016 数据库技术基础

实验 7　Access 2016 数据库技术基础

实验目的

（1）了解 Access 2016 数据库窗口的基本组成。
（2）学会如何创建数据库文件以及熟练掌握使用数据库表的建立方法。
（3）掌握数据表属性的设置。
（4）掌握记录的编辑、排序和筛选，索引和表间关系的建立。
（5）掌握 SQL 查询的使用方法。
（6）掌握 Access 2016 数据库与外部文件交换数据的两种方法（数据的导入与导出）。

实验内容与操作步骤

实验 7-1

实验内容：利用 Access 2016 中文版创建一个空白数据库"学生管理系统.accdb"。
操作方法及步骤如下：

（1）启动 Access 2016 中文版，屏幕显示的初始界面如图 7-1 所示。在此窗口中，用户可以新建（默认）或打开一个数据库，本例创建的是一个空白数据库。

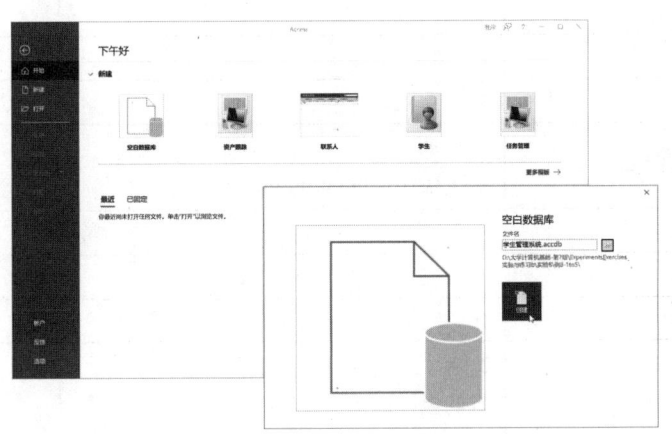

图 7-1　Access 2016 的初始界面（"文件"选项卡）

（2）单击"空白数据库"按钮，弹出"创建"对话框。单击"文件名"文本框右侧的"浏览"按钮，打开"文件新建数据库"对话框。选择好数据库存放的位置（文件夹），给出正确的文件名，本例是：学生管理系统，单击"确定"按钮，回到图 7-1 所示界面。

（3）单击"创建"按钮 ，即可创建一个空白数据库，如图 7-2 所示。

图 7-2 "学生管理系统"数据库窗口及对象控制面板

数据库新建完成后，新建的数据库文件名为"学生管理系统.accdb"，其中.accdb 是 Access 数据库文件的默认扩展名。

实验 7-2

实验内容：在数据库"学生管理系统.accdb"中，分别建立"学生"、"成绩"和"课程代码"这三张数据表。数据表"学生"、"成绩"和"课程代码"的结构见表 7-1、表 7-2 和表 7-3。

表 7-1 "学生"表的数据结构

字段	数据类型	宽度	是否是主键或有无索引
学号	文本	8，输入掩码：>L0000000	是
姓名	文本	4	
性别	文本	1	
民族	文本	5	
出生日期	日期/时间	短日期 输入掩码：9999-99-99	
籍贯	文本	3	
电话	文本	11	
QQ 号码	文本	10	
政治面貌	文本	2 查阅属性如下： 显示控件：组合框 行来源类型：值列表 行来源：群众,团员,党员	
专业名称	文本	10	有（有重复）

续表

字段	数据类型	宽度	是否是主键或有无索引
入学总分	数字	整型。 输入掩码：999	
备注	长文本		
照片	OLE 对象		

表 7-2 "成绩"表的数据结构

字段	数据类型	宽度	是否是主键或有无索引
学号	文本	8，输入掩码：>L0000000	主键：学号+课程号
课程号	文本	4，输入掩码：>L000	
成绩	数字	单精度，小数位 1 位，输入掩码：999.9	

表 7-3 "课程代码"表的数据结构

字段	数据类型	宽度	是否是主键或有无索引
课程号	文本	4，输入掩码：>L000	是
课程名称	文本	10	

操作方法及步骤如下：

（1）打开 Access 数据库。启动 Access，单击"文件"选项卡，执行其展开的界面中的"打开"命令。在打开的"打开"面板中找到需要打开的 Access 数据库"学生管理系统.accdb"。

（2）在"学生管理系统.accdb"数据库窗口中，单击"导航窗格"中的"导航窗格开关"按钮，在弹出的命令列表框中，选择"表"项。这时，导航窗格中列出所有已存在的表。

（3）单击"创建"选项卡下"表格"组的"表"按钮，这时将创建名为"表 1"的新表，并以数据表视图方式打开，同时显示"表格工具"选项卡及功能区。

（4）单击"开始"选项卡下"视图"组中的"视图"按钮，执行其列表框中的"设计视图"命令（或单击 Access 状态栏右侧的"设计视图"按钮），弹出"另存为"对话框，如图 7-3 所示。

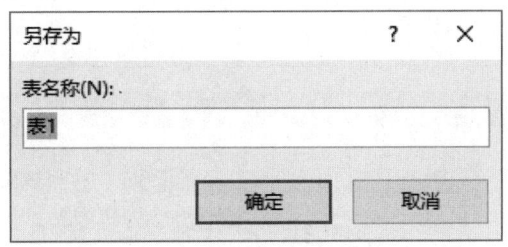

图 7-3 "另存为"对话框

（5）在"表名称"文本框处，输入表的名称，如"学生"。单击"确定"按钮，打开如图 7-4 所示的"学生"窗口，依照表 7-1、表 7-2 和表 7-3 的内容，建立各表的数据结构。

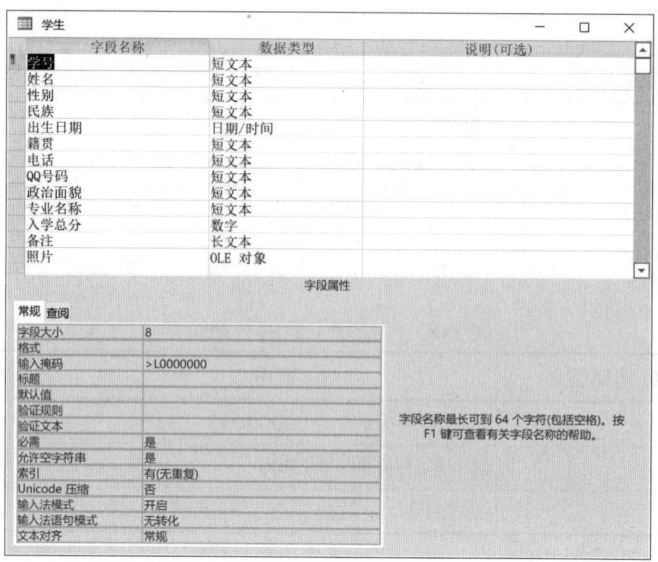

图 7-4 "学生"窗口

数据结构建立并关闭对应表设计窗口后,在 Access 导航窗格"表"组中出现已创建的各表格对象,如图 7-5 所示。

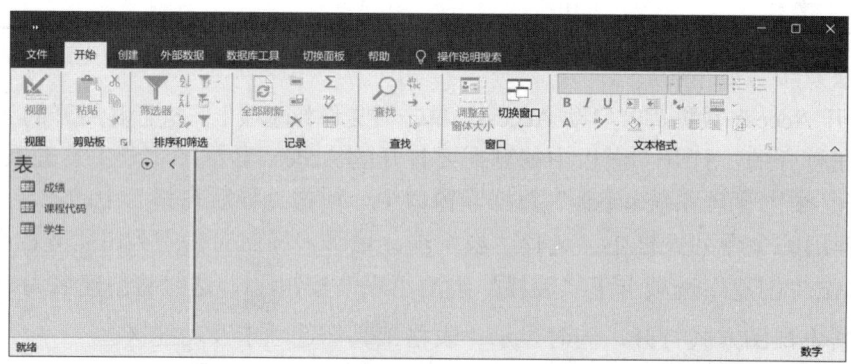

图 7-5 "导航"窗格中显示已创建的三张表格

(6)在"导航"窗格中,分别双击数据表的名称,打开"数据表视图"窗口,录入图 7-6、图 7-7 和图 7-8 所示的数据,数据录入后,按下 Ctrl+W 组合键(或单击编辑窗口右上角的"关闭"按钮),数据保存并退出。

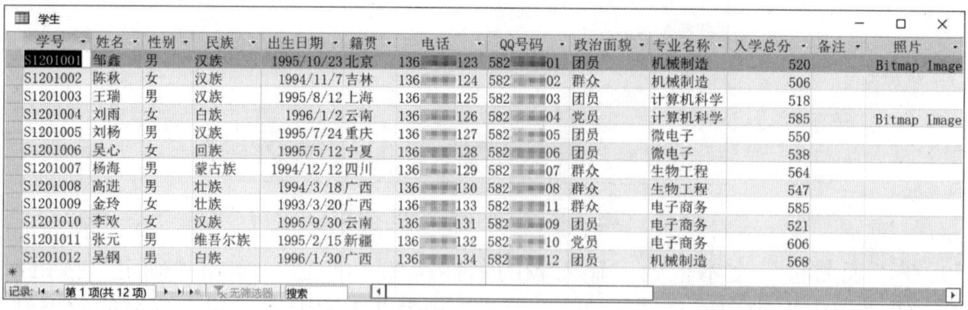

图 7-6 "学生"表

第 3 章　Access 2016 数据库技术基础

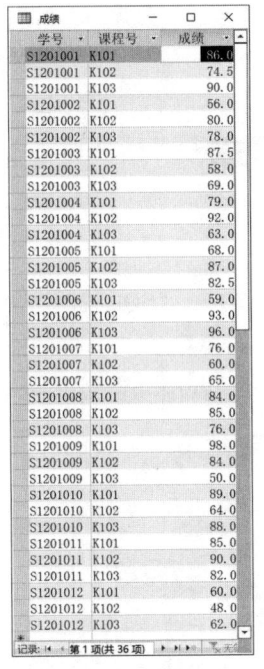

图 7-7　"成绩"表

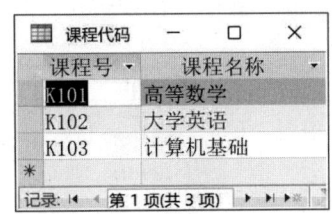

图 7-8　"课程代码"表

实验 7-3

实验内容：在"学生管理系统"数据库中，使用 SQL 命令完成以下查询。

（1）从"学生"表中查询学生的所有信息。

（2）从"学生"表中查询入学总分大于等于 550 分的学生的信息，输出学号、姓名、性别、入学总分 4 个字段的内容。

（3）从"学生"表中查询专业名称为"计算机科学"或"生物工程"且入学总分小于 550 分的记录。

（4）从"学生"表中查询入学总分在 530～580 分之间的记录。

（5）假设时间为 2012 年，从"学生"表中查询并输出所有年龄在 18 岁以上的记录。

（6）从"成绩"表中查询并输出 3 门功课中至少有 1 门不及格的记录。

（7）从"学生"表和"成绩"表中查询并输出数学成绩为 80 分以上的记录，按专业分组。

（8）从"学生"表中查询入学总分最高的前 5 名的学生记录，按分数从高到低进行排序，同时指定部分表中的字段在查询结果中的显示标题。

（9）计算学生"刘雨"所修课程的平均成绩。

操作方法及步骤如下：

（1）启动 Access 2016 中文版，打开"学生管理系统.accdb"数据库。

（2）在"创建"选项卡"查询"组中，单击"查询设计"按钮，并关闭出现的"显示表"对话框，建立一个空查询，如图 7-9 所示。

（3）在查询"设计视图"窗口上方的空白处右击，在弹出的快捷菜单中选择"SQL 视图"命令，切换到"SQL 视图"窗口，如图 7-10 所示。

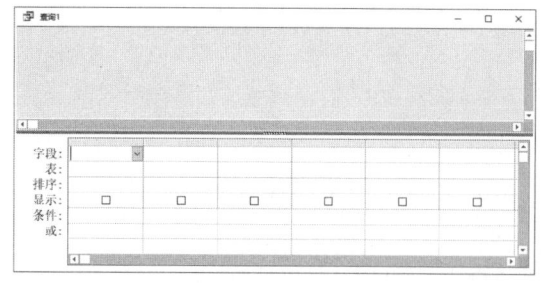

图7-9 "查询"设计视图

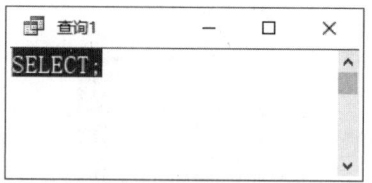

图7-10 "SQL视图"窗口

（4）在"SQL视图"窗口中输入下面的SQL命令：

SELECT 学号,姓名,性别,出生日期,专业名称,政治面貌 FROM 学生 WHERE 政治面貌 ="党员";

（5）单击"运行"按钮 运行 ，出现如图7-11所示的查询结果。

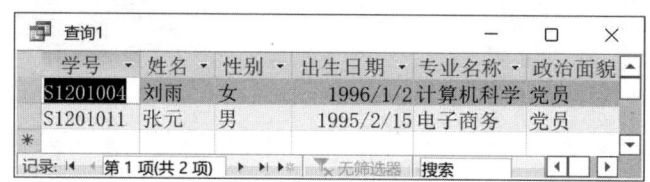

图7-11 "运行"结果窗口

（6）最后，单击"数据表视图"窗口右上方的"关闭"按钮 ╳ ，关闭窗口。在关闭"数据表视图"窗口时，系统将提示用户是否保存查询，用户可做出相应的选择操作。

同样地，在"SQL视图"窗口中分别输入下面的SQL命令，可完成查询操作。

（1）从"学生"表中查询学生的所有信息。

SELECT * FROM 学生

（2）从"学生"表中查询入学总分大于等于550分的学生的信息，输出学号、姓名、性别、入学总分4个字段的内容。

SELECT 学号,姓名,性别,入学总分 FROM 学生 WHERE 入学总分>=550;

（3）从"学生"表中查询专业名称为"计算机科学"或"生物工程"且入学总分小于550分的记录。

SELECT 学号,姓名,性别,出生日期,入学总分 FROM 学生 WHERE (专业名称="计算机科学" OR 专业名称="生物工程") AND 入学总分<550;

或

SELECT 学号,姓名,性别,出生日期,入学总分 FROM 学生 WHERE 专业名称 IN ("计算机科学","生物工程") AND 入学总分<550;

（4）从"学生"表中查询入学总分在530～580分之间的记录。

SELECT * FROM 学生 WHERE 入学总分 BETWEEN 530 AND 580;

（5）截至2012年，从"学生"表中查询并输出所有年龄在18岁以上的记录。

SELECT 学生.学号, 学生.姓名, 学生.性别, Year(#2012/12/31#)-YEAR([出生日期]) AS 年龄
FROM 学生 WHERE YEAR(#2012/12/31#)-YEAR([出生日期])>=18;

提示：如果截止日期为当前系统日期，可使用如下语句进行查询。

SELECT 学号,姓名,性别,YEAR(DATE())-YEAR(出生日期) AS 年龄
FROM 学生 WHERE YEAR(DATE())-YEAR(出生日期)>=18;

（6）从"成绩"表中查询并输出3门功课中至少有1门不及格的记录。

SELECT 成绩.学号, 课程代码.课程名称, 成绩.成绩
FROM 课程代码 INNER JOIN 成绩 ON 课程代码.课程号 = 成绩.课程号
WHERE (((成绩.成绩)<60) AND ((课程代码.课程名称)="高等数学")) OR (((成绩.成绩)<60) AND ((课程代码.课程名称)="大学英语")) OR (((成绩.成绩)<60) AND ((课程代码.课程名称)="计算机基础"));

（7）从"学生"表和"成绩"表中查询并输出数学成绩为80分以上的记录，按专业分组。

SELECT COUNT(*) AS 各专业高数在80以上的人数, 学生.专业名称
FROM 课程代码 INNER JOIN (学生 INNER JOIN 成绩 ON 学生.学号 = 成绩.学号) ON 课程代码.课程号 = 成绩.课程号
WHERE (((课程代码.课程名称)="高等数学")) AND (((成绩.成绩) BETWEEN 80 AND 100))
GROUP BY 学生.专业名称;

（8）从"学生"表中查询入学总分最高的前5名的学生记录，按分数从高到低进行排序，同时指定部分表中的字段在查询结果中的显示标题。

SELECT TOP 5 学号 AS 学生的学号, 姓名 AS 学生的名字, 性别, 入学总分 FROM 学生 ORDER BY 入学总分 DESC;

（9）计算学生"刘雨"所修课程的平均成绩。

SELECT 成绩.学号, AVG(成绩.成绩) AS 成绩之平均值
FROM 学生 INNER JOIN 成绩 ON 学生.学号 = 成绩.学号
WHERE (((学生.姓名)="刘雨")) GROUP BY 成绩.学号;

实验 7-4

实验内容：将电子表格文件"通讯.xlsx"中的数据导入"学生管理系统.accdb"数据库。"通讯.xlsx"中的数据，见表 7-4 所示。

表 7-4　"通讯.xlsx"的数据

学号	宿舍	家庭详细通讯地址	家长姓名	家长电话	备注
s1201001	C6-2-101	北京市建国门外大街356号	邹文涛	13900000001	
s1201002	C7-2-116	吉林遵义东路369号	陈江宏	13900000002	
s1201003	C6-2-101	上海市逸仙路456号	王大山	13900000003	
s1201004	C7-2-116	昆明人民中路222号	刘诗云	13900000004	
s1201005	C6-2-101	重庆市石杨路333号	刘兵	13900000005	
s1201006	C7-2-115	银川玉皇阁南街485号	吴顺利	13900000006	
s1201007	C4-1-326	成都二仙桥东568号	杨秋林	13900000007	
s1201008	C4-1-326	桂林市中山中路608号	高进	13900000008	
s1201009	C7-2-116	桂林市龙隐路963号	金海水	13900000009	
s1201010	C7-2-116	大理银苍路321号	李成就	13900000010	
s1201011	C4-1-326	乌鲁木齐沙友南路576号	张铭铭	13900000011	
s1201012	C4-1-326	南宁市竹溪南路612号	吴国文	13900000012	

注：表中均为虚拟信息。

操作方法及步骤如下：

（1）启动 Access 2016 中文版，打开"学生管理系统.accdb"数据库。

（2）打开"外部数据"选项卡，单击"导入并链接"组中的"新数据源"按钮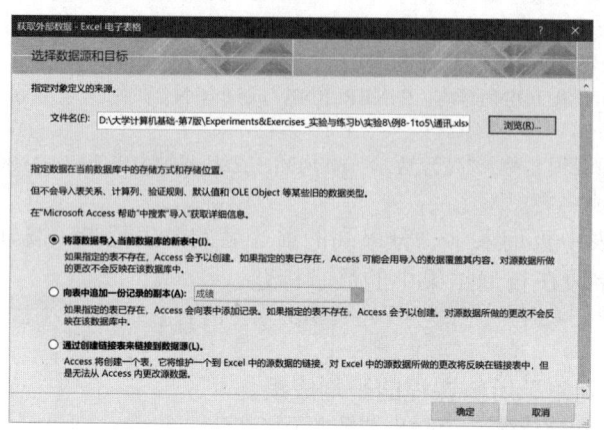。在打开的类型列表中，单击"文件"→"导入 Excel 电子表格"命令，Access 系统弹出"获取外部数据 - Excel 电子表格"对话框，如图 7-12 所示。

图 7-12　"获取外部数据 - Excel 电子表格"对话框

（3）单击"浏览"按钮，在弹出的"打开"对话框中，选择要导入的 Excel 文件，本例选择"通讯.xlsx"。在"指定数据在当前数据库中的存储方式和存储位置"栏中选择数据源导入存放的方式，本例选择"将源数据导入当前数据库的新表中"，单击"确定"按钮。系统弹出"导入数据表向导"对话框（一），如图 7-13 所示。

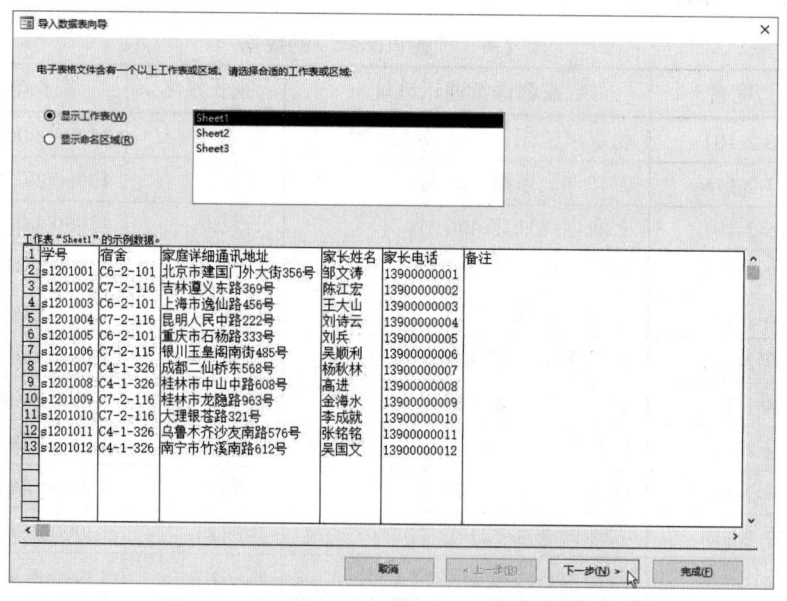

图 7-13　"导入数据表向导"对话框（一）

（4）该对话框中的上部罗列了所选工作簿中的所有表名，下部是对应表中的数据。选中所需要的表，本例为"Sheet1"。单击"下一步"按钮，弹出"导入数据表向导"对话框（二），如图 7-14 所示。

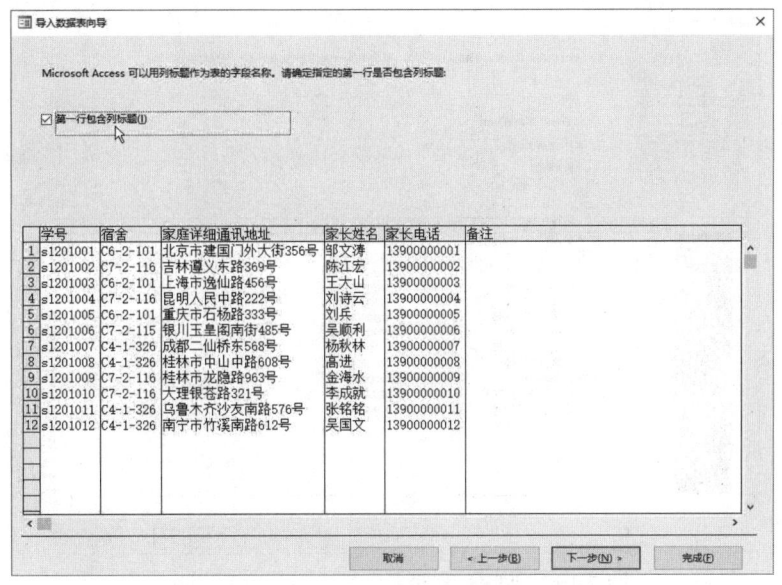

图 7-14　"导入数据表向导"对话框（二）

（5）在"导入数据表向导"对话框（二）中，勾选"第一行包含列标题"复选框（即将 Excel 电子表格中的第一行文字标题作为 Access 表的字段名），单击"下一步"按钮，弹出"导入数据表向导"对话框（三），如图 7-15 所示。

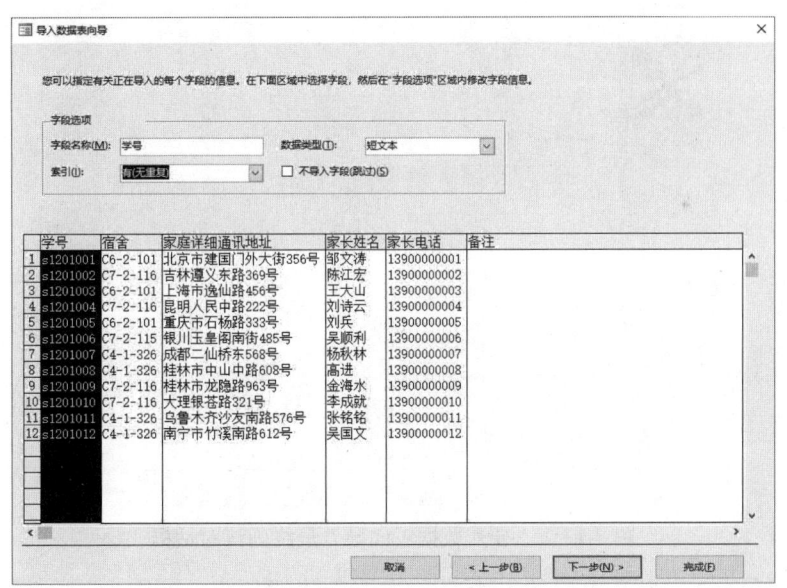

图 7-15　"导入数据表向导"对话框（三）

（6）在"导入数据表向导"对话框（三）中，单击对话框下半部的字段信息列表框中的一个字段名，选中一个字段。然后，在"字段选项"区域内对字段信息进行修改，为指定的字段设置一定的属性。如果不需要导入该字段，则勾选"不导入字段（跳过）"复选框，如果需要导入全部字段，直接单击"下一步"按钮，系统弹出"导入数据表向导"对话框（四），如图 7-16 所示。

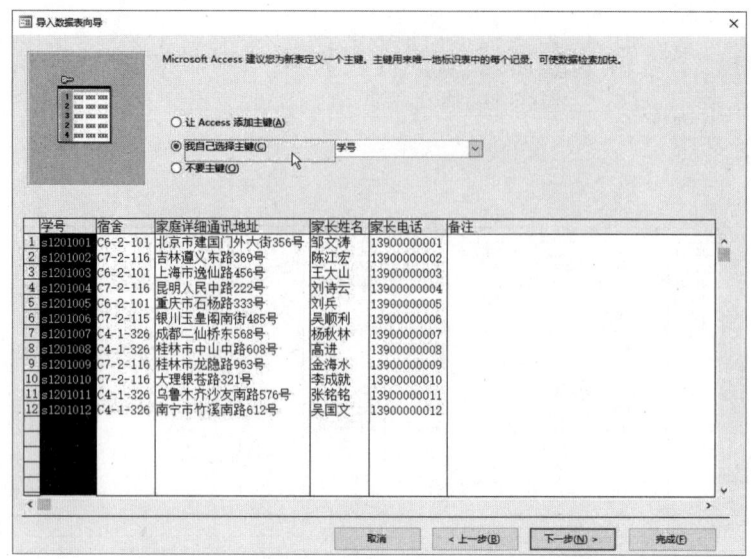

图 7-16 "导入数据表向导" 对话框（四）

（7）在"导入数据表向导"对话框（四）中，可以定义主键。单击"我自己选择主键"右侧的字段列表框下拉按钮，选择某一字段名来指定主键。单击"下一步"按钮，系统弹出"导入数据表向导"最终确认对话框（五），如图 7-17 所示。

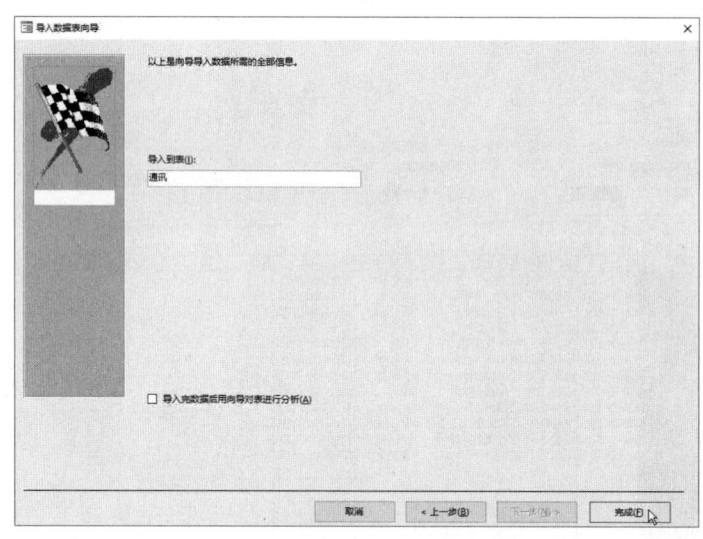

图 7-17 "导入数据表向导"最终确认对话框

（8）在对话框中，为导入后的表命名，本例为"通讯"，单击"完成"按钮，数据导入完成。

实验 7-5

实验内容：将"学生管理系统.accdb"数据库中的"学生"表数据，形成一个文本文件。

操作方法及步骤如下：

（1）启动 Access 2016 中文版，打开"学生管理系统.accdb"数据库。

（2）在"导航窗格"中，列出"表"各对象，并选中"学生"表。

（3）打开"外部数据"选项卡，单击"导出"组中的"文本文件"按钮，Access 系统弹出"导出 - 文本文件"对话框，如图 7-18 所示。

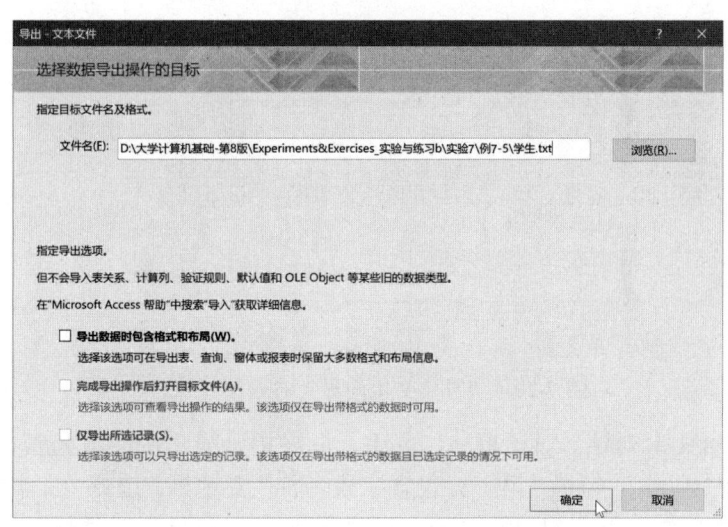

图 7-18　"导出 - 文本文件"对话框

（4）在此对话框中，单击"浏览"按钮。在打开的"保存文件"对话框中，指定文件名（本例为"学生"）和保存位置，单击"保存"按钮，回到本对话框。单击"确定"按钮，系统弹出"导出文本向导"对话框（一），如图 7-19 所示。

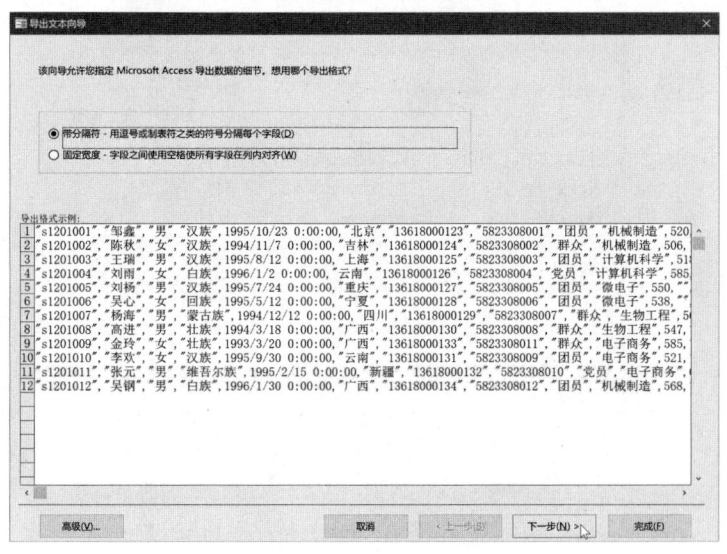

图 7-19　"导出文本向导"对话框（一）

（5）在"导出文本向导"对话框（一）中，向导提示导出的数据是否在文本文件中带有分隔符，本例选择"带分隔符"，单击"下一步"按钮，系统弹出"导出文本向导"对话框（二），如图 7-20 所示。

图 7-20 "导出文本向导"对话框(二)

(6)在"导出文本向导"对话框(二)中,向导提示导出的字段是否在文本文件中带有分隔符,本例选择"逗号",勾选"第一行包含字段名称"复选框,选择"文本识别符"为"无"。

如果在"导出文本向导"对话框(一)或"导出文本向导"对话框(二)中,单击"高级"按钮,系统打开如图 7-21 所示的"学生 导出规格"对话框,用户可对导出的文本格式做进一步的设置。

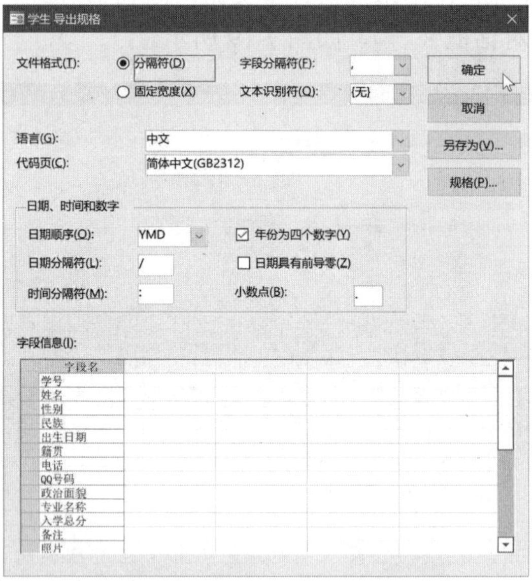

图 7-21 "学生 导出规格"对话框

单击"下一步"按钮,系统弹出"导出文本向导"对话框(三),如图 7-22 所示。

(7)在"导出文本向导"对话框(三)中,向导提示确定导出的文本文件名,用户可输入一个正确的文件名(可包含文件的完整路径,如 D:\access 上机题\学生.txt)。单击"完成"按钮,完成数据的导出。

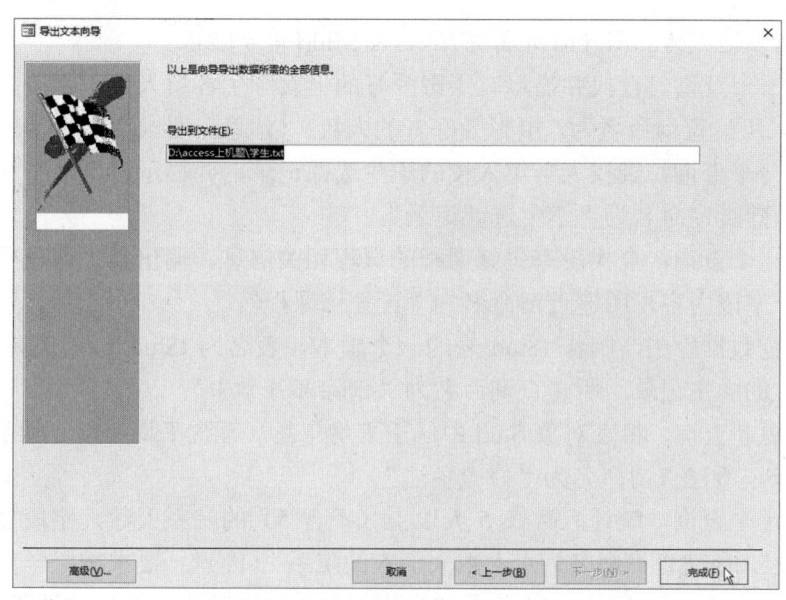

图 7-22 "导出文本向导"对话框(三)

(8)在磁盘上指定的保存位置中,找到已保存的文本文件,双击可以在记事本中打开它。

思考与综合练习

1. 有一个数据库文件"成绩.accdb",里面已经设计好三个关联对象 tCourse、tScore 和 tStud。三个数据表对象的关系如图 7-23 所示。

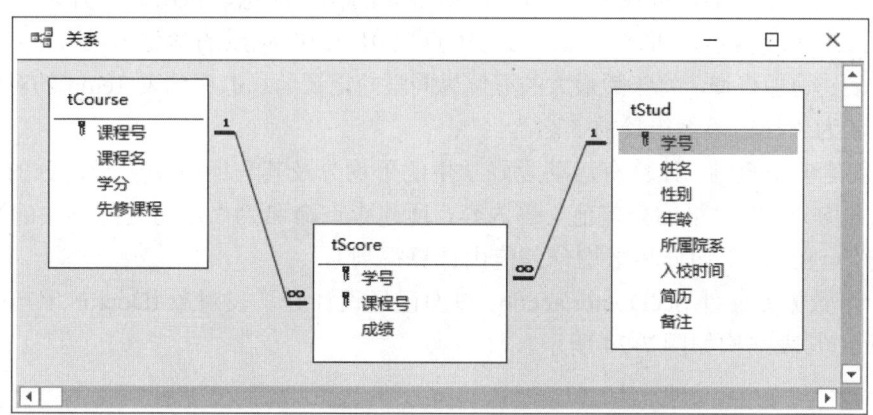

图 7-23 "成绩.accdb"数据库中的关联数据表

试按以下要求完成设计:

(1)将表 tStud 中的"入校时间"字段的默认值设置为下一年度的9月1日。要求:本年度的年份必须用函数获取。

提示:"默认值"表达式为 DateSerial(Year(Date())+1,9,1)。

(2)根据表 tStud 中"所属院系"字段的值修改"学号"的值。若"所属院系"为"01",将"学号"的第 1 位改为"1";若"所属院系"为"02",将"学号"的第 1 位改为"2",以此类推。

提示：更新表达式为：Right([所属院系],1) & Mid([学号],2)。

（3）创建一个查询，查找并显示有摄影爱好的男女学生各自人数，字段显示标题为"性别"和"Num"，所建查询命名为"摄影爱好者的人数"（注意：要求用学号字段来统计人数）。

（4）创建一个查询，查找上半年入校的学生选课记录，并显示"姓名"和"课程名"两个字段内容，所建查询命名为"学生选课记录"。

（5）创建一个查询，查找没有先修课程的课程相关信息，输出其"课程号"、"课程名"和"学分"三个字段内容，所建查询命名为"无先修课程"。

（6）在当前数据库中，制作 tStud 表的一个副本，表名为 tStud_bk。删除 tStud_bk 表中姓名中有"红"的学生记录，所建查询命名为"删除部分学生"。

（7）创建更新查询，将表对象 Stud 中低于平均年龄（不含平均年龄）学生的"备注"字段值设置为 True，所建查询命名为"修改备注"。

（8）创建一个查询，统计人数在 5 人以上（不含 5）的院系人数，字段显示标题为"院系号"和"人数"，所建查询命名为"人数大于 5 的院系"（注意：要求按照学号来统计人数）。

（9）创建一个查询，查找非 04 院系的学生信息，输出其"姓名"、"课程名"和"成绩" 3 个字段内容，所建查询命名为"查询非 04 院系学生的成绩"。

（10）创建一个查询，查找还没有选课的学生的姓名，查询命名为"无选课学生"。

（11）创建一个查询，计算所选课程成绩均在 80 分以上（含 80）学生的平均分，并输出学号及平均分信息，字段显示标题为"学号"和"平均分数"，所建查询命名为"大于 80 的平均分"。

（12）创建一个查询，查找 01 和 03 所属院系的学生信息，输出其"姓名"、"课程名"和"成绩"三个字段内容，所建查询命名为"查找 01 或 03 院系的学生成绩"。

（13）创建追加查询，将年龄最大的五位男同学的记录信息追加到表 Temp 的对应字段中，所建查询命名为"导出最大年龄前 5 名"。

（14）创建一个查询，计算有运动爱好学生的平均分及其与所有学生平均分的差，并显示"姓名"、"平均分"和"平均分差值"等内容，所建查询命名为"运动爱好学生的平均分与总平均分之差"（注意：平均分和平均分差值由计算得到）。

2. 有一个数据库文件 SeeDoctor.accdb，里面已经设计好了表对象 tDoctor、tOffice、tPatient 和 tSubscribe，其表结构如图 7-24 所示。

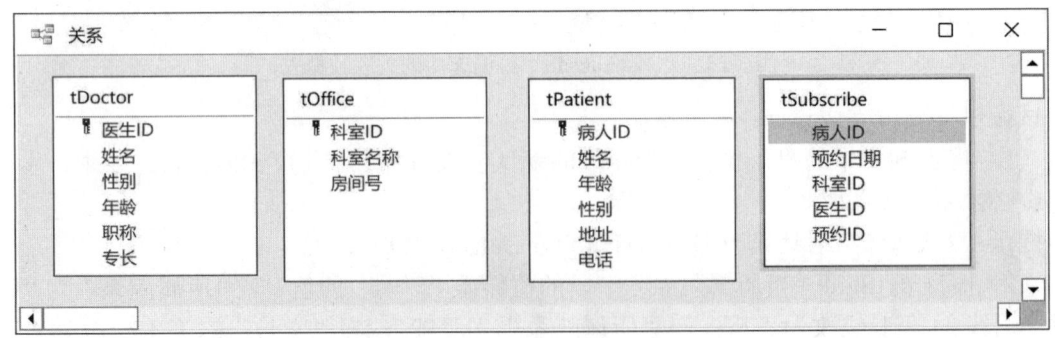

图 7-24　SeeDoctor 数据库中数据表的结构

试按以下操作要求，完成各种操作：

（1）分析 tSubscribe 预约数据表的字段构成，判断并设置主键。

（2）设置 tSubscribe 表中"医生 ID"字段的相关属性，使其接收的数据第 1 个字符只能为 A，从第 2 个字符开始的 3 位只能是 0～9 之间的数字，并将该字段设置为必填字段；设置"科室 ID"字段的大小，使其与 tOffice 表中相关字段的大小一致。

提示："医生 ID"的"输入掩码"为 ""A"000"。

（3）设置 tDoctor 表中"性别"字段的默认值属性，属性值为"男"，并为该字段创建查阅列表，列表中显示"男"和"女"两个值。

（4）删除 tDoctor 表中的"专长"字段，并设置"年龄"字段的有效性规则和有效性文本。具体规则为输入年龄必须在 18～60 岁之间（含 18 岁和 60 岁），有效性文本内容为："年龄应在 18 岁到 80 岁之间"；取消对"年龄"字段的隐藏。

提示："年龄"字段的"有效性规则"为">=18and<=60"；"有效性文本"为"年龄应在 18 岁到 60 岁之间"。

（5）设置 tDoctor 表的显示格式，使表的背景颜色为"蓝白"、网格线为"白色"、单元格效果为"凹陷"。

提示：双击打开表 tDoctor，点击"文本格式"组中右下角的"设置数据表格式"，在"背景色"的下拉列表选择"自定义：RGB(0，0，255)"，在"网格线颜色"下拉列表中选择"白色"，在"单元格效果"列表框中选择"凹陷"选项，然后单击"确定"按钮。

（6）通过相关字段建立 tDoctor、tOffice、tPatient 和 tSubscribe 四表之间的关系，同时使用"实施参照完整性"。

（7）创建一个查询，查找姓名为两个字的姓"王"病人的预约信息，并显示病人的"姓名"、"年龄"、"性别"、"预约日期"、"科室名称"和"医生姓名"，所建查询命名为"预约特定患者"。

（8）创建一个查询，统计星期一（由预约日期判断）"科室 ID"为 0003 的科室"预约病人"的平均年龄，要求显示标题为"平均年龄"，所建查询命名为"科室预约患者的平均年龄"。

（9）创建一个查询，找出没有留下电话的病人，并显示病人"姓名"和"地址"，所建查询命名为"未留电话的预约患者"。

（10）查询"医生 ID"为 A006 的"医生姓名"和"预约人数"两列信息，其中"预约人数"值由"病人 ID"字段统计得到，所建查询命名为"预约医生的患者人数"。

3．以 Northwind.accdb 数据库中的各表为数据源，完成如下各题的操作。

（1）创建一个空的"商品订单管理系统.accdb"数据库。然后，将 Northwind.accdb 中的各表导入该数据库中，数据库中的数据表如图 7-25 所示。

（2）将"订单"表导出为"订单.xlsx"并存放在当前文件夹中。

（3）利用"订单"表创建一个 SQL 查询，查询订单为 11056 的数据。运行的结果，如图 7-26 所示。

（4）利用"产品"表，查询十种最昂贵的产品，如图 7-27 所示。

（5）创建"工资"表，"工资"表的数据结构见表 7-5，部分数据如图 7-28 所示。

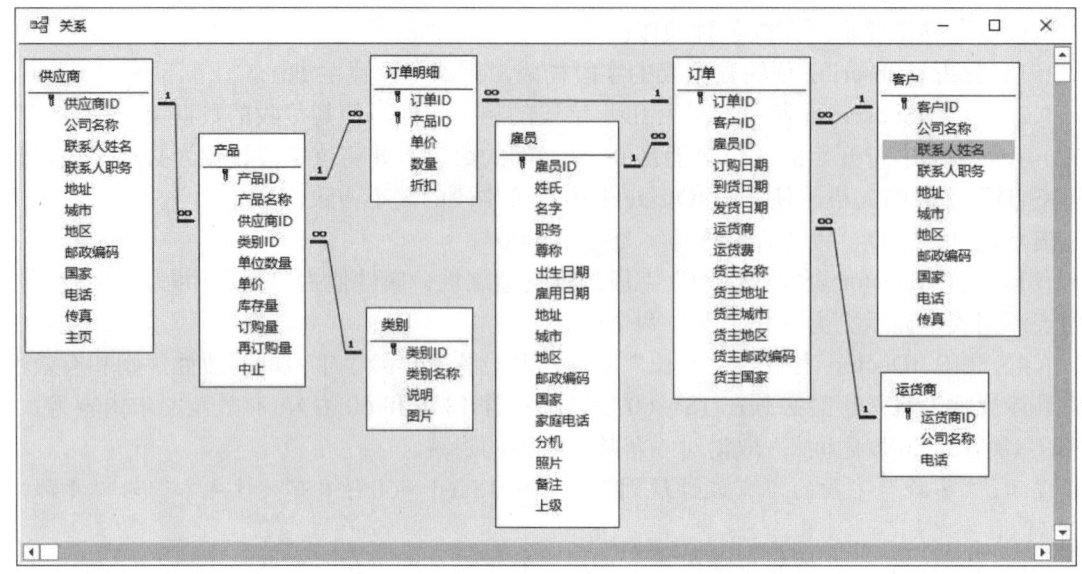

图 7-25 “商品订单管理系统”数据库中的数据表

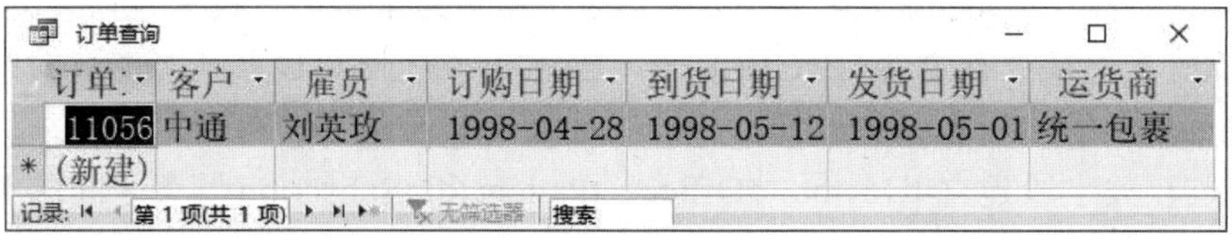

订单	客户	雇员	订购日期	到货日期	发货日期	运货商
11056	中通	刘英玫	1998-04-28	1998-05-12	1998-05-01	统一包裹
(新建)						

图 7-26 查询结果

十种最昂贵的产品	单价
绿茶	￥263.50
鸭肉	￥123.79
鸡	￥97.00
桂花糕	￥81.00
墨鱼	￥62.50
光明奶酪	￥55.00
猪肉干	￥53.00
山渣片	￥49.30
柳橙汁	￥46.00
烤肉酱	￥45.60
	￥0.00

图 7-27 查询十种最昂贵的产品

雇员ID	基本工资	奖金	补贴
1	¥500.00	¥100.00	¥450.00
2	¥800.00	¥100.00	¥440.00
3	¥600.00	¥50.00	¥500.00
4	¥500.00	¥100.00	¥550.00
5	¥750.00	¥100.00	¥440.00
6	¥500.00	¥100.00	¥600.00
7	¥450.00	¥100.00	¥300.00
8	¥500.00	¥50.00	¥300.00
9	¥500.00	¥100.00	¥550.00
(新建)	¥0.00	¥0.00	¥0.00

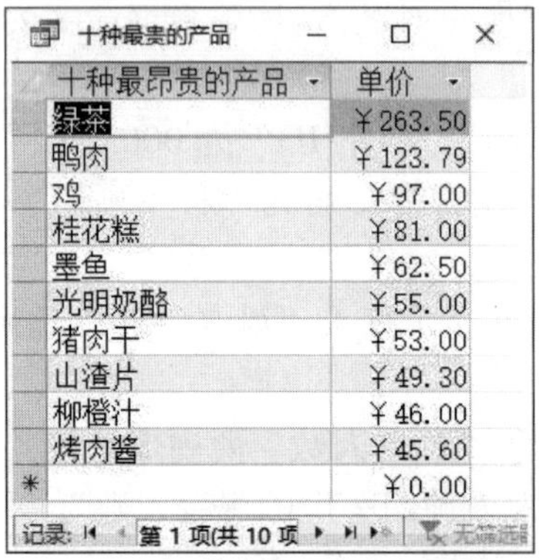

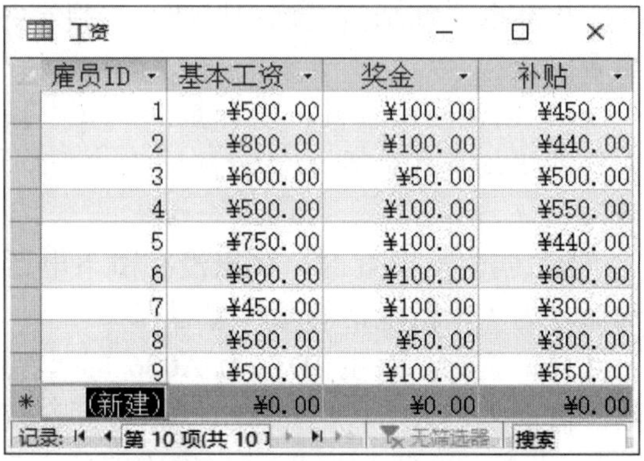

图 7-28 “工资”表的部分数据

表 7-5 “工资”表的数据结构

字段名称	字段类型	小数位数	是否是主键
雇员 ID	自动编号		是
基本工资	货币	2	
奖金	货币	2	
补贴	货币	2	

（6）以“产品”、“客户”、“订单”和“订单明细”为数据源，创建“订单价格”表，结果显示订单 ID、公司名称、产品名称、数量和价格字段，其中：价格=订单明细.单价×订单明细.折扣，价格保留小数 2 位。查询结果如图 7-29 所示。

提示：使用内置函数 ROUND(表达式,小数位)设置显示的小数位数。

（7）以“产品”表为数据源，创建更新查询“调价”，实现将产品 ID=2 的商品价格下调 10%。

（8）以“产品”表为数据源，创建一个删除查询“删除产品”，实现将“库存量”为 0 的产品删除。

（9）以“产品”、“订单”和“订单明细”表为数据源，创建“产品利润”查询，统计每种产品的利润。结果显示“产品名称”和“利润”，如图 7-30 所示。其中利润的计算公式如下：

利润=SUM(订单明细.数量×(订单明细.单价×订单明细.折扣-产品.单价))

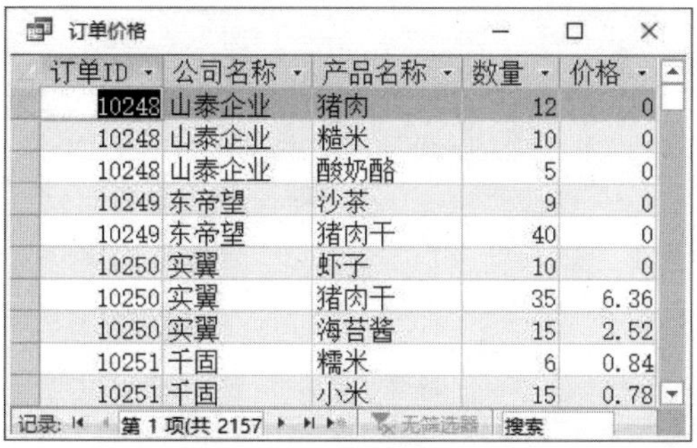

订单价格

订单ID	公司名称	产品名称	数量	价格
10248	山泰企业	猪肉	12	0
10248	山泰企业	糙米	10	0
10248	山泰企业	酸奶酪	5	0
10249	东帝望	沙茶	9	0
10249	东帝望	猪肉干	40	0
10250	实翼	虾子	10	0
10250	实翼	猪肉干	35	6.36
10250	实翼	海苔酱	15	2.52
10251	千固	糯米	6	0.84
10251	千固	小米	15	0.78

记录：第 1 项(共 2157　无筛选器　搜索

图 7-29　“订单查询”结果

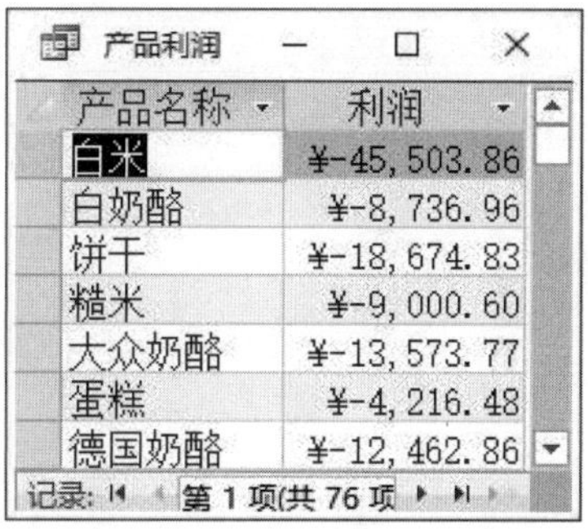

产品利润

产品名称	利润
白米	¥-45,503.86
白奶酪	¥-8,736.96
饼干	¥-18,674.83
糙米	¥-9,000.60
大众奶酪	¥-13,573.77
蛋糕	¥-4,216.48
德国奶酪	¥-12,462.86

记录：第 1 项(共 76 项

图 7-30　“产品利润”查询结果

提示：在使用 SUM 聚合函数时，一定要按聚合字段进行分组。

（10）以“工资”和“雇员”表为数据源，创建一个“工资发放”查询，结果如图 7-31 所示。生成的字段为雇员 ID、雇员姓名、基本工资、奖金、补贴、税前和税后字段。其中税前和税后的计算公式如下：

税前=基本工资+奖金+补贴

税后=(基本工资+奖金+补贴)×0.95

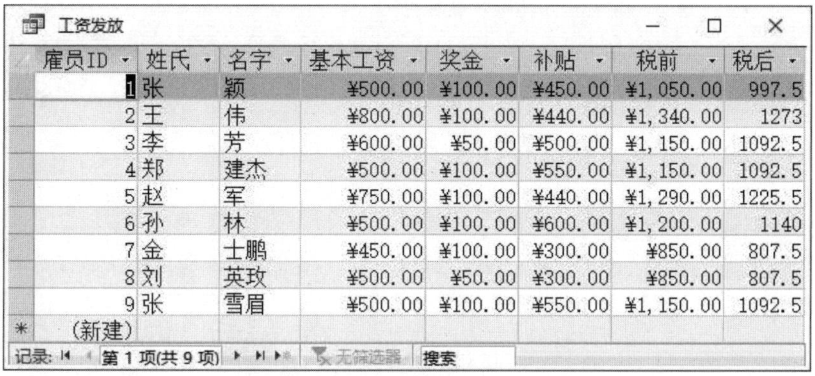

工资发放

雇员ID	姓氏	名字	基本工资	奖金	补贴	税前	税后
1	张	颖	¥500.00	¥100.00	¥450.00	¥1,050.00	997.5
2	王	伟	¥800.00	¥100.00	¥440.00	¥1,340.00	1273
3	李	芳	¥600.00	¥50.00	¥500.00	¥1,150.00	1092.5
4	郑	建杰	¥500.00	¥100.00	¥550.00	¥1,150.00	1092.5
5	赵	军	¥750.00	¥100.00	¥440.00	¥1,290.00	1225.5
6	孙	林	¥500.00	¥100.00	¥600.00	¥1,200.00	1140
7	金	士鹏	¥450.00	¥100.00	¥300.00	¥850.00	807.5
8	刘	英玫	¥500.00	¥50.00	¥300.00	¥850.00	807.5
9	张	雪眉	¥500.00	¥100.00	¥550.00	¥1,150.00	1092.5
(新建)							

记录：第 1 项(共 9 项)　无筛选器　搜索

图 7-31　“工资发放”查询结果

提示：在进行查询前，将“工资”和“雇员”建立一对一的关系。

（11）以"客户"、"订单"和"订单明细"表为数据源，创建查询"客户交易额"，统计每个客户的交易额。结果显示公司名称和交易额字段。交易额公式如下：

交易额=SUM(订单明细.单价×订单明细.数量×订单明细.折扣)

（12）以"产品"表为数据源，创建查询"高于平均价格的产品"，结果显示高于平均价格的产品名称和单价。

提示：产品单价满足的条件是">(SELECT AVG([单价]) From 产品)"。

第 4 章　Word 2016 文字处理

实验 8　Word 的基本操作和编辑

实验目的

（1）掌握 Word 的各种启动方法。
（2）熟悉 Word 的编辑环境，掌握文字的插入、替换和删除。
（3）学会用不同方式保存文档。
（4）熟练掌握 Word 文本的浏览和定位。
（5）掌握选定内容长距离和短距离移动复制的方法以及选定内容的删除方法。
（6）掌握一般字符和特殊字符的查找和替换及部分和全部内容查找和替换的方法。掌握灵活设置查找条件。

实验内容与操作步骤

实验 8-1

实验内容：Word 的启动与关闭。
操作方法及步骤如下：
（1）通过"开始"的级联菜单启动 Word。
1）依次单击 Windows 桌面左下角的"开始"→"所有应用"→Word 命令。
2）屏幕出现 Word 的启动画面，随后出现"文件"选项卡的"开始"面板视图，单击右侧"新建"模板中的"空白文档"图标，或直接按下 Esc 快捷键，界面中打开一个空白的 Word 文档窗口，如图 8-1 所示。

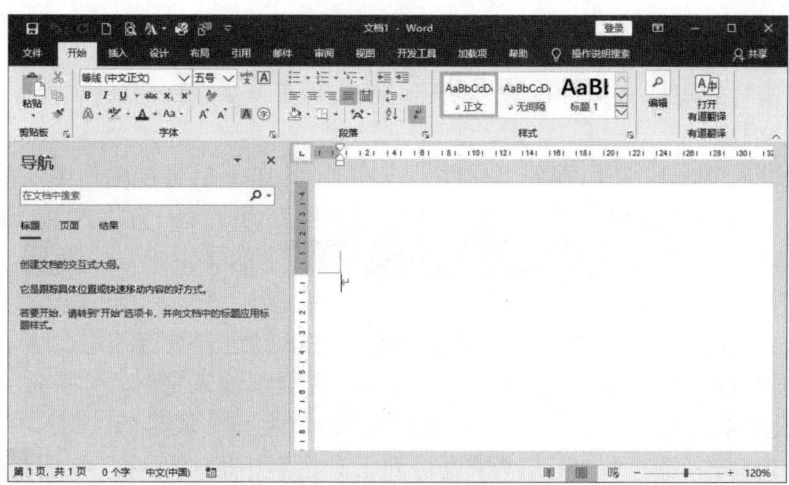

图 8-1　Word 的工作主窗口

（2）退出 Word。退出 Word 的方法主要有：
1）单击右上角的"关闭"按钮 ×。
2）单击"文件"选项卡，执行弹出菜单中的"关闭"命令，结束 Word 程序的运行。
3）按下 Alt+F4 组合键。

实验 8-2

实验内容：创建新文档，并录入下面的内容。

计算机经历了五个阶段的演化

回顾计算机的发展，人们总是津津乐道第一代电子管计算机、第二代计算机、第三代小规模集成电路计算机、第四代超大规模集成电路计算机。至于第五代计算机，过去总是说日本的 FGCS，甚至还有第六代、第七代等设想。然而，FGCS 项目（1982—1991 年）并未达到预期的目的，与当初耸人听闻的宣传相比，可以说是失败了。至此，五代机的说法便销声匿迹。

这种"直线思维"其实只是对大形主机发展的描述和预测。事物的发展并不以人们的主观意志为转移，它总是在螺旋式上升。最近 20 年的发展，特别是微型计算机及网络创造的奇迹，使"四代论"显得苍白乏力。早就应该对这种过时的提法进行修正了。

我们认为现代电子计算机经历了五个阶段的演化：

一、大形主机（Mainframe）阶段，即传统大型机的发展阶段；

二、小型机（Minicomputer）阶段；

三、微型计算机（Microcomputer）阶段，即个人计算机的发展阶段；

四、客户机/服务器（Client/Server）阶段；

五、互联网（Internet/Intranet）阶段；

这里有几点需要说明：首先，虽然小型机抢占了大形主机的不少世袭领地，微型计算机又占据了大型机和小型机的许多地盘，但是它们谁都不能把对方彻底消灭。这五个阶段不是逐个取而代之的串行关系，而是优势互补、适者生存的并行关系。因此，我们没有规定具体的起止时间。粗略地说，第一阶段从 20 世纪 50 年代始，第二阶段从 20 世纪 60 年代始，第三阶段从 20 世纪 70 年代始，第四阶段从 20 世纪 80 年代始，第五阶段从 20 世纪 90 年代开始，这基本上是合适的。

操作方法及步骤如下：

（1）在可读写的磁盘上（如 D 盘）创建一个文件夹（如：D:\上机实验），用来存放上机实践中的 Word 文档。

（2）首次进入 Word，在出现的"文件"选项卡"Office 后台视图"中，单击"开始"或"新建"命令，然后在"新建"栏目中单击"空白文档"命令（一旦进入 Word 工作窗口，用户可随时单击"快速访问栏" 上的"新建"按钮，打开一个空白文档窗口）。

（3）输入文字内容。输入时，不要用空格键或 Tab 键进行首行缩进，当输入的文本到达一行的右端时，Word 会自动换行，只有一个段落内容全部输入完后，才可按下 Enter 键。如果需要在一个段落中间换行，可用 Shift+Enter 组合键产生一个软回车。

（4）文档内容输入完后，单击"快速访问工具栏"中的"保存"按钮（或单击"文件"选项卡中的"保存"或"另存为"命令），弹出"另存为"面板。指定将文档保存的位置后，弹出"另存为"对话框，如图 8-2 所示。在"文件名"文本框中输入文件名，如 Word1；在"保存类型"下拉列表框中选择"Word 文档(*.docx)"，单击"保存"按钮保存。最后，退出 Word 应用程序。

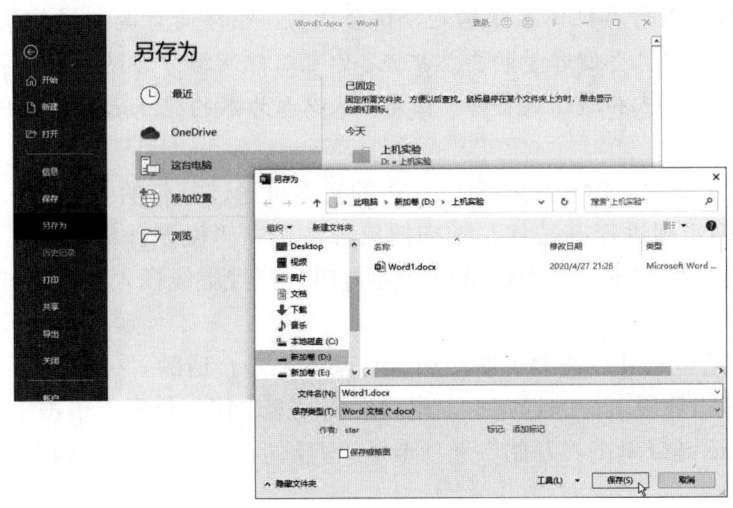

图 8-2　"另存为"对话框

实验 8-3

实验内容：将 Word1.docx 文档中的"第二代计算机"改为"第二代晶体管计算机"。
操作方法及步骤如下：
（1）单击"快速访问工具栏"中的"打开"按钮，选择打开实验 8-2 中建立的 Word 文档，本例是 Word1.docx。
（2）将插入点移到"计"字的前面，将编辑状态设置为"插入"（单击状态栏上的"插入"按钮 插入 ，进行插入/改写字符的操作转换），输入"晶体管"。
（3）执行"文件"选项卡中的"关闭"命令，出现如图 8-3 所示的系统信息提示对话框，单击"保存"按钮，系统进行保存，然后退出 Word 系统。

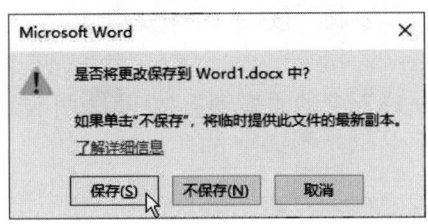

图 8-3　"系统信息提示"对话框

实验 8-4

实验内容：文本的选定、复制和删除。
操作方法及步骤如下：
（1）打开 Word1.docx 文档，在文章最后，输入下列内容：

还有，我们有意忽略了巨型机的发展，并不是因为它不重要，而是因为它比较特殊。巨型机和微型计算机是同一时代的产物，一个是贵族，另一个是平民。在轰轰烈烈的电脑革命中，历史没有被贵族左右，而平民却成了运动的主宰。

其次，把网络纳入计算机体系结构是合情合理的，网络是计算机通信能力的自然延伸，网上的各种资源是计算机存储容量的自然扩充。你可以把网络分为网络硬件和网络软件，而网络硬件又可以分为计算机和通信设备等。但是，从以人为本的观点来看，人们访问网络的界面仍然主要是 PC。

（2）在输入过程中，对于文档中已存在的文字可通过复制的方法输入，如复制"微型计算机"可按下列步骤进行：按住左键拖拽鼠标，选中"微型计算机"三个字，按住 Ctrl 键，把指针指向选定的文本，当指针呈现 示样时，拖拽虚线插入点到新位置，松开左键和 Ctrl 键。

（3）选定"这里有几点需要说明……，这基本上是合适的。"一段文字，可在行左边选定栏中拖拽，或双击该段落旁的选定栏，也可在该段落中任何位置上单击三次。

（4）按 Delete 键或单击"开始"选项卡下"剪贴板"组中的"剪切"按钮 剪切 ，选定的文本被删除。

（5）单击"快速访问工具栏"中的"撤销"按钮 ，撤销本次删除操作。

实验 8-5

实验内容：使用命令按钮移动或复制文档。

操作方法及步骤如下：

（1）选定"其次，把网络纳入计算机……仍然主要是 PC。"一段文字。

（2）单击"开始"选项卡下"剪贴板"组中的"剪切"按钮 剪切 ，被选中的文本内容送至剪贴板中，原内容在文档中被删除。

（3）将插入点移到"这基本上是合适的。"的下一行，单击"开始"选项卡下"剪贴板"组中的"粘贴"按钮 粘贴 ，完成选定文本的移动。

（4）如果选定文本后单击"复制"按钮 复制 ，则文本内容被送到剪贴板且原内容在文档中仍然保留，完成复制操作。

（5）单击"快速访问工具栏"中的"撤销"按钮 两次，撤销本次删除操作。

实验 8-6

实验内容：文本的一般查找。

操作方法及步骤如下：

（1）单击"开始"选项卡，然后再单击"编辑"组中的"查找"按钮 查找 （或按下 Ctrl+F 组合键），打开图 8-4 所示的"导航"窗格。

（2）在"搜索框"文本框中输入要搜索的文本"计算机"。

（3）按下 Enter 键，开始查找，单击 按钮，或按 Esc 键可取消正在进行的查找工作。

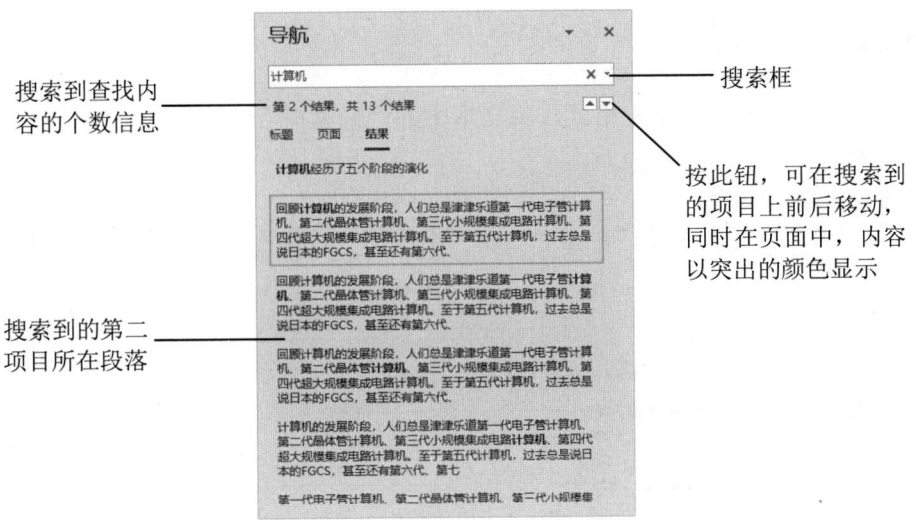

图 8-4 在"导航"窗格中实现查找功能

搜索到查找内容后,页面上系统会以突出的颜色显示出来,同时,在"搜索"对话框中将显示出查找到的第一个项目的所在段落。

实验 8-7

实验内容:文本的高级查找。

操作方法及步骤如下:

(1)打开"开始"选项卡,单击"编辑"组中的"查找"按钮右侧的下拉列表框,从中执行"高级查找"命令,打开"查找和替换"对话框。

(2)单击"更多"按钮,在如图 8-5 所示的扩展对话框中设置所需的选项,如按区分大小写方式查找 Internet,可勾选"区分大小写"复选框;如要查找段落标记,可单击对话框中的"特殊格式"按钮,然后选择其中的"段落标记"选项。

图 8-5 设置查找选项

(3)单击"查找下一处"按钮,开始查找。

实验 8-8

实验内容：替换文本和文本格式，将文本中的"微型机"改写为"微型计算机"，将英文的字体改为宋体。

操作方法及步骤如下：

（1）在"开始"选项卡中，单击"编辑"组中的"替换"按钮 ab 替换（或按下 Ctrl+H 组合键），打开"查找和替换"对话框，如图 8-6 所示。

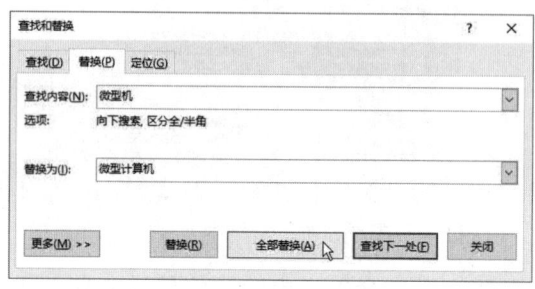

图 8-6　替换文本

（2）在"查找内容"文本框中输入要查找的文本内容"微型机"。

（3）在"替换为"文本框中输入替换文本内容"微型计算机"，单击"替换"或"全部替换"按钮。

（4）单击左下角的"更多"按钮，展开"查找和替换"界面。

（5）在"搜索选项"中，勾选"区分大小写"复选框。

（6）单击"格式"按钮，在展开的命令列表中执行"字体"命令，打开"替换字体"对话框，如图 8-7 所示。在"西文字体"列表框中，选择"宋体"，单击"确定"按钮，回到"查找和替换"对话框，再单击"替换"或"全部替换"按钮。

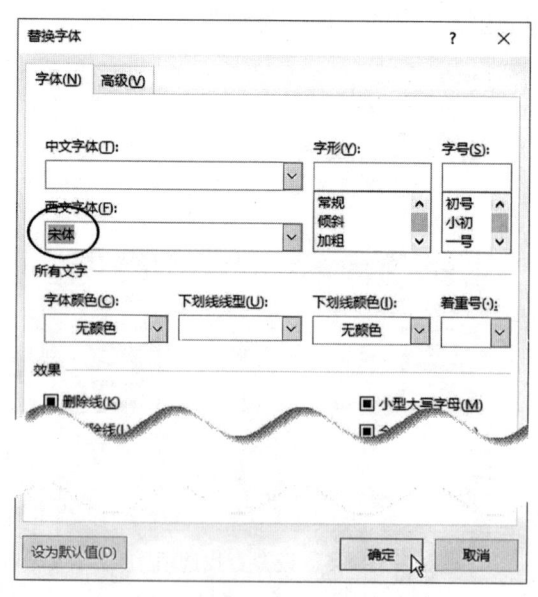

图 8-7　"替换字体"对话框

同样地，可以完成表 8-1 所示的查找和替换。

表 8-1　替换内容

原内容	修改后的内容	原内容	修改后的内容
回顾计算机的发展	回顾计算机的发展阶段	大形主机	大型主机
特别是微型计算机	特别是微机	大型机的发展	大型机、中型机的发展
微型机又占据了	微型计算机又抢占		

思考与综合练习

1．输入下面一段文字。要求新建空白文档，中文字体为宋体，英文字体为 Times New Roman，五号字；标点符号用全角，特殊符号用"插入"选项卡下"符号"组中的"符号"按钮 Ω 符号▼ 输入；文档最后输入日期和时间。文件以"励志短句.docx"保存到桌面上。

☆在人生的道路上，从来没有全身而退，坐享其成，不劳而获一说。你不努力，就得出局。

On the path of life, there is no such thing as withdrawing unscathed, enjoying the fruits without labor, or gaining without effort. If you don't strive, you'll be out of the game.

2020 年 5 月 21 日

2．新建 Word 文档（Word2.docx），并输入以下文本内容：

量子纠缠与量子通信

"量子纠缠"证实了爱因斯坦的幽灵——超距作用（Spooky Action in a Distance）的存在，它证实了任何两种物质之间，不管距离多远，都有可能相互影响，不受四维时空的约束，是非局域的（Nonlocal），宇宙在冥冥之中存在深层次的内在联系。

"量子纠缠"现象是说，一个粒子衰变成两个粒子，朝相反的两个方向飞去，同时会发生向左或向右的自旋。如果其中一个粒子发生"左旋"，则另一个必定发生"右旋"。两者保持总体守恒。也就是说，两个处于"纠缠态"的粒子，无论相隔多远，同时测量时都会"感知"对方的状态。

1993 年，美国科学家 C.H.Bennett 提出了"量子通信"（Quantum Teleportation）的概念，所谓"量子通信"是指利用"量子纠缠"效应进行信息传递的一种新型的通信方式。经过二十多年的发展，量子通信这门学科已逐步从理论走向实验，并向实用化发展，主要涉及的领域包括：量子密码通信、量子远程传态和量子密集编码等。

2010 年 7 月，经过中国科学技术大学和安徽量子通信技术有限公司科研人员历时 1 年多的努力，合肥城域量子通信试验示范网建设成功并运行。此后，我国北京、济南、乌鲁木齐等城市的城域量子通信网也在建设之中，未来这些城市将通过量子卫星等方式联接，形成我国的广域量子通信体系。

3．接上题，将正文第 2 自然段（"'量子纠缠'证实了爱因斯坦的幽灵……内在联系。"）和第 3 自然段对调。

4．接上题，从第 2 行开始，将"量子纠缠"替换为"量子纠缠（Quantum Entanglemen）"；删除第 4 自然段的部分内容，将"经过二十多年的发展，……量子密集编码等。"删除。

5．接上题，在文档的末尾处，分别利用"插入"选项卡中的"公式"命令，插入下面的公式：

(1) $Q = \sqrt{\dfrac{x+y}{x-y} - \left(\int_{\frac{\pi}{4}}^{\frac{3\pi}{4}} (1-\cos^2 x)\mathrm{d}x + \sin 30°\right) \times \prod_{i=1}^{N}(x_i - y_i)}$

(2) $i\hbar \dfrac{\partial \psi}{\partial \tau} = -\dfrac{\hbar^2}{2\mu}\nabla^2 \psi$

注：输入 ℏ 的方法是：先输入数字"0127"，然后按下 Alt+X 组合键。

实验 9　文档格式设置和页面布局

实验目的

(1) 正确理解设置字符格式和段落格式的含义。
(2) 通过使用工具按钮快速进行字符和段落格式的编排。
(3) 正确使用对话框对字符或段落进行格式设置和编排。
(4) 掌握首字下沉的设置，并了解图文框的概念。
(5) 正确设置页边距，以便得到所要求的页面大小。
(6) 掌握分栏排版的使用方法。
(7) 学会插入页码，能够正确设置页眉和页脚。
(8) 熟练掌握纸张大小、方向和来源，页面字数和行数等页面设置的方法。
(9) 熟练掌握打印预览文档的功能，学会打印机的设置和文档的打印。

实验内容与操作步骤

实验 9-1

实验内容：对 Word1.docx 文档设置字符和段落格式，要求如下：

(1) 第 2～第 12 自然段，设置为正文，字号为五号，首行缩进 0.75 厘米，行距为 15.6 磅。
(2) 第 1 段，设置文字为隶书、二号、加粗；居中，段前 1.5 行，段后 1.5 行；行间距为 15.6 磅；文字加框，0.5 磅黑色；底纹为标准色栏下的黄色；图案样式为浅色网格，颜色为标准色栏下的浅绿。
(3) 第 2 段，设置行距为 1.5 倍；首字下沉为 3 行；华文新魏，80 磅。
(4) 第 3 段，设置行距为 23 磅；底纹为标准色栏下的黄色；图案样式为深色上斜线，颜色为标准色栏下的红色。
(5) 第 10 段，设置行距为单倍行距；为"粗略地说，第一阶段从 20 世纪 50 年代始……，这基本上是合适的。"句加下划线（波浪线）。
(6) 第 11 段，设置行距为 16 磅；两栏，有分隔线；设置样式为"纯色(100%)"，颜色为"蓝色，个性色 1，淡色 60%"底纹。
(7) 第 12 段，设置行距为固定值，22 磅，小四号；文本效果，标准红色轮廓，右上透视；18 磅，橙色，主题色 2 发光效果。

(8) 第 5~第 9 段,段落加项目符号"●",左括号"("前字符加粗。

操作方法及步骤如下:

1. 步骤一

(1) 启动 Word 并打开 Word1.docx 文档。

(2) 选中第 2~第 12 自然段,单击"开始"选项卡下"样式"组中"快翻"按钮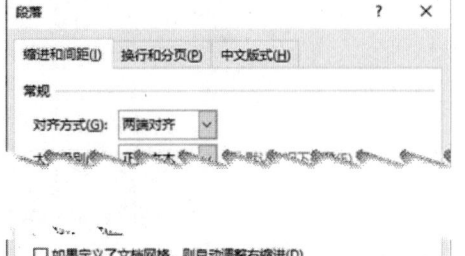,在其弹出的内置样式列表框中选择"正文"样式命令,如图 9-1 所示。

(3) 单击"开始"选项卡下"段落"组右下角"启动对话框"按钮,打开"段落"对话框,如图 9-2 所示。

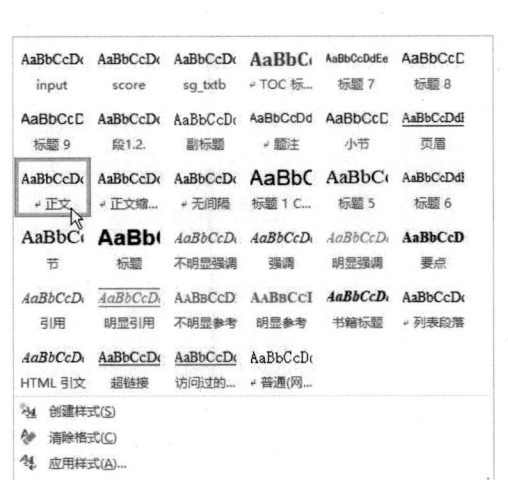

图 9-1 "样式"列表

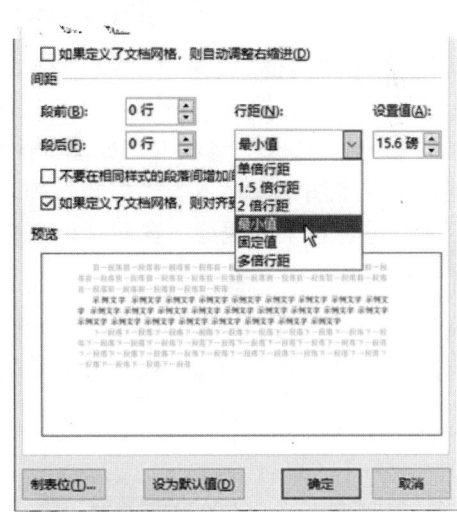

图 9-2 "段落"对话框

(4) 单击"缩进和间距"选项卡,在"缩进"栏中的"特殊"列表框中,选择"首行"项,在"缩进量"框中输入 0.75 厘米(也可使用 2 字符);在"间距"栏中的"行距"列表框中选择"最小值"项,在"设置值"框中输入 15.6 磅。最后,单击"确定"按钮。

2. 步骤二

(1) 选择第 1 自然段,单击"开始"选项卡下"段落"组中的"居中"按钮。

(2) 单击"开始"选项卡下"字体"组中的"字体"列表框,从中选择"隶书";在"字号"列表框,选择"二号";单击"加粗"按钮。

(3) 利用图 9-2 所示对话框,设置第 1 段的段后距离为 1.5 行,行间距为"最小值",值为 15.6 磅。

(4) 单击"开始"选项卡下"段落"组中的"边框"按钮,在其列表框中,执行"边框和底纹"命令,打开如图 9-3 所示的"边框和底纹"对话框。

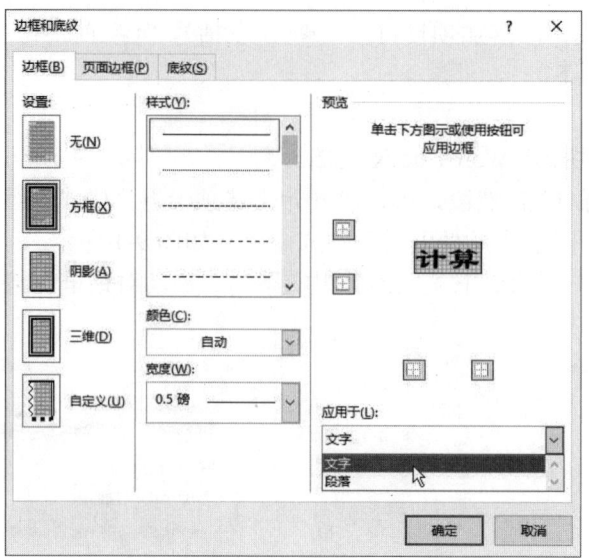

图 9-3　"边框和底纹"对话框中的"边框"选项卡

（5）单击"边框"选项卡，在"样式"列表框中选择"实线"，在"宽度"列表框中选择"0.5 磅"，在对话框右下角"应用于"列表框中选择"文字"项。

（6）单击"底纹"选项卡，如图 9-4 所示。在"填充"列表框中，选择颜色为标准色栏下的黄色；在"图案"栏下的"样式"列表框中，选择"浅色网格"；在"颜色"列表框中选择颜色为标准色栏下的浅绿；在对话框右下角"应用于"列表框，选择"文字"。最后，单击"确定"按钮。

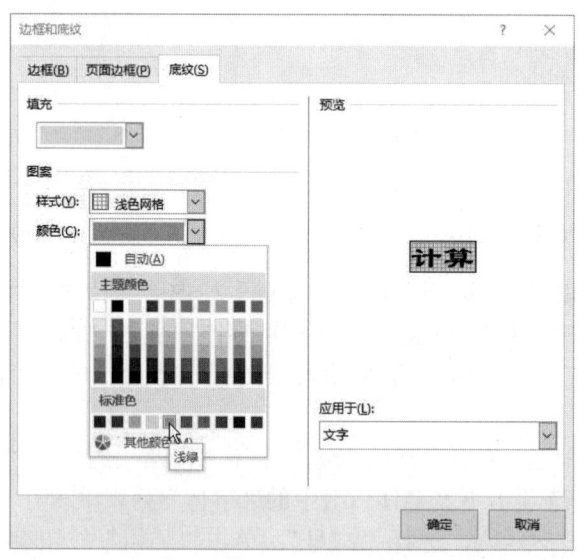

图 9-4　"边框和底纹"对话框中的"底纹"选项卡

3．步骤三

（1）选择第 2 自然段，利用图 9-2 所示对话框设置 1.5 倍的行距。

（2）选中第 2 段（或将插入点移到第二段中任意处）。打开"插入"选项卡，单击"文本"组中的"首字下沉"按钮,执行弹出列表项中的"首字下沉选项"命令,打开"首字下沉"对话框,如图9-5所示。

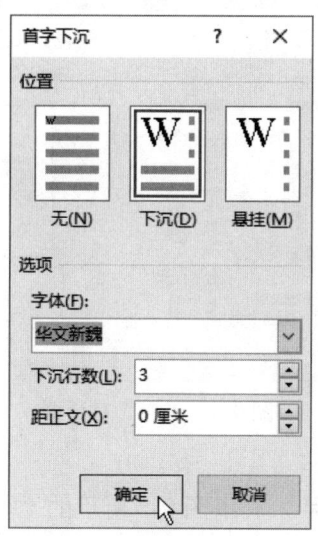

图9-5 "首字下沉"对话框

(3)在"选项"选项中,设置下沉字的字体为华文新魏;下沉的行数为3。设置完成后,单击"确定"按钮。

4. 步骤四

(1)选中第3段,打开如图9-2所示的对话框,设置行间距为23磅。

(2)打开如图9-4所示的对话框界面。设置第三段底纹为标准色栏下的黄色;图案样式为深色上斜线,颜色为标准色栏下的红色。

(3)单击对话框右下角的"应用于"列表框,选择"段落"。最后,单击"确定"按钮。

5. 步骤五

(1)选中第10自然段中的"粗略地说,第一阶段从20世纪50年代始,……,这基本上是合适的。"文本内容,单击"开始"选项卡下"字体"组中的"下划线"右侧下拉按钮,在弹出的列表项中,执行"波浪线"命令。

(2)选中第10段,打开如图9-2所示的对话框,设置行间距为单倍行距。

6. 步骤六

(1)选中第11段(倒数第2段),打开如图9-2所示的对话框,设置行间距为16磅。

(2)单击"布局"选项卡下"页面设置"组中的"栏"下拉按钮,在弹出的列表项中,执行"更多栏"命令,打开如图9-6所示的"栏"对话框。

(3)单击"预设"中的"两栏"图标;勾选"分隔线";选择"应用于"列表框中的"所选文字"。最后,单击"确定"按钮。

(4)利用图9-4所示对话框,设置段落底纹为:蓝色,个性色1,淡色60%。

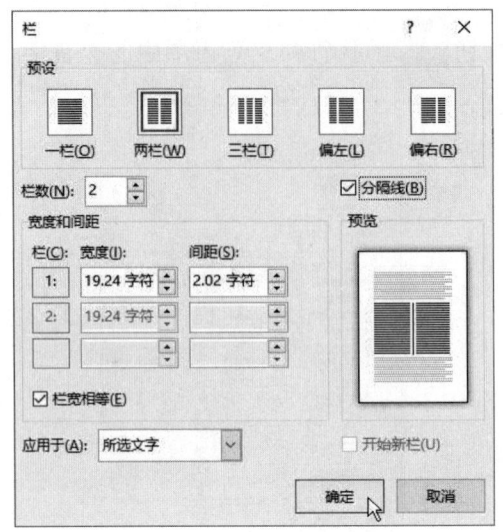

图 9-6 "栏"对话框

7. 步骤七

（1）选中第 12 段（最后一段），利用图 9-2 所示的"段落"对话框，设置行距为固定值，22 磅。

（2）单击"开始"选项卡下"字体"组中的"字号"列表框按钮，设置字号为小四号。

（3）单击"文本效果和版式"按钮 右侧的下拉列表按钮，展开下拉列表框，如图 9-7 所示。

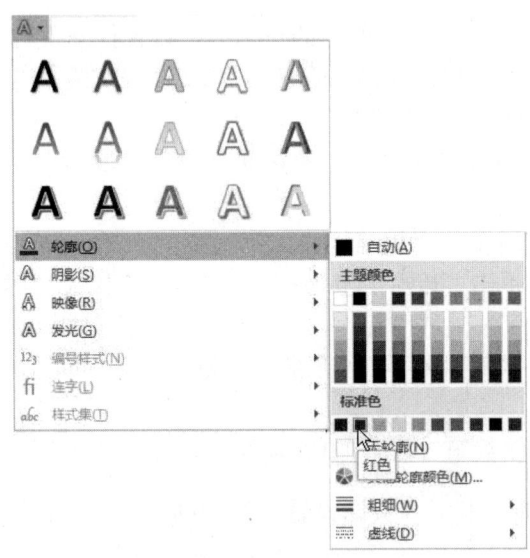

图 9-7 "文本效果和版式"列表框

（4）单击"轮廓"菜单，在级联菜单中单击"标准色"色栏下的"红色"；单击"阴影"菜单，在级联菜单中单击"透视"栏中的"透视：右上"图标 。

（5）单击"发光"菜单，在级联菜单中单击"发光变体"列表中的"发光：18 磅；橙色，主题色 2"图标。

8. 步骤八

（1）选定第 5、第 6、第 7、第 8、第 9 段中的开始文本“大型主机”、“小型机”、“微型计算机”、“客户机/服务器”和“互联网”，单击“开始”选项卡下“字体”组中的“加粗”按钮 **B** 。

（2）选定第 5、第 6、第 7、第 8、第 9 段自然段，单击“开始”选项卡下“段落”组中的“项目符号”按钮，这一个自然段前自动添加符号“●”。

至此，文档 Word1.docx 格式效果如图 9-8 所示。

计算机经历了五个阶段的演化

回顾计算机的发展阶段，人们总是津津乐道第一代电子管计算机、第二代计算机、第三代小规模集成电路计算机、第四代超大规模集成电路计算机。至于第五代计算机，过去总是说日本的 FGCS，甚至还有第六代、第七代等设想。然而，FGCS 项目（1982 — 1991 年）并未达到预期的目的，与当初耸人听闻的宣传相比，可以说是失败了。至此，五代机的说法便销声匿迹。

这种“直线思维”其实只是对大型主机发展的描述和预测，事物的发展并不以人们的主观意志为转移，它总是在螺旋式上升。最近 20 年的发展，特别是微机及网络创造的奇迹，使“四代论”显得苍白乏力，早就应该对这种过时的提法进行修正了。

我们认为现代电子计算机经历了五个阶段的演化：

- **大型主机**（Mainframe）阶段，即传统大型机、中型机的发展阶段；
- **小型机**（Minicomputer）阶段；
- **微型机**（Microcomputer）阶段，即个人计算机的发展阶段；
- **客户机/服务器**（Client/Server）阶段；
- **互联网**（Internet/Intranet）阶段；

这里有几点需要说明：首先，虽然小型机抢占了大型主机的不少世袭领地，微型机又抢占大型机和小型机的许多地盘，但是它们谁都不能把对方彻底消灭。这五个阶段不是逐个取而代之的串行关系，而是优势互补、适者生存的并行关系。因此，我们没有规定具体的起止时间。粗略地说，第一阶段从 20 世纪 50 年代始，第二阶段从 20 世纪 60 年代始，第三阶段从 20 世纪 70 年代始，第四阶段从 20 世纪 80 年代始，第五阶段从 20 世纪 90 年代开始，这基本上是合适的。

还有，我们有意忽略了巨型机的发展，并不是因为它不重要，而是因为它比较特殊。巨型机和微型机是同一时代的产物，一个是贵族，一个是平民。在轰轰烈烈的电脑革命中，历史没有被贵族左右，而平民却成了运动的主宰。

其次，把网络纳入计算机体系结构是合情合理的，网络是计算机通信能力的自然延伸，网上的各种资源是计算机存储容量的自然扩充。你可以把网络分为网络硬件和网络软件，而网络硬件又可以分为计算机和通信设备等。但是，从以人为本的观点来看，人们访问网络的界面仍然主要是 PC。

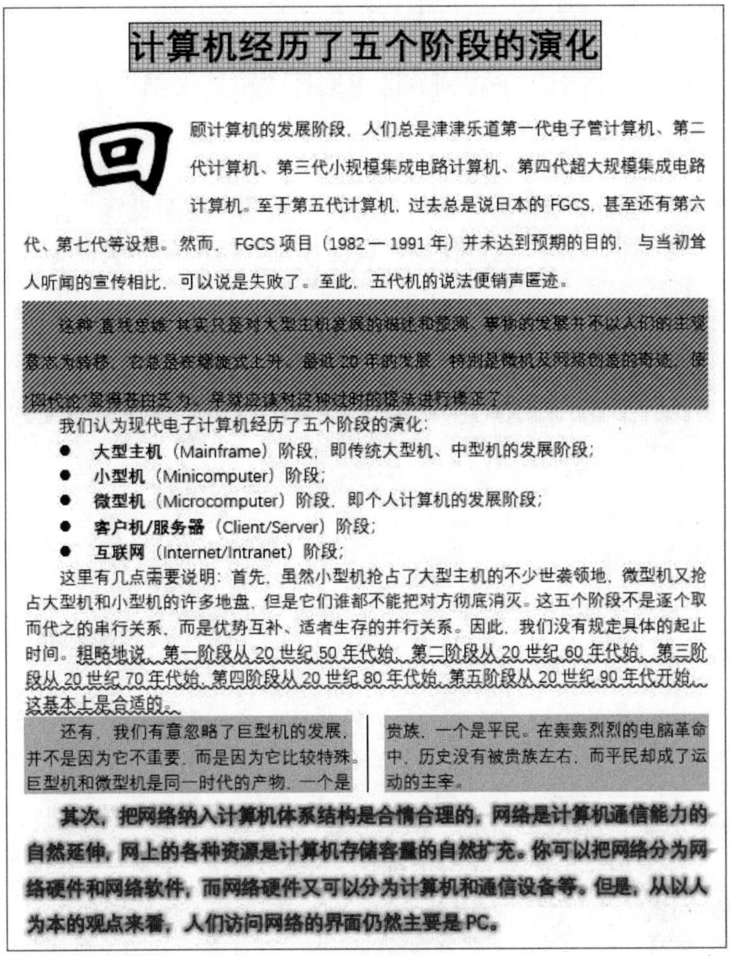

图 9-8　Word1.docx 格式效果

实验 9-2

实验内容：对 Word1.docx 文档页面进行如下设置。

（1）为整个页面设置一个艺术边框“”。

（2）设置纸张大小的“宽度”和“高度”分别为 22 厘米和 28 厘米。上、下、左、右边距分别为 2 厘米、1.5 厘米、1.5 厘米、1 厘米。“装订线位置”靠上。

（3）“页眉”和“页脚”位置距离上下边距分别为 1.0 厘米、1.0 厘米。

(4)"页眉"使用"空白"样式,页眉文字"四代突变,还是五段演化",并居中。

(5)页脚插入一个页码,样式为"加粗显示的数字 2",并修改页码格式为"第 X 页,共 Y 页"。

(6)使用手动双面打印并预览文档。

操作方法及步骤如下:

1. 步骤一

(1)打开如图 9-9 所示的"边框和底纹"对话框。

(2)单击"页面边框"选项卡,单击"设置"导航条下的"自定义"命令。然后,再单击"艺术型"下拉列表框,找到所需艺术边框" 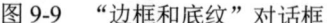 "。

(3)在右下角的"应用于"下拉列表区中选择"整篇文档"选项,最后单击"确定"按钮。

2. 步骤二

(1)单击"布局"选项卡下"页面设置"组右下角的"页面设置"按钮,弹出如图 9-10 所示的"页面设置"对话框(用户也可使用"页面设置"组中的相关命令,如"纸张大小"命令按钮)。

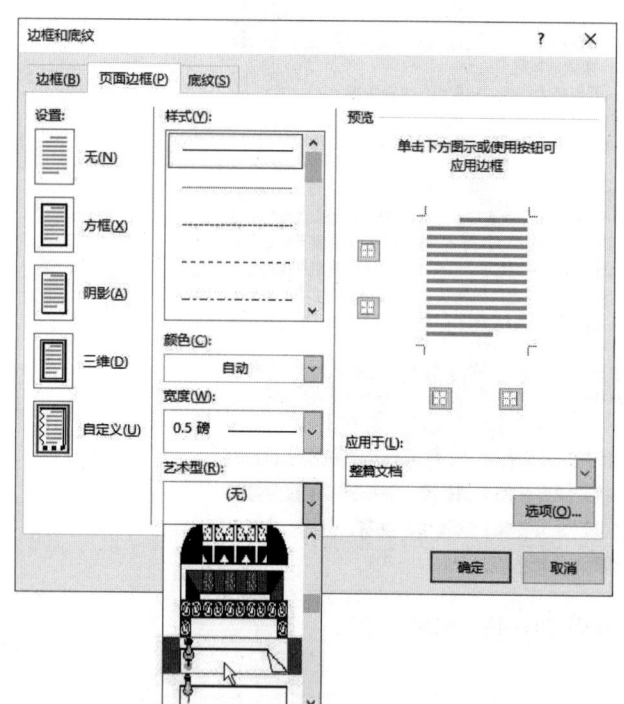

图 9-9 "边框和底纹"对话框

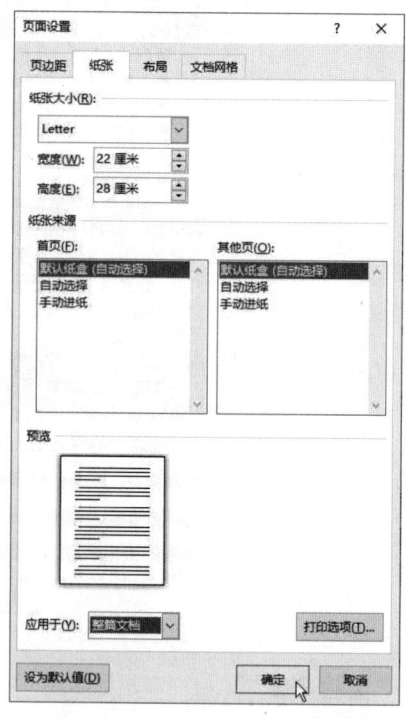

图 9-10 "页面设置"对话框

(2)选中"纸张"选项卡,在"宽度"和"高度"框中输入 22 厘米和 28 厘米,在"应用于"下拉列表框中选定"整篇文档"。

(3)在如图 9-10 所示的对话框中,单击"页边距"选项卡,显示"页边距"设置界面。

(4)在上、下、左、右文本框中分别输入 2 厘米、1.5 厘米、1.5 厘米、1 厘米,在"装订线"框中输入 0 厘米,在"装订线位置"下拉列表框中选择"靠上"选项。

(5)单击左下角的"应用于"下拉列表框,选定"整篇文档"。

3. 步骤三

(1)在如图 9-10 所示的对话框中单击"布局"选项卡,显示"布局"设置界面。

(2)在"页眉和页脚"栏目中,设置"页眉"和"页脚"位置距离上下边距分别为 1.0 厘米、1.0 厘米。

(3)单击左下角的"应用于"下拉列表框,选定"整篇文档"。

4. 步骤四

(1)打开"插入"选项卡,单击"页眉和页脚"组中的"页眉"或"页脚"命令按钮,在弹出的"页眉"或"页脚"命令列表框中选择合适项目,本例"页眉"使用"空白"。

(2)在页眉区"[在此处输入]"位置处输入文字"四代突变,还是五段演化",并删除下面一段的回车符号↵。

(3)这时系统出现页眉和页脚工具选项卡"设计",单击"导航"组中的"转至页脚"按钮,使插入点移到页脚区。

(4)单击"页眉和页脚"组中的"页码"按钮,在弹出的列表框中,选择"页面底端"菜单中的"加粗显示的数字 2"命令。

(5)修改页码格式为"第 X 页,共 Y 页"。在数字"1"前后(删除 1 前面的空格),分别输入文字"第"和"页";将符号" / "(注意前后均有一个空格)改为中文逗号",";在数字"2"前后,分别输入文字"共"和"页"。

(6)选定"第 1 页,共 2 页",单击"开始"选项卡下"字体"组中的"字号"下拉列表框按钮,选择字号为"小五"。删除下面一段的回车符号"↵",最后效果如图 9-11 所示。

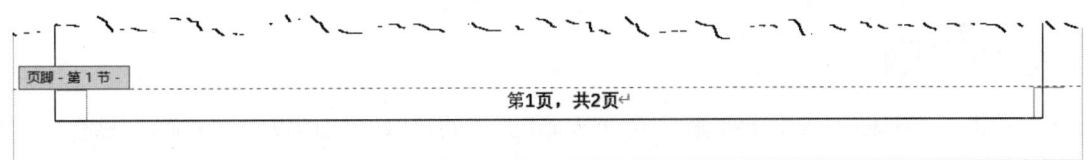

图 9-11 设计后的"页脚"

(7)单击"页眉和页脚工具""设计"选项卡下"关闭"组中的"关闭页眉和页脚"按钮,关闭"页眉和页脚"编辑状态,回到页面编辑状态。

5. 步骤五

(1)从"文件"选项卡中选择"打印"命令(或按下 Ctrl+P 组合键),进入"打印"预览界面,如图 9-12 所示。

(2)单击下面页面"导航"条中的"上一页"按钮◄或"下一页"按钮►,可显示不同的页面,单击"显示比例"工具条中的"缩小"按钮"-"或"放大"按钮"+",可缩小或放大预览的页面;单击"缩放到页面"按钮,预览的页面可以完整显示。

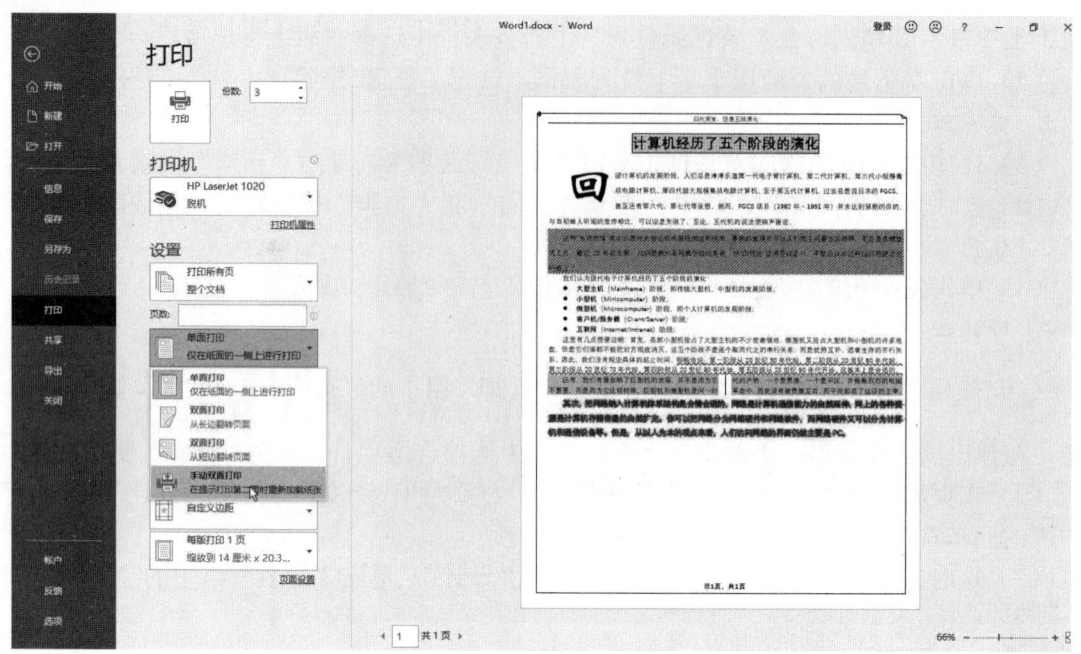

图 9-12 "打印"预览界面

(3) 在"打印"栏目处,在"份数"框中设置要打印的份数;在"打印机"列表框中,选择要使用的打印机,默认为 Windows 下的默认打印机。

(4) 在"设置"项目处,单击"单面打印"列表框,选择"手动双面打印",另外还可设置要打印的页(默认打印所有页)、打印所选内容以及打印页面范围(打印范围,可使用如"1,2,3-5"格式)等。

(5) 单击"打印"按钮 ,开始打印文档。

(6) 按下 Esc 键或再次单击"文件"选项卡,关闭打印预览界面。

思考与综合练习

1. 新建一个文档,按以下要求完成对 Word 文档的排版,文档以"春.docx"进行,结果如图 9-13 所示。

(1) 将标题"春"设置为居中、黑体、初号、红色、空心。

(2) 将标题"春"添加"金色,个性色 4"底纹,添加"标准色-绿色"边框,框线粗 1.5 磅。

(3) 所有正文首行缩进 2 字符,楷体五号。

(4) 在正文第 1 段("盼望着……脚步近了")中,将文字的字符间距设置为加宽 2.5 磅,段前间距设置为 20 磅,段后距离 1.5 行。

(5) 在正文第 1 段("盼望着……脚步近了")中设置首字下沉(字体为微软雅黑)、下沉行数为 3,距正文 0.5 厘米。

(6) 给正文第 1 段中的第一个"盼"字加拼音,大小为 12 磅。

(7) 在正文第 2 段、第 3 段前加项目符号"○"。

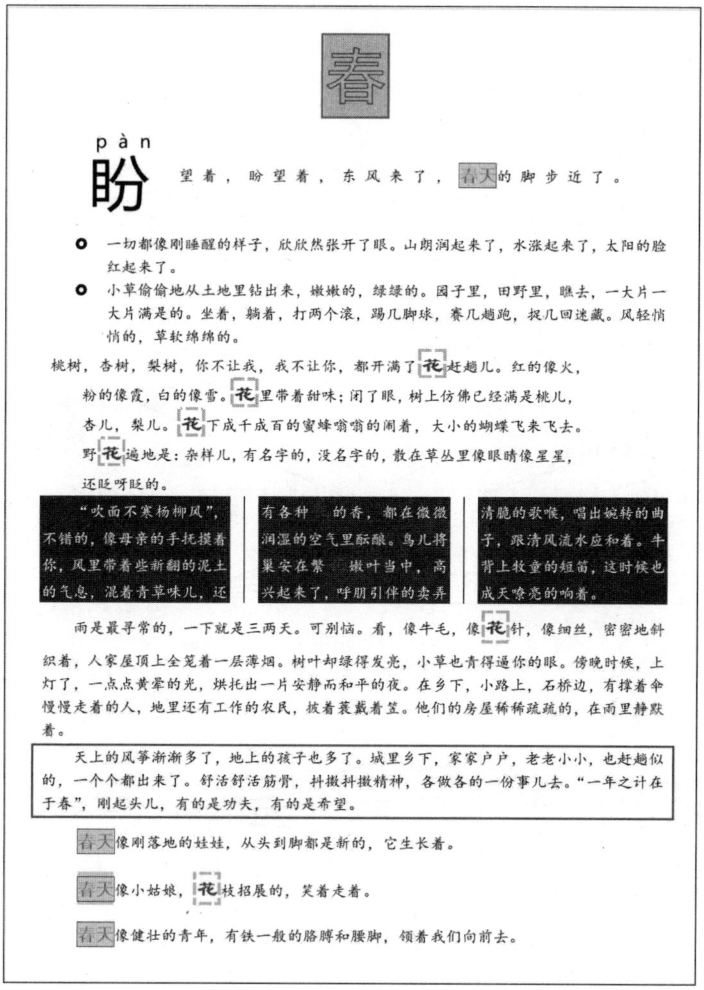
春

pàn

盼望着，盼望着，东风来了，春天的脚步近了。

- 一切都像刚睡醒的样子，欣欣然张开了眼。山朗润起来了，水涨起来了，太阳的脸红起来了。
- 小草偷偷地从土地里钻出来，嫩嫩的，绿绿的。园子里，田野里，瞧去，一大片一大片满是的。坐着，躺着，打两个滚，踢几脚球，赛几趟跑，捉几回迷藏。风轻悄悄的，草软绵绵的。

桃树，杏树，梨树，你不让我，我不让你，都开满了花赶趟儿。红的像火，粉的像霞，白的像雪。花里带着甜味；闭了眼，树上仿佛已经满是桃儿，杏儿，梨儿。花下成千成百的蜜蜂嗡嗡的闹着，大小的蝴蝶飞来飞去。野花遍地是：杂样儿，有名字的，没名字的，散在草丛里像眼睛像星星，还眨呀眨的。

“吹面不寒杨柳风”，不错的，像母亲的手抚摸着你，风里带着些新翻的泥土的气息，混着青草味儿，还

有各种　的香，都在微微润湿的空气里酝酿。鸟儿将巢安在繁　嫩叶当中，高兴起来了，呼朋引伴的卖弄

清脆的歌喉，唱出婉转的曲子，跟清风流水应和着。牛背上牧童的短笛，这时候也成天嘹亮的响着。

雨是最寻常的，一下就是三两天。可别恼。看，像牛毛，像花针，像细丝，密密地斜织着，人家屋顶上全笼着一层薄烟。树叶却绿得发亮，小草也青得逼你的眼。傍晚时候，上灯了，一点点黄晕的光，烘托出一片安静而和平的夜。在乡下，小路上，石桥边，有撑着伞慢慢走着的人，地里还有工作的农民，披着蓑戴着笠。他们的房屋稀稀疏疏的，在雨里静默着。

天上的风筝渐渐多了，地上的孩子也多了。城里乡下，家家户户，老老小小，也赶趟似的，一个个都出来了。舒活舒活筋骨，抖擞抖擞精神，各做各的一份事儿去。“一年之计在于春”，刚起头儿，有的是功夫，有的是希望。

春天像刚落地的娃娃，从头到脚都是新的，它生长着。

春天像小姑娘，花枝招展的，笑着走着。

春天像健壮的青年，有铁一般的胳膊和腰脚，领着我们向前去。

图 9-13　第 4 题样张

（8）将正文第 4 段（“桃树……还眨呀眨的”）左缩进 0.5 字符，右缩进 2 厘米，悬挂缩进 2 字符，行距为 20 磅。

（9）将正文第 5 段进行分栏，分为等宽 3 栏、栏间加分隔线，段落为标准色-深红底纹，行距为 18 磅。

（10）将正文第 6 段（“天上的风筝……，有的是希望”）设置段落边框，标准色-蓝色。

（11）将正文中第 1 个“春天”设置为黑体、小四、字体效果为“金色，主题色 4；软棱台”，添加“绿色，个性色 6，淡色 60%”底纹，将该格式到正文中所有的“春天”中。

（12）将正文中所有的“花”设置为隶书、四号、加粗、标准色-红色；边框颜色为橙色，虚线，宽度为 2.25 磅。

2.（综合题）有文档 Word.docx 如图 9-14 所示。为了更好地介绍公司的服务与市场战略，市场部助理王某需要协助制作完成公司战略规划文档，并调整文档的外观与格式。

现在，请按照如下需求，在 Word.docx 文档中完成制作工作：

（1）调整文档纸张大小为 A4，纸张方向为纵向；并调整上、下页边距为 2.5 厘米，左、右页边距为 3.2 厘米。

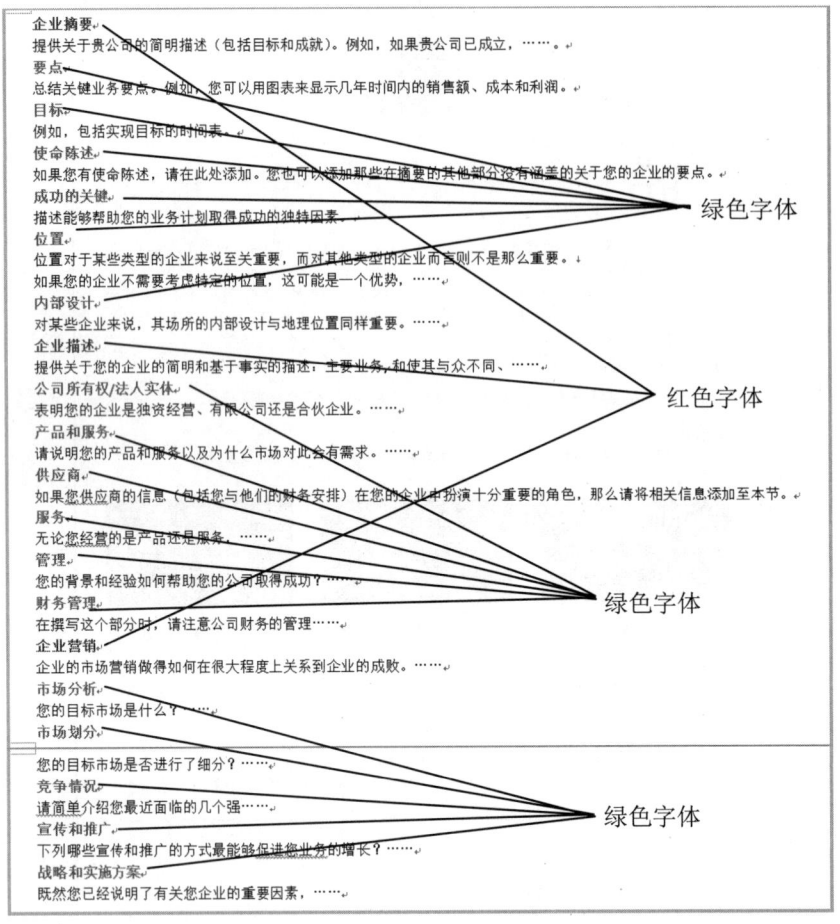

图 9-14　第 2 题 Word.docx 文档部分内容

（2）将"Word_样式标准"文档样式库中的"标题，标题样式一"和"标题，标题样式二"复制到 Word.docx 文档样式库中。

（3）将 Word.docx 文档中的所有红色文字段落应用为"标题，标题样式一"段落样式。

（4）将 Word.docx 文档中的所有绿色文字段落应用为"标题，标题样式二"段落样式。

（5）将文档中出现的全部"软回车"符号（手动换行符↓）更改为"硬回车"符号（段落标记）。

（6）修改文档样式库中的"正文"样式，使得文档中所有正文段落首行缩进 2 个字符。

（7）为文档添加页眉，并将当前页中样式为"标题，标题样式一"的文字自动显示在页眉区域中。

实验 10　图 文 混 排

实验目的

（1）掌握如何创建、编辑和格式化图形对象。

（2）掌握艺术字和文本框的设置和使用。

（3）学习并掌握表格的制作方法、表格的修改与调整。
（4）学会文本转换成表格及将表格转换成普通文本的方法。
（5）理解在表格中进行简单的计算和排序。
（6）掌握对表格进行格式化。

实验内容与操作步骤

实验 10-1

实验内容：对 Word1.docx 文档，设置字符和段落格式，要求如下：

（1）插入一个文本框，四周型无边框，无填充色；高度×宽度为 2.5 厘米×8.3 厘米；文本内容为"四代突变，还是五段演化"，分为两行；文本字体和大小分别设置为幼圆、小二号，加粗，斜体；文本框水平居中，垂直距离上边距为 7.19 厘米。

（2）画一个椭圆，高度×宽度为 4.94 厘米×6.07 厘米，无边框；图片填充（图片自定义）；紧密四周型；相对左边距，水平距离为 14.51 厘米；相对于上边距，垂直距离为 16.04 厘米。

（3）在文档最后，添加一个表格，样式为"网格表 5 深色-着色 6"，表格第一列内容居中；表格内容如下：

阶段，时间，名称
第一代，1946—1956 年，电子管计算机
第二代，1957—1964 年，晶体管计算机
第三代，1965—1970 年，中小规模集成电路计算机
第四代，1971 年至今，大规模或超大规模集成电路计算机
第五代，1985 年，具有一定智能的计算机

操作方法及步骤如下：

1. 步骤一

（1）打开文档 Word1.docx。

（2）打开"插入"选项卡，单击"文本"组中的"文本框"命令，在其显示的列表框中执行"绘制文本框"命令，鼠标指针变为十形。

（3）按下左键，绘制一个大小合适的文本框。

（4）在文本框中输入文字内容"四代突变，还是五段演化"，分为两行。文本字体和大小分别设置为幼圆、小二号，加粗，斜体。

（5）选择整个文本框，单击"绘图工具|格式"选项卡下"大小"组右下角的"启动对话框"按钮，打开如图 10-1 所示的"布局"对话框。

（6）在"大小"选项卡中，设置文本框的高度和宽度分别为 2.5 厘米和 8.3 厘米。

（7）单击"文字环绕"选项卡，设置"环绕方式"为"紧密型"。

（8）单击"位置"选项卡，在"水平"栏处，将"对齐方式"设置为"居中"；在"相对于"框中选择"栏"。

（9）在"垂直"栏处，将"绝对位置"设置为 7.19 厘米；在"下侧"框中选择"上边距"。最后，单击"确定"按钮，文本框及效果设置完毕。

2. 步骤二

(1) 打开"插入"选项卡，在"插图"组中，单击"形状"按钮，出现形状列表框，如图 10-2 所示。

图 10-1 "布局"对话框

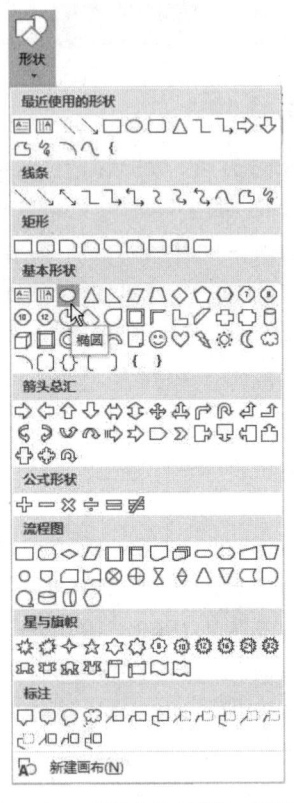

图 10-2 "形状"按钮与其列表

(2) 在"基本形状"栏中，单击"椭圆"按钮，这时鼠标指针变为十形（按 Esc 键，可取消绘画状态），按住 Shift 键的同时（绘制正圆），按下左键并将线条拖拽到合适的大小，松开左键，绘制一个椭圆。

(3) 单击"绘图工具 | 格式"选项卡下"形状样式"组右上角的"形状填充"按钮，执行弹出的命令列表中的"图片"命令，打开"插入图片"对话框。

(4) 利用"必应图像搜索"搜索工具，搜索名称为 Computer 的图片，并将合适的图片插入椭圆形状。

(5) 单击"绘图工具 | 格式"选项卡下"形状样式"组右上角的"形状轮廓"按钮，执行弹出的命令列表中的"无轮廓"菜单命令。

(6) 单击"绘图工具 | 格式"选项卡下"大小"组右下角的"启用对话框"按钮，打开如图 10-1 所示的"布局"对话框。

(7) 在"布局"对话框中设置椭圆大小，高度×宽度为 4.94 厘米×6.07 厘米；"文字环绕"效果为"紧密四周型"；利用"位置"选项卡，设置椭圆相对左边距，水平距离为 14.51 厘米；相对于上边距，垂直距离为 16.04 厘米。

3. 步骤三

（1）按下 Ctrl+End 组合键，将插入点定位到 Word1.docx 文档的最后，按下 Enter 键，插入一个自然段，并输入以下内容：

阶段，时间，名称

第一代，1946—1956 年，电子管计算机

第二代，1957—1964 年，晶体管计算机

第三代，1965—1970 年，中小规模集成电路计算机

第四代，1971 年至今，大规模或超大规模集成电路计算机

第五代，1985 年，具有一定智能的计算机

（2）选定最后插入的六行（自然段）。然后，打开"插入"选项卡，单击"表格"按钮，弹出"表格"列表框，执行"文本转换成表格"命令，打开"文本转换成表格"对话框，如图 10-3 所示。

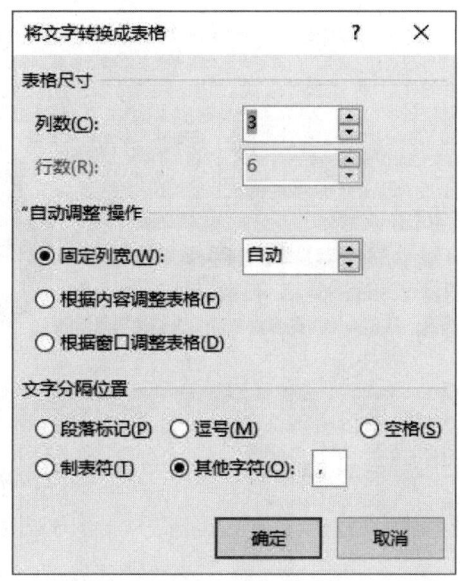

图 10-3　"文本转换成表格"对话框

（3）在图 10-3 中，在"文字分隔位置"处，单击"其他字符"单选项，并在其右侧的框中输入中文逗号"，"。这时"表格尺寸"的"行数"框中自动出现 6，在"列数"框中输入 3。单击"确定"按钮，生成一张 3×6 的表格。

（4）将插入点定位在表格中的任何一个单元格内，打开"表格工具 | 设计"选项卡，单击"表格样式"组中的"其他"按钮。在其弹出的"表格样式"列表框中，选择"网格表 5 深色-着色 6"的表格样式。

（5）将鼠标移动到表格第一列的上方，鼠标指针变为↓，单击选定第一列。然后，单击"开始"选项卡下"段落"组中的"居中"按钮，使其第一列的内容居中显示。

（6）最后，Word1.docx 文档界面，如图 10-4 所示。

图 10-4　Word1.docx 文档效果图

实验 10-2

实验内容：增加特殊文字效果——艺术字的使用。

操作方法及步骤如下：

（1）打开"插入"选项卡，单击"文本"组的"艺术字"命令 ，打开艺术字样式列表框，如图 10-5 所示。

（2）在"艺术字"样式列表框中，单击选择一种样式，文档中出现一个艺术字编辑框，如图 10-6 所示。输入要设置艺术字的文字，如"大学计算机基础"。

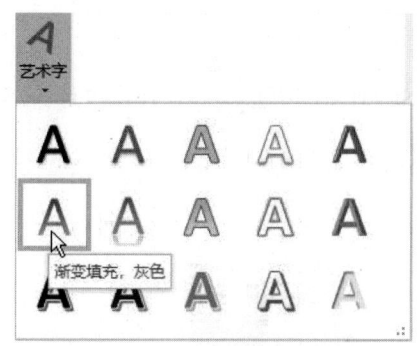

图 10-5　"艺术字"列表框

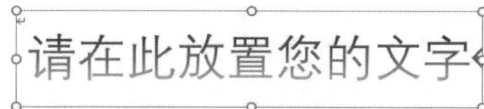

图 10-6　艺术字编辑框

（3）单击要更改的艺术字，打开"绘图工具｜格式"选项卡，用户可利用选项卡中的相关命令修改其形状样式、艺术字样式等，如将艺术字设置如下：

1)"文本效果"：双波形：上下。
2)"文本填充"：蓝色，个性化1，淡色25%。
3)"文本轮廓"：红色、长划线-点、粗0.75磅。
4)"大小"：高2.1厘米、宽11.6厘米。
5)"位置"：上下型，水平居中。
6)"字体"：楷体，小初，加粗。

（4）修改完后的效果，如图10-7所示。

大学计算机基础

图 10-7　最终形成的"艺术字"效果

实验 10-3

实验内容：使用SmartArt功能插入一个企业组织结构图，效果如图10-8所示。

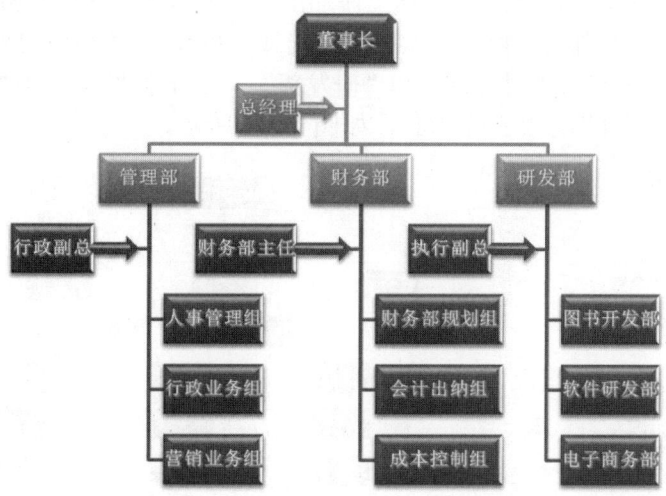

图 10-8　最终形成的企业组织结构

操作方法及步骤如下：

（1）打开"插入"选项卡，在"插图"组中单击 SmartArt 按钮 ，弹出"选择 SmartArt 图形"对话框，在左侧列表框中选择"层次结构"选项，如图 10-9 所示。

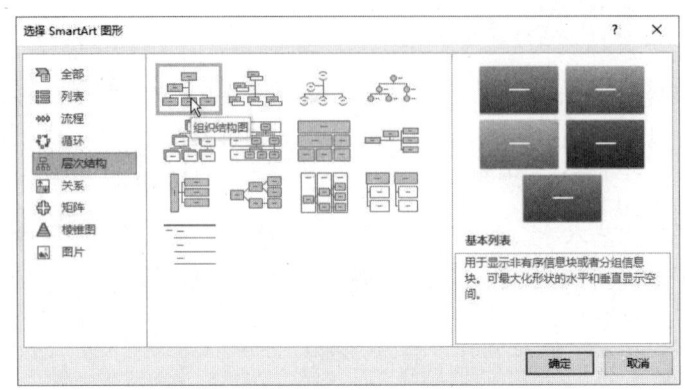

图 10-9　"选择 SmartArt 图形"对话框

（2）选择"层次结构"中的"组织结构图"，插入一个组织结构图，如图 10-10 所示。

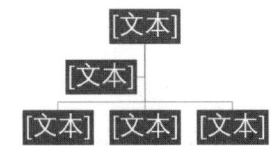

图 10-10　插入的组织结构图

（3）在组织结构图中输入相应文本内容。

（4）双击结构图中的任意一个蓝色框，会出现"SmartArt 工具｜设计"选项卡。

（5）单击"管理部"形状，再单击"创建图形"组中的"添加形状"下拉按钮，选择"添加助理"选项（或右击，在出现的快捷菜单中，执行"添加形状"命令）。

（6）再次选中"管理部"形状，单击"添加形状"中的"在下方添加形状"，按此步骤在"管理部"下方添加 3 个部门（可根据实际情况选择个数），输入相应内容。

（7）用同样的方法可在"财务部"和"研发部"下方分别"添加助理"；然后，在"财务部"和"研发部"下方分别添加三个形状，如图 10-11 所示。

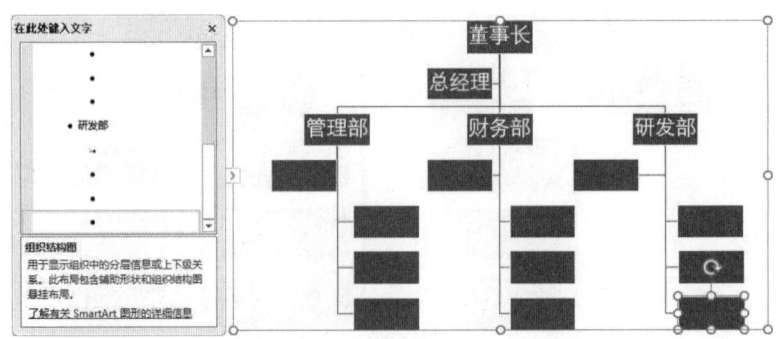

图 10-11　插入下级部门的组织结构图

（8）此时组织图已基本完成，输入文字内容，设置合适的字体、字号，适当调整其大小。

（9）设置组织结构图具体颜色，依次单击"SmartArt 工具｜设计"选项卡，在"SmartArt 样式"组中选择一种样式，如"优雅"。

（10）单击"更改颜色"下拉按钮，选择与组织结构图相配的醒目颜色，如"颜色范围-个性色 3 至 4"。

（11）为了使需要突出的部门一目了然，可以将结构图的方块形状改变一下。选中需要更改的方块（如"董事长"），依次单击"格式"→"形状"→"更改形状"下拉按钮，在下拉菜单中选择"剪去左右顶角"矩形。

（12）选中"总经理"、"行政副总"、"财务部主任"和"执行副总"，重复上述操作，将其形状更改为"标注：右箭头"。

（13）设置艺术字的样式，在"SmartArt 工具｜格式"选项卡下的"艺术字样式"组中，单击下拉按钮，出现下拉菜单，选择文本的外观样式，如填充：黑色，文本色 1；边框：白色，背景色 1；清晰阴影：水绿色，主题色 5。

至此，完成组织结构图的制作。

思考与综合练习

1. 新建文档，以"腊八节的传说.docx"文件名进行保存，如图 10-12 所示。要求如下：

（1）设置页面。纸张大小为 A4；页边距上、下各 3 厘米，左、右各 3 厘米，页脚为 2.1 厘米。

（2）设置艺术字。设置标题"腊八节的传说"为艺术字，艺术字样式为第 2 行第 2 列；字体为方正舒体，文本填充为"预设渐变"栏下的"底部聚光灯-个性色 1"，文本轮廓颜色为"蓝色，个性 1"；文字效果阴影为"内部"栏下的"下"；映像为"紧密映像，接触"；文字环绕方式为"上下型"，居中，距正文上为 0.5 厘米，下为 0.8 厘米。

（3）文字设置。第 1 段文本字符缩放比例为 150%，并为第一句"腊月最重大的节日，是十二月初八，俗称'腊八节'"添加着重号。

（4）替换。将文档第 2 段中主文字"风俗"设置为"倾斜"和"加粗"，格式为"蓝色""四号"。

（5）设置分栏。将正文第 2 段、第 3 段设置为两栏格式，第 1 栏宽 16 字符，间距 2 字符；加分隔线。

（6）设置边框和底纹。为正文第 4 段设置底纹"蓝-灰，文字 2，淡色 80%"，图案式样为浅色网格，颜色为浅绿；为正文第 4 段设置边框，样式为"红色、3 磅、虚线"，为段落添加上下边框线。正文第 4 段文字字体为楷体，小四号，行距为 20 磅。

（7）插入图片。在样文所示位置插入图片，其中：

图片 1，高×宽为"2.13 厘米×2.6 厘米"，添加发光效果为"发光：5 磅；橙色，主题色 2"；图片放在一个文本框中，水平相对页边距左对齐，垂直相对上边距 7.11 厘米。

图片 2，高×宽为"3.1 厘米×5.26 厘米"，环绕方式为"嵌入型"，"居中"对齐。

为图片插入题注"图 1"和"图 2"，居中，所选项目下方，删除文字"图"和数字之间的空格。第 3 自然段中的"总计不下二十种，如下图所示"改为"总计不下二十种，如图 2 所示"。

中国传统节日

腊八节的传说

腊月[①]最重大的节日，是十二月初八，俗称"腊八节"。从先秦起，腊八节都是用来祭祀祖先和神灵，祈求丰收和吉祥。

腊八这一天有吃腊八粥的**风俗**。

图1

腊八粥也叫"七宝五味粥"。我国喝腊八粥的历史，已有一千多年。最早开始于宋代。每逢腊八这一天，不论是朝廷、官府、寺院还是百姓都要做腊八粥。到了清朝，喝腊八粥的风俗更是盛行。在宫廷，皇帝、皇后、皇子等都要向文武大臣、侍从、宫女赐腊八粥，并向各个寺院发放米、果等供僧侣食用。在民间，家家户户也要做腊八粥，祭祀祖先；同时，合家团聚在一起食用，馈赠亲朋好友。

中国各地腊八粥的花样，争奇竞巧，品种繁多。其中以北京的最为讲究，掺在白米中的材料较多，如红枣、莲子、核桃、栗子、杏仁、松仁、桂圆、榛子、葡萄、白果、菱角、青丝、玫瑰、红豆、花生……总计不下二十种，如图 2 所示。人们在腊月初七的晚上，就开始忙碌起来，洗米、泡果、拨皮、去核、精拣然后在半夜时分开始煮，再用微火炖，一直炖到第二天的清晨，腊八粥才算熬好了。

图2

更为讲究的人家，还要先将果子雕刻成人形、动物、花样，再放在锅中煮。比较有特色的就是在腊八粥中放上"果狮"。果狮是用几种果子做成的狮形物，用剔去枣核烤干的脆枣作为狮身，半个核桃仁作为狮头，桃仁作为狮脚，甜杏仁用来制作狮子尾巴。然后用糖粘在一起，放在粥碗里，活像一头小狮子。如果碗较大，可以摆上双狮或是四头小狮子。更讲究的，就是用枣泥、豆沙、山药、山楂糕等具备各种颜色的食物，捏成八仙人、老寿星、罗汉像。这种装饰的腊八粥，只有在以前的大寺庙的供桌上才可以见到。

腊 八粥熬好之后，要先敬神祭祖。之后要赠送亲友，一定要在中午之前送出去。最后才是全家人食用。吃剩的腊八粥，保存着吃了几天还有剩下来的，是好兆头，取其"年年有余"的意义。如果把粥送给穷苦的人吃，那更是为自己积德。

腊八这一天，除祭祖敬神外，还有悼念亡国、寄托哀思的。

――――――――――
① 农历十二月，也就是民间俗称的"腊月"。

第一页

图10-12　第1题样张

（8）首字下沉。设置第 5 段首字下沉，字体为华文新魏，下沉 2 行，距离正文 0.5 厘米。

（9）添加文本框。将最后一段文本转换为嵌入型文本框文本，并设置文本框"形状填充"效果为橙色，个性色，深色 25%。文字字体为黑色，小四号。

（10）添加尾注。为正文第 1 段第 1 行"腊月"添加蓝色双下划线，插入尾注：农历十二月，也就是民间俗称的"腊月"。尾注编号样式为①。

（11）设置页眉和页脚。按样文添加页眉文字，插入页码，并设置相应的格式，字体为微软雅黑，小五号。

2. 在实验 10-1 的完成的基础上，完成如下文本框链接的操作。链接的各文本框水平和垂直均平均距离分布，完成文件保存为 Word3.docx，最终效果如图 10-13 所示。

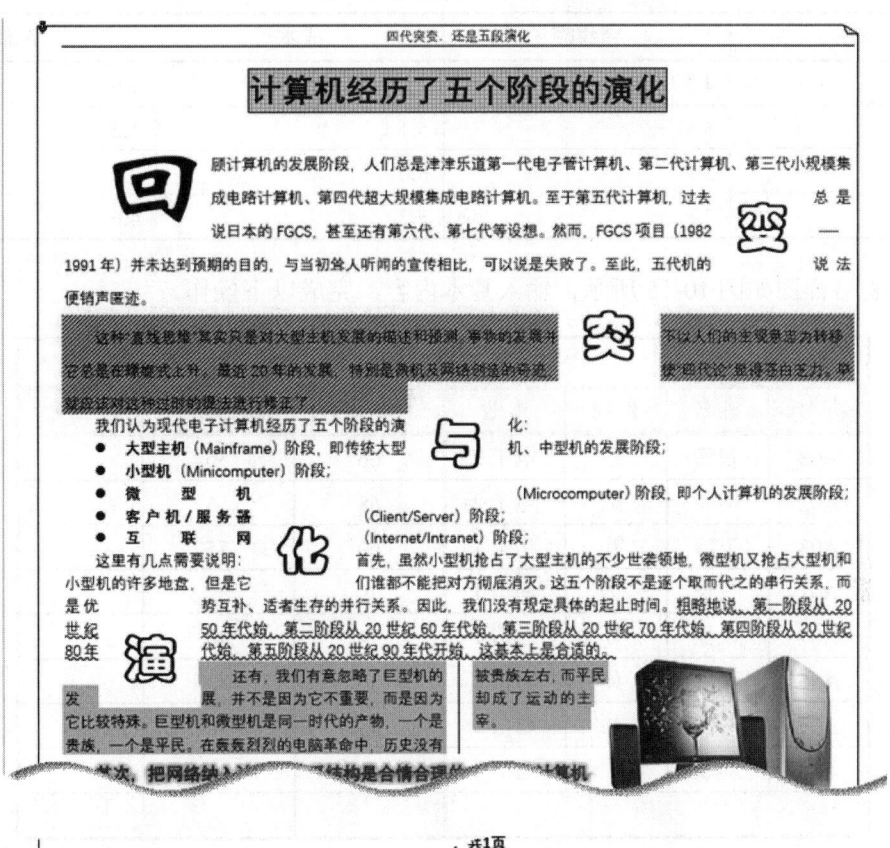

图 10-13　创建"文本框链接"效果

3. 接实验 9 "思考与综合练习"中的第 2 题，完成下面的操作。
（1）在文档的第 4 个段落后（标题为"目标"的段落之前）插入一个空段落，在此空段落中插入一个折线图图表，将图表的标题命名为"公司业务指标"，如图 10-14 所示。

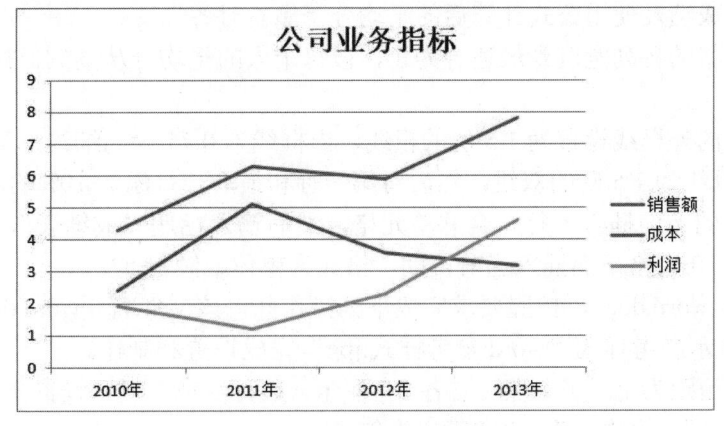

图 10-14　创建一个图表

（2）折线图图表所需要的数据见表 10-1。

表 10-1　销售成本和利润

年份	销售额	成本	利润
2010	4.3	2.4	1.9
2011	6.3	5.1	1.2
2012	5.9	3.6	2.3
2013	7.8	3.2	4.6

4．有表格样图如图 10-15 所示，输入基本内容，完成以下操作。

成绩表						
学号	姓名	性别	专业	大学英语	高等数学	平均分
A08	张伟	男	电子 2	66	50	
A02	李英	女	电子 2	68	56	
A03	王涛	男	化工 1	69	75	
A01	兰晓	女	通信 1	79	82	
A07	钱程	男	通信 1	74	90	
A06	李艳	女	通信 2	86	83	
A04	陈强	男	通信 2	95	90	
A05	刘波	男	通信 1	100	91	
平均						

2013 年 6 月 20 日

图 10-15　表格样图

要求如下：

（1）将表格的第一行的行高设置为 20 磅、最小值，文字为黑体、粗体、小四、水平、水平居中；其余各行的行高为 16 磅、最小值，学号、姓名、性别和专业等所在列文字"靠下居中对齐"，各科成绩及使用公式计算后的平均分"靠右对齐"。

（2）调整表格的各列宽度到最适合为止，按每个人的平均分从高到低排序，然后将整个表格居中。

（3）将表格的外框线设置为 1.5 磅的粗线，内框线为 0.75 磅的细线，第一、第二行的下线与第四列的右框线为 1.5 磅的双线，然后对第一行和最后一行添加 10% 的底纹。

（4）在表格的上面插入一行，合并单元格，然后输入标题"成绩表"，格式为黑体、三号字、水平居中；在表格下面插入当前日期，格式为粗体、倾斜。

5．打开文档 word.docx，按照要求完成下列操作并以该文件名（word.docx）保存文件。按照如图 10-16 所示参考样式"word 参考样式.jpg"完成设置和制作。

（1）设置页边距为上、下、左、右各 2.7 厘米，装订线在左侧；设置文字水印页面背景，文字为"中国互联网信息中心"，水印版式为斜式。

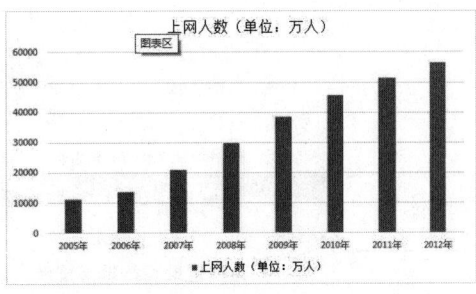

图 10-16　参考样式"word 参考样式.jpg"

（2）设置第 1 段落文字"新闻提要：中国网民规模达 5.64 亿人"为标题；设置第 2 段落文字"互联网普及率为 42.1%"为副标题；改变段间距和行间距（间距单位为行），使用"线条(特殊)"样式修饰页面；在页面顶端插入"边线型提要栏"文本框，将第三段文字"中国经济网北京 1 月 15 日讯　中国互联网信息中心今日发布《第 31 次中国互联网络发展状况统计报告》。"移入文本框内，设置字体、字号、颜色等，在该文本的最前面插入类别为"文档信息"、名称为"新闻提要"域。

（3）设置第 4~6 段文字，要求首行缩进 2 个字符。将第 4~6 段的段首"《报告》显示"和"《报告》表示"设置为斜体、加粗、红色、双下划线。

（4）将文档"附：统计数据"后面的内容转换成 2 列 9 行的表格，为表格设置样式；将表格的数据转换成簇状柱形图，插入到文档"附：统计数据"的后面，保存文档。

实验 11　提取目录与邮件合并

实验目的

（1）了解大纲视图的工作方式，学会使用大纲工具栏生成大纲。
（2）学会如何使用 Word 中的邮件合并功能。

实验内容与操作步骤

实验 11-1

实验内容：现有文档"Word 素材.docx",如图 11-1 所示。按照要求完成下列操作并以文件名"Word.docx"保存文档。

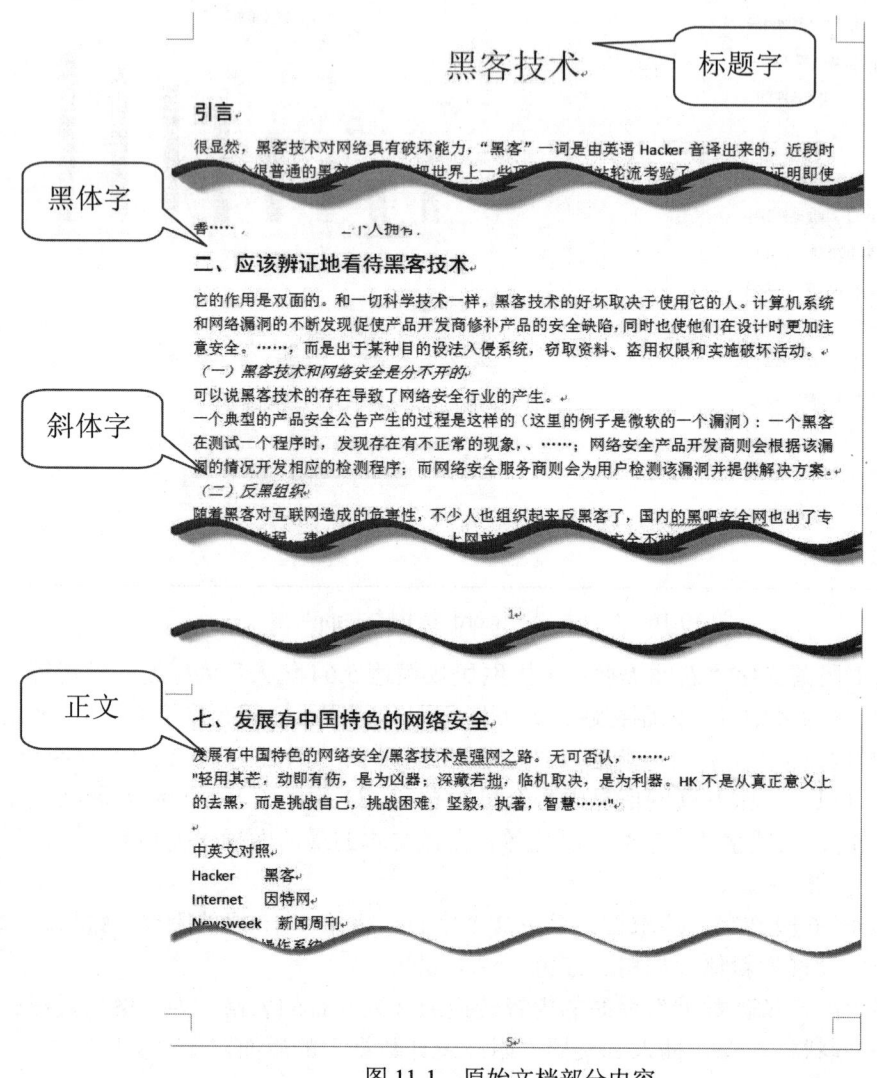

图 11-1 原始文档部分内容

（1）调整纸张大小为 B5,页边距的左边距为 2 厘米,右边距为 2 厘米,装订线 1 厘米,对称页边距。

（2）将文档中第一行"黑客技术"设为 1 级标题,文档中黑体字的段落设为 2 级标题,斜体字段落设为 3 级标题。

（3）将正文部分字体设为华文楷体、英文字体为 Times New Roman、四号,每个段落设为 1.2 倍行距且首行缩进 2 字符。

(4) 将正文第一段落的首字"很"下沉 2 行。

(5) 在文档的开始位置插入只显示 2 级和 3 级标题的目录,并用分节方式令其独占一页。

(6) 文档除目录页外均显示页码,正文开始为第 1 页,奇数页码显示在文档的底部靠右,偶数页码显示在文档的底部靠左。文档偶数页加入页眉,页眉中显示文档标题"黑客技术",奇数页页眉没有内容。

(7) 将文档最后行转换为 2 列 5 行的表格,倒数第 6 行的内容"中英文对照"作为该表格的标题,将表格及标题居中,如图 11-2 所示。

中英文对照	
Hacker	黑客
Internet	因特网
Newsweek	新闻周刊
Unix	一种操作系统
Bug	小缺陷

图 11-2　转换形成的表格

(8) 为文档应用一种合适的主题。

操作方法及步骤如下:

1. 步骤一

(1) 打开本例文件夹下的"Word 素材.docx",然后另存为"Word.docx"。

(2) 单击"布局"选项卡下"页面设置"组中的"对话框启动器"按钮,弹出"页面设置"对话框。切换至"纸张"选项卡,选择"纸张大小"组中的"B5(JIS)"选项。

(3) 单击"页面设置"对话框中的"页边距"选项卡,在"左"微调框和"右"微调框中设置为"2 厘米",在"装订线"微调框中设置为"1 厘米",在"多页"下拉列表框中选择"对称页边距"。设置好后单击"确定"按钮,如图 11-3 所示。

图 11-3　"页面设置"对话框

2. 步骤二

（1）选中第一行"黑客技术"文字，单击"开始"选项卡"样式"组中的"标题 1"命令。

（2）选中文档中的黑体字，单击"开始"选项卡下"样式"组中的"标题 2"命令。

（3）选中文档中的斜体字，单击"开始"选项卡下"样式"组中的"标题 3"命令，如图 11-4 所示。

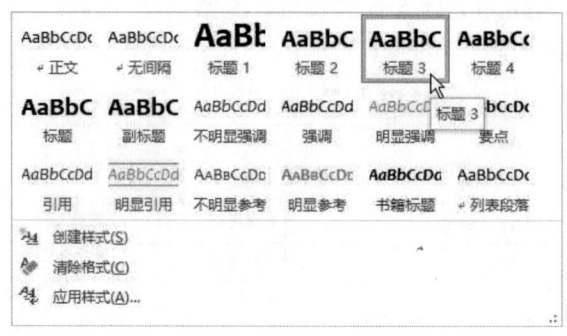

图 11-4　"样式"列表框

3. 步骤三

（1）选中正文第 1 段，单击"开始"选项卡下"编辑"组中右下角的"对话框启动器"按钮，打开"字体"对话框，分别在"中文字体"、"西文字体"和"字号"列表框中选择"华文楷体"、Times New Roman 和四号，如图 11-5 所示。

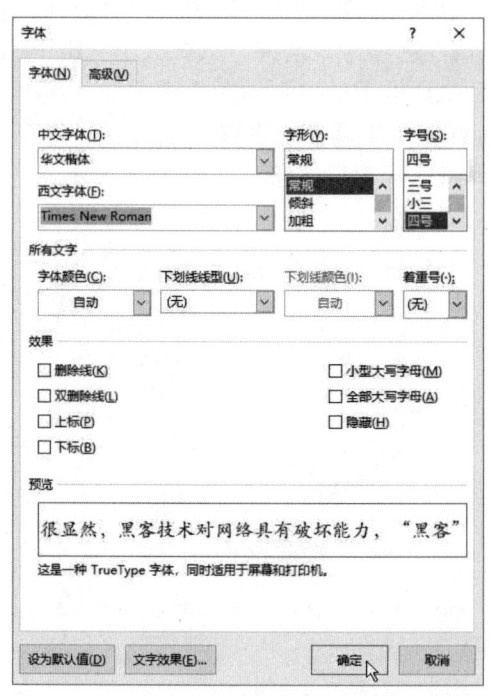

图 11-5　"字体"对话框

（2）单击"开始"选项卡下"段落"组中右下角的"对话框启动器"按钮，弹出"段落"对话框。

(3)切换至"缩进和间距"选项卡,单击"缩进"选项中的"特殊"下拉按钮,在弹出的下拉列表框中选择"首行",在"缩进量"微调框中调整磅值为"2字符"。在"间距"选项中单击"行距"下拉按钮,在弹出的下拉列表框中选择"多倍行距",设置"设置值"为"1.2"。

(4)双击"开始"选项卡下"剪贴板"组中的"格式刷"按钮 格式刷 ,将第正文第一段的格式应用于所有正文。

(5)按下 Esc 功能键,结束"格式刷"的功能。

4. 步骤四

(1)选中正文第一段,单击"插入"选项卡下"文本"组的"首字下沉"按钮 首字下沉 ,在下拉列表中执行"首字下沉选项"命令。

(2)在弹出的"首字下沉"对话框中,在"位置"组中选择"下沉",在"下沉行数"微调框中设置为"2"。

5. 步骤五

(1)将鼠标指针移至标题"黑客技术"最左侧,单击"引用"选项卡下"目录"组中的"目录"按钮 目录 ,在弹出的下拉列表中选择"自动目录1"命令,如图11-6所示。此时系统自动生成一个目录,如图11-7所示。

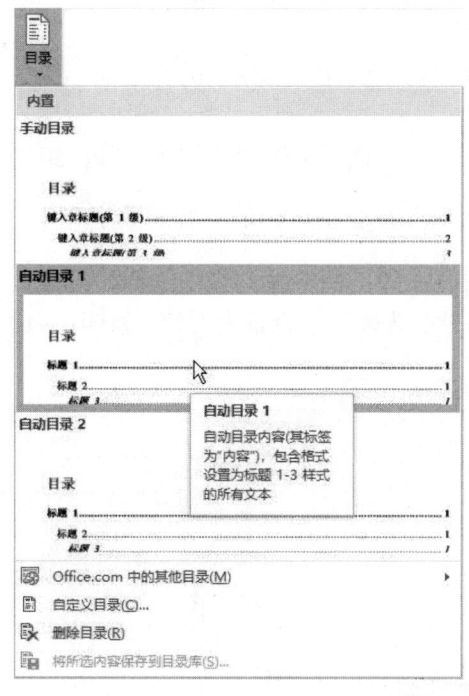

图11-6 "目录"按钮及下拉列表

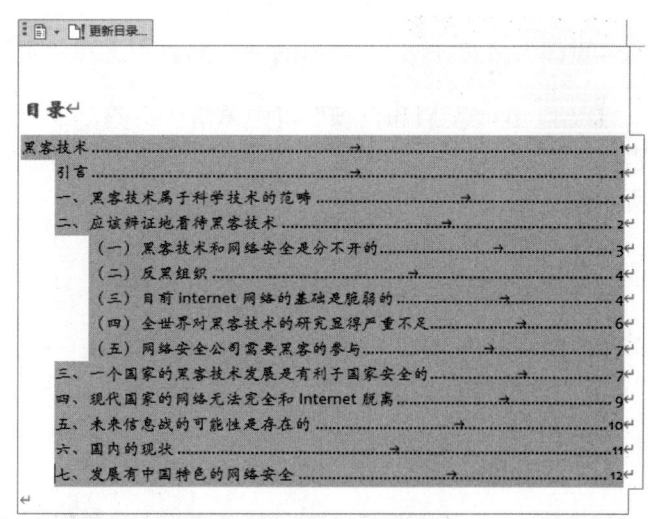

图11-7 插入的目录

(2)在生成的目录中将"黑客技术"一行删除。

(3)将指针移至"黑客技术"最左侧,在"布局"选项卡下的"页面设置"组中选择"分隔符"按钮 分隔符 ,在弹出的下拉列表中选择"下一页"分节符,如图11-8所示。

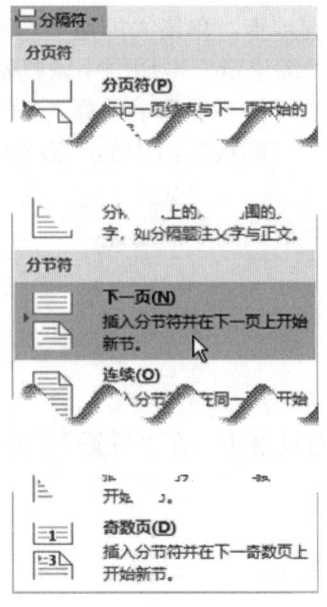

图 11-8 "分隔符"下拉列表

6. 步骤六

（1）双击目录页码处，在"页眉和页脚工具｜设计"选项下的"选项"组中勾选"首页不同"复选框，之后目录页即不显示页码，如图 11-9 所示。

（2）光标移至正文第 1 页页码处，在"页眉和页脚工具｜设计"选项下的"选项"组中勾选"奇偶页不同"选项。

（3）将鼠标指针定位在正文第一页页码处，单击"插入"选项卡下"页眉和页脚"组中的"页码"按钮 ，在弹出的下拉列表中选择"页面底端"级联菜单中的"普通数字 3"。

（4）在"页眉和页脚"组中单击"页码"下拉按钮，在弹出的下拉列表中选择"设置页码格式"项，弹出"页码格式"对话框，选中"起始页码"单选按钮，设置为"1"，如图 11-10 所示。

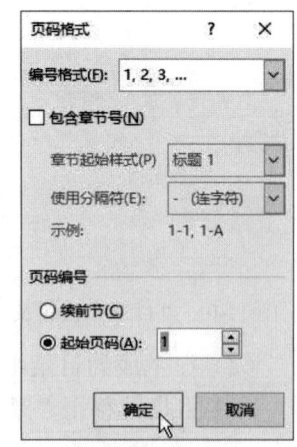

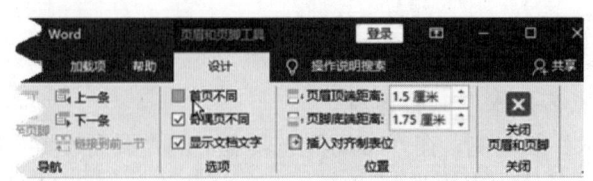

图 11-9 "页眉和页脚工具"选项卡   图 11-10 "页码格式"对话框

(5)将光标移至正文第 2 页中,单击"插入"选项卡下"页眉和页脚"组中的"页码"按钮,在弹出的下拉列表中选择"页面底端"级联菜单中的"普通数字 1"项。

(6)双击第 2 页页眉处,在页眉输入框中输入"黑客技术"。

7. 步骤七

(1)选中文档最后5行文字,单击"插入"选项卡下"表格"组中的"表格"下拉按钮,在弹出的下拉菜单列表中,单击"文本转换成表格"选项。

(2)在弹出的"将文字转化为表格"对话框中,选中"文字分隔位置"中的"空格"单选按钮。在"列数"微调框和"行数"微调框中分别设置为"2"和"5"。设置好后单击"确定"按钮即可。

(3)选中表格,单击"开始"选项卡下"段落"组中的"居中"按钮。

(4)选中倒数第6行的表格标题,单击"开始"选项卡下"段落"组中"居中"的按钮。

8. 步骤八

单击"设计"选项卡下"主题"组中"主题"按钮,在弹出的下拉列表中选择一个合适的主题,如图 11-11 所示。

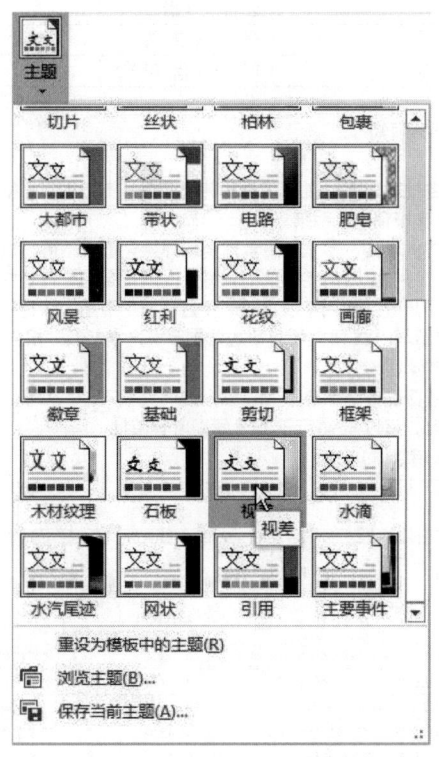

图 11-11 "主题"下拉列表

9. 步骤九

单击"快速访问工具栏"中的"保存"按钮(或执行"文件"选项卡中的"保存"命令),将文档保存。

实验 11-2

实验内容：某单位财务处工作人员设计了"经费联审结算单"模板，以提高日常报账和结算单审核效率。模板内容分别保存到"Word 素材 1.docx"和"Word 素材.docx"文件中，其文档内容分别如图 11-12 和图 11-13 所示。

经费联审结算单

单位：		经办人：		
预算科目				
项目代码		单据张数		
开支内容		金额（小写）		
报销金额（大写）				
经办单位意见				
财务部门意见				
转　账	转入	单位		科目
资产科目		预借款		
资产金额		结算后退（补）		
公务卡号		公务卡（借/贷）		
支票号		银行（借/贷）		
借据号		现金（借/贷）		

XX 研究所科研经费报账须知
（粘贴单据封底）
1．经费支出必须符合批准的项目执行预算和科研经费开支范围，严格按照审批程序及权限规定逐级办理经费开支报销审批手续。
2．结算报销时必须提供真实、合法、要素全的原始凭证，不得超过 3 个月的有效期，跨年度的票据须在翌年 3 月 31 日前完成报销，每张发票背面均要有经办人签字。
3．购买单价在 1000 元以上，使用年限超过一年且在使用中基本保持原来物资形态的物资属于固定资产，需同时填写"XX 研究所科研经费固定资产增（减）报告单"。
4．科研经费报账基本流程：
（1）专职人员填写经费联审结算单
（2）研究室领导审批，超过 5000 元追加分管副所长审批
（3）财务科审核窗口审批
（4）财务科结算窗口结算

图 11-12 "Word 素材 1.docx"文档内容

序号	单位	经办人	填报日期	预算科目	项目代码	单据张数	开支内容	金额（小写）	金额（大写）
1	第一研究室	张三	1/18/2015	XX 管理信息系统国产化迁移技术研究	2014RW29	4	计算机配件	3482.20	叁仟肆佰捌拾贰元贰角整
2	第二研究室	李四	1/19/2015	XX 型通信电台综合检测仪研制	2015SC01	6	电子元器件	8364.67	捌仟叁佰陆拾肆元陆角柒分整
3	第三研究室	王五	1/19/2015	XX 波段小功率雷达研制需求论证	2015YY08	3	办公耗材	460.00	肆佰陆拾元整
4	第一研究室	张三	1/28/2015	XX 站综合管理信息系统软件开发	2015RW04	1	技术服务费	120000.00	壹拾贰万元整
5	第二研究室	李四	1/28/2015	XX 型通信电台综合检测仪研制	2015SC01	1	机箱定制费	28500.00	贰万捌仟伍佰元整
6	第三研究室	王五	1/29/2015	XX 型便携式微型激光监听仪需求论证	2014JJ31	2	专家咨询费	4800.00	肆仟捌佰元整
7	第一研究室	张三	2/8/2015	XX 站综合管理信息系统软件开发	2015RW04	2	计算机配件	825.00	捌佰贰拾伍元整
8	第二研究室	李四	2/9/2015	XX 型红旗轿车行车电脑综合检测仪研制	2015SC03	3	总线接口	384.00	叁佰捌拾肆元整
9	第三研究室	王五	2/9/2015	XX 波段小功率雷达研制需求论证	2015YY08	1	打印机	2658.00	贰仟陆佰伍拾捌元整
10	第二研究室	李四	2/10/2015	XX 型红旗轿车行车电脑综合检测仪研制	2015SC03	2	台式计算机	36800.00	叁万陆仟捌佰元整

图 11-13 "Word 素材.docx"文档内容

请根据"Word 素材 1.docx"和"Word 素材.docx"文件完成制作任务，具体要求如下：

（1）将素材文件"Word 素材 1.docx"另存为"结算单模板.docx"，后续操作均基于此文件。

（2）将页面设置为 A4 幅面、横向，页边距均为 1 厘米。设置页面为两栏，栏间距为 2 字符，其中左栏内容为"经费联审结算单"表格，右栏内容为"XX 研究所科研经费报账须知"文字，要求左右两栏内容不跨栏、不跨页。

（3）设置"经费联审结算单"表格整体居中，所有单元格内容垂直居中对齐。参考如图 11-14 所示的"结算单样例.jpg"，适当调整表格行高和列宽，其中两个"意见"的行高不低于 2.5 厘米，其余各行行高不低于 0.9 厘米。设置单元格的边框，细线宽度为 0.5 磅，粗线宽度为 2.25 磅。

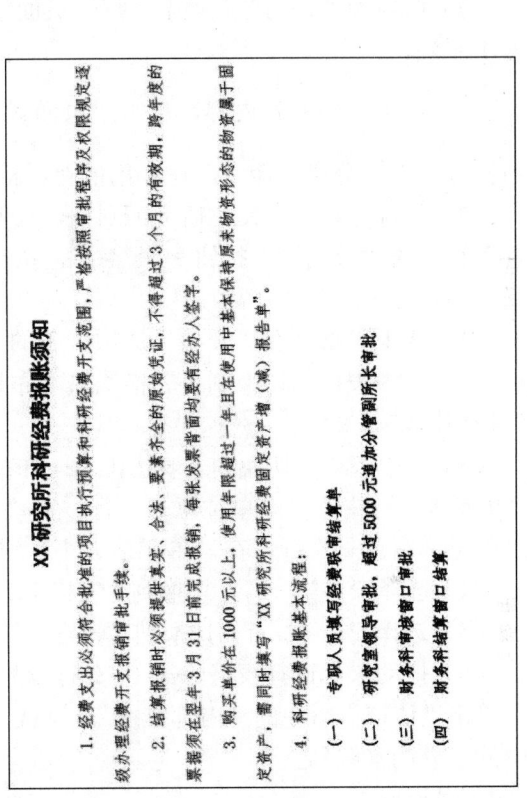

图 11-14　"结算单样例.jpg"

（4）设置"经费联审结算单"标题（表格第一行）水平居中，字体为小二、华文中宋，其他单元格中已有文字字体均为小四、仿宋、加粗；除"单位："为左对齐外，其余含有文字的单元格均为居中对齐。表格第二行的最后一个空白单元格将填写填报日期，字体为四号、楷体，右对齐；其他空白单元格格式均为四号、楷体、左对齐。

（5）"XX 研究所科研经费报账须知"以文本框形式实现，其文字的显示方向与"经费联审结算单"相比，逆时针旋转 90 度。

（6）设置"XX 研究所科研经费报账须知"的第一行格式为小三、黑体、加粗，居中；第二行格式为小四、黑体，居中；其余内容为小四、仿宋，两端对齐、首行缩进 2 字符。

（7）将"科研经费报账基本流程"中的四个步骤加粗并添加中文数字符号。

（8）"Word 素材 2.docx"文件中包含了报账单据信息，需使用"结算单模板.docx"自动批量生成所有结算单。其中，对于结算金额为 5000 元（含）以下的单据，"经办单位意见"栏填写"同意，送财务审核"；否则填写"情况属实，拟同意，请所领导审批"。另外，因结算金额低于 500 元的单据不再单独审核，需在批量生成结算单据时将这些单据记录自动跳过。生成的批量单据存放在本例文件夹下，以"批量结算单.docx"命名。

操作方法及步骤如下：

1. 步骤一

打开"Word 素材 1.docx"，另存为"结算单模板.docx"。

2. 步骤二

（1）切换到"布局"选项卡，打开页面设置对话框，设置页面大小为 A4，横向，页边距均为 1 厘米。

（2）选中页面所有内容，单击"页面设置"组中的"分栏"按钮，在弹出的命令列表中执行"更多分栏"命令，在弹出的对话框中选择"两栏"，栏间距设置为 2 字符。

（3）光标定位于"XX 研究所科研经费报账须知"前面，单击"布局"选项卡下"页面设置"组中的"分隔符"按钮，执行下拉列表中的"分栏"命令。

3. 步骤三

（1）选中表格，在"开始"选项卡下的"段落"组中，单击"居中"按钮。

（2）选中表格，切换到"表格工具 | 布局"选项卡，在"对齐方式"组中单击"水平居中"按钮。

（3）选中表格，切换到"表格工具 | 布局"选项卡，在"单元格大小"组里设置"高度"为 0.9 厘米。选中"经办单位意见"行，在"单元格大小"组中设置"高度"为 2.5 厘米，选择"财务部门意见"行；在"单元格大小"组中设置"高度"为 2.5 厘米。

（4）选择表格第一行，切换到"表格工具 | 设计"选项卡，单击"边框"组的"无框线"。

（5）选择表格第二行，切换到"表格工具 | 设计"选项卡，单击"边框"里的"无框线"。

（6）拖动鼠标选择表格除第 1、2 行以外的所有行，设置"边框"组中的线条大小为 0.5 磅；单击"边框"组中的"内部框线"；设置"边框"组中的线条大小为 1.5 磅，单击"边框"组中的"外侧框线"。

4. 步骤四

（1）选中表格第一行，切换到"开始"选项卡，在"字体"组中设置字体为"华文中宋"，字号为小二。

（2）按住 Ctrl 键，选择除第一行外的所有文字的单元格，设置字体为"仿宋"，字号为小四，加粗；选择"单位："单元格，设置对齐方式为"左对齐"。

（3）按住 Ctrl 键，选择所有空白单元格，设置字体为"楷体"，字号为四号，对齐方式为"左对齐"，选择第二行最后一个空白单元格，设置对齐方式为右对齐。

（4）选择"经办人：""结算后退（补）""公务卡（借/贷）""银行（借/贷）""现金（借/贷）"，适当调整这些单元格，使之文字显示为一行。

5. 步骤五

（1）选中"XX 研究所科研经费报账须知"的所有文字，切换到"插入"选项卡，单击

"文本"组中的"文本框"按钮 ,执行下拉列表框中的"绘制横排文本框"命令。

(2)选中文本框,切换到"绘图工具丨格式"选项卡,单击"文本"组中的"文字方向"按钮 ,执行下拉列表中的"将所有文字旋转270°"命令。

6. 步骤六

(1)选中"XX研究所科研经费报账须知"第一行文字,设置字体为"黑体",字号为小三,加粗,对齐方式为"居中"。

(2)选中"XX研究所科研经费报账须知"第二行文字,设置字体为"黑体",字号为小四,对齐方式为"居中"。

(3)选中"XX研究所科研经费报账须知"中的其他文字,设置字体为"仿宋",字号为小四,对齐方式为"两端对齐"。

(4)单击"开始"选项卡下"段落"组中右下角的"启动对话框"按钮 ,打开其对话框。在"缩进和间距"选项卡中,设置"特殊"格式为"首行",磅值为"2个字符"。

(5)选中"XX研究所科研经费报账须知"及后面所有段落,设置行间距为26磅。

(6)选中倒数4行,单击"开始"选项卡下"段落"组中的"项目符号"按钮,设置默认的项目编号;单击"开始"选项卡下"字体"组中的"加粗"按钮 ,将这4行文字加粗。

7. 步骤七

(1)切换到"邮件"选项卡,单击"开始邮件合并"组中的"开始邮件合并"按钮 ,在其下拉列表中执行"邮件合并分布向导"命令,打开"邮件合并"任务窗格,如图11-15所示。

(2)在"邮件合并"任务窗格中,单击"下一步:开始文档"超链接,打开如图11-16所示的"邮件合并"(第2步)任务窗格。

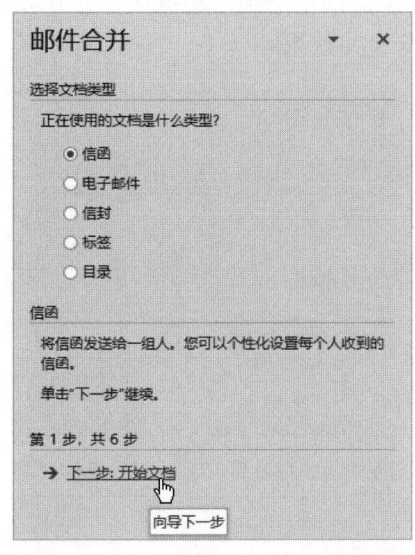
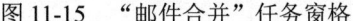
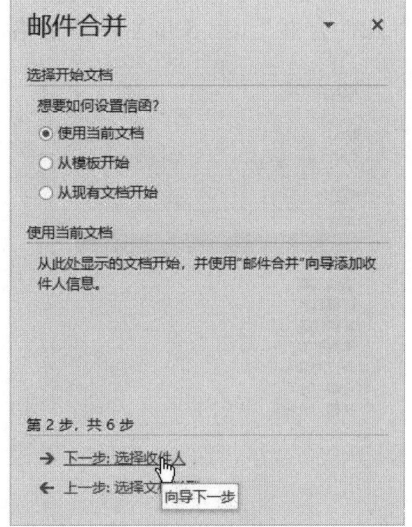

图11-15 "邮件合并"任务窗格　　　　图11-16 "邮件合并"(第2步)任务窗格

(3)在"选择开始文档"组中单击"使用当前文档"项,单击"下一步:选择收件人"

超链接，打开如图 11-17 所示的"邮件合并"（第 3 步）任务窗格。

（4）在"选择收件人"组中，单击"使用现有列表"项；在"使用现有列表"组中，单击"浏览"按钮，选择"Word 素材 2.docx"，单击"下一步：撰写信函"超链接，打开如图 11-18 所示的"邮件合并"（第 4 步）任务窗格。

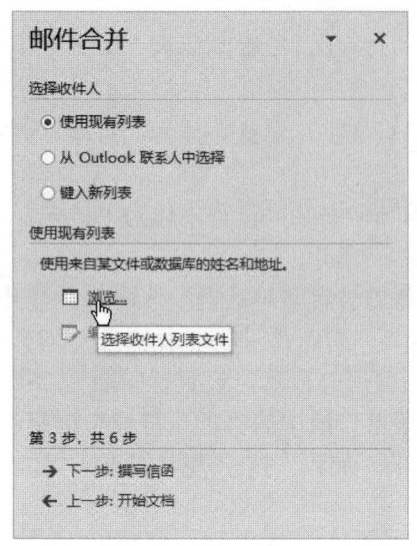 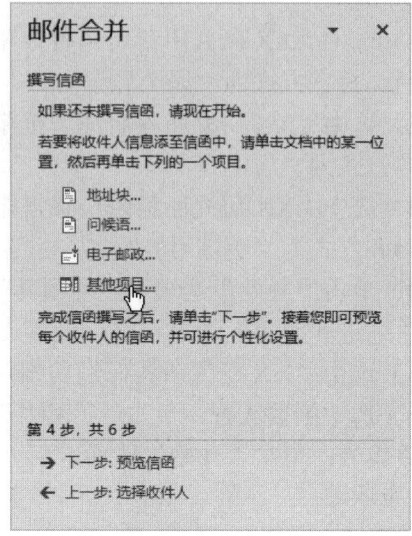

图 11-17　"邮件合并"（第 3 步）任务窗格　　　图 11-18　"邮件合并"（第 4 步）任务窗格

（5）将光标定位于"单位"后面的空白单元格，在"撰写信函"组中单击"其他项目"超链接，打开如图 11-19 所示的"插入合并域"对话框。

（6）选择"单位"插入。在相应的位置分别插入"经办人""填报日期""预算科目""项目代码""单据张数""开支内容""金额（小写）"，"金额（大写）"。

（7）在图 11-18 所示的任务窗格中，单击"下一步：预览信函"超链接，打开如图 11-20 所示的"邮件合并"（第 5 步）任务窗格，同时可预览合并效果。

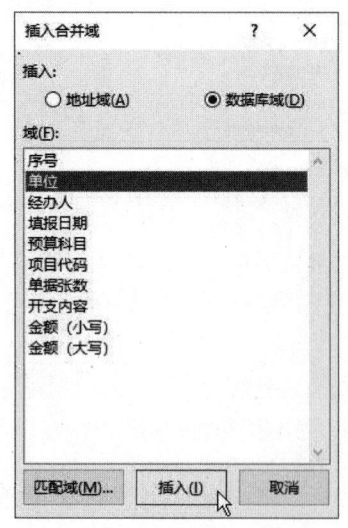 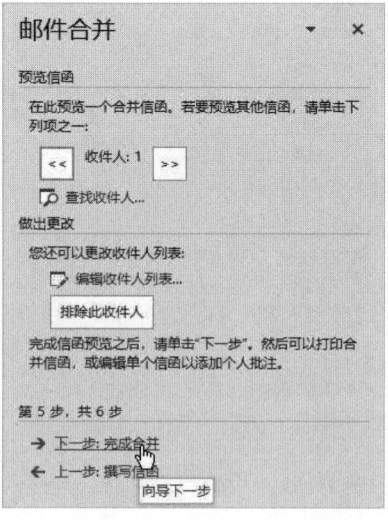

图 11-19　"插入合并域"对话框　　　图 11-20　"邮件合并"（第 5 步）任务窗格

(8) 在图 11-20 所示的任务窗格中,单击"下一步:完成合并"超链接,完成合并。

(9) 将光标定位于"经办单位意见"右边单元格,切换到"邮件"选项卡,单击"编写和插入域"组中的"规则"按钮 规则,执行下拉列表中的"如果...那么...否则"命令,弹出如图 11-21 所示的"插入 Word 域:如果"对话框。

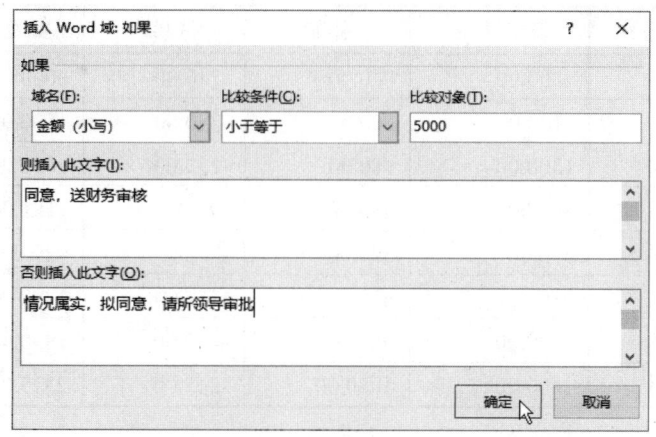

图 11-21 "插入 Word 域:如果"对话框

(10) 在"域名"框中,选择"金额(小写)";在"比较条件"框中选择"小于等于";在"比较对象"框中输入 5000;在"则插入此文字"框中里输入"同意,送财务审核";在"否则插入此文字"框中输入"情况属实,拟同意,请所领导审批"。同时,将多余的回车符号删除。

(11) 切换到"邮件"选项卡,单击"编写和插入域"组中的"规则"按钮,执行下拉列表中的"跳过记录条件"命令,弹出如图 11-22 所示的"插入 Word 域:Skip Record If"对话框。

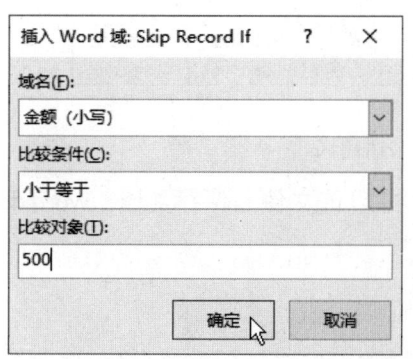
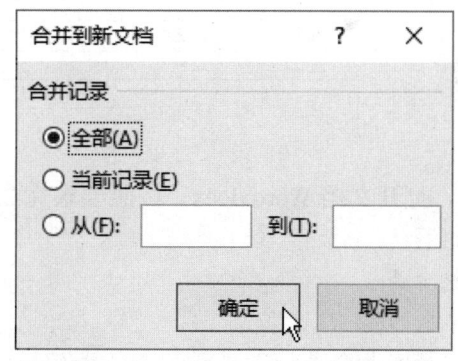

图 11-22 "插入 Word 域:Skip Record If"对话框　　图 11-23 "合并到新文档"对话框

(12) 在"域名"框中,选择"金额(小写)";在"比较条件"框中选择"小于等于";在"比较对象"框中输入 500,单击"确定"按钮。

(13) 单击"邮件"选项卡下"完成"组中的"完成并合并"按钮 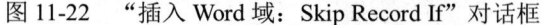,并执行下拉列表中的"编辑单击文档"命令。选择"全部"项,生成的新文档保存在本例所用文件夹中,名为"批量结算单.docx"。

思考与综合练习

1. 某单位工作人员的薪金资料（部分）见表 11-1。

表 11-1　某单位工作人员的薪金资料（部分）

编号	姓名	性别	基本工资	补贴	扣款	实发工资	日期
Z001	李维	男	1400.00	840.00	-240.00	2000.00	2007/8/8
Z002	高杰	女	1100.00	660.00	-230.00	1530.00	2007/8/8
Z003	李平	女	1300.00	780.00	-250.00	1830.00	2007/8/8
Z004	张翔	男	800.00	480.00	-99.00	1181.00	2007/8/8
Z005	王杰	男	670.00	320.00	-70.00	920.00	2007/8/8
Z006	范玲	女	930.00	678.00	-116.00	1492.00	2007/8/8
Z007	罗方	男	1200.00	960.00	-230.00	1930.00	2007/8/8
Z008	赵宏	男	1500.00	1080.00	-265.00	2315.00	2007/8/8

利用上述数据，制作一个邮件合并文档，要求每页显示三条信息，邮件合并后所形成的文档样式如图 11-24 所示。

编号	姓名	性别	基本工资	补贴	扣款总额	实发工资
Z001	李维	男	1400.00	840.00	-240.00	2000.00

日期：2007/8/8

编号	姓名	性别	基本工资	补贴	扣款总额	实发工资
Z002	高杰	女	1100.00	660.00	-230.00	1530.00

日期：2007/8/8

编号	姓名	性别	基本工资	补贴	扣款总额	实发工资
Z003	李平	女	1300.00	780.00	-250.00	1830.00

日期：2007/8/8

图 11-24　合并后邮件文档样式

2. 打开文档 Word.docx，按照要求完成下列操作并以该文件名保存文档。Word.docx 文档内容如下：

邀请函

尊敬的：

×××大会是计算机科学与技术领域以及行业的一次盛会，也是一个中立和开放的交流合作平台，它将引领云计算行业人员对中国云计算产业做更多、更深入的思辨，积极推进国家信息化建设与发展。

本届大会将围绕云计算架构、大数据处理、云安全、云存储、云呼叫以及行业动态、人才培养等方面进行深入而广泛的交流。会议将为来自国内外高等院校、科研院所、企业单位的专家、教授、学者、工程师提供一个代表国内云计算技术及行业产、学、研最高水平的信息交流平台，分享有关方面的成果与经验，探讨相关领域所面临的问题与动态。

本届大会将于 2013 年 10 月 19 日至 20 日在武汉举行。鉴于您在相关领域的研究与成果，大会组委会特邀请您来交流、探讨。如果您有演讲的题目请于 9 月 20 日前将您的演讲题目和详细摘要通过电子邮件发给我们，没有演讲题目和详细摘要的我们将难以安排会议发言，敬请谅解。

×××大会诚邀您的光临！

×××大会组委会

2013 年 9 月 1 日

为召开云计算技术交流大会，小王需制作一批邀请函，要邀请的人员名单见"Word 人员名单.docx"，邀请函的样式参见"邀请函参考样式.docx"，大会定于 2013 年 10 月 19 日至 20 日在武汉举行。

"Word 人员名单.docx"内容见表 11-2。

表 11-2 "Word 人员名单.docx"中的数据

编号	姓名	单位	性别
A001	陈松民	天津大学	男
A002	钱永	武汉大学	男
A003	王立	西北工业大学	男
A004	孙英	桂林电子学院	女
A005	张文莉	浙江大学	女
A006	黄宏	同济大学	男

"邀请函参考样式.docx"样式如图 11-25 所示。

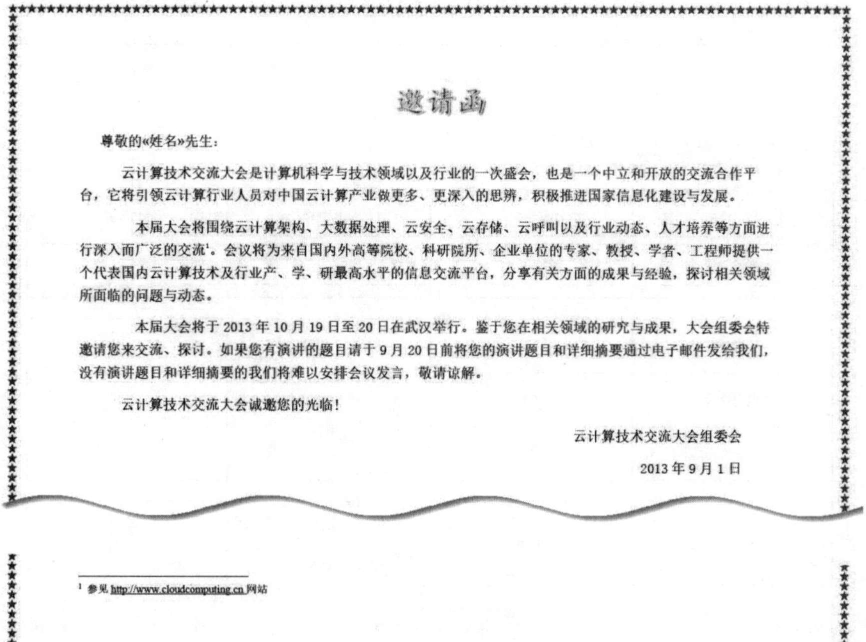

图 11-25 "邀请函参考样式.docx"样式

请根据上述活动的描述，制作一批邀请函，要求如下：

（1）修改标题“邀请函”文字的字体、字号，设置为加粗，颜色为红色、黄色阴影、居中。

（2）设置正文各段落为1.25倍行距，段后间距为0.5倍行距。设置正文首行缩进2字符。

（3）落款和日期位置为右对齐右侧缩进3字符。

（4）将文档中“××大会”替换为“云计算技术交流大会”。

（5）设置页面高度27厘米，页面宽度27厘米，页边距（上、下）为3厘米，页边距（左、右）为3厘米。

（6）将“Word 人员名单.docx”中的姓名信息自动填写到“邀请函”中“尊敬的”三字后面，并根据性别信息，在姓名后添加“先生”（性别为男）或“女士”（性别为女）。

（7）设置页面边框为红“★”。

（8）在正文第 2 段的第一句话“……进行深入而广泛的交流”后插入脚注“参见 http://www.cloudcomputing.cn 网站”。

（9）将设计的主文档以文件名“Word.docx”保存，并生成最终文档以文件名“邀请函.docx”保存。

3.（综合题）某企业人力资源部工作人员，现需要将上一年度的员工考核成绩发给每一位员工，按照如下要求，帮助她（他）完成此项工作。

（1）在本例文件夹下，将“Word 素材.docx”文件另存为“Word.docx”（“.docx”为文件扩展名），后续操作均基于此文件，否则不得分。

（2）设置文档纸张方向为横向，上、下、左、右页边距都调整为 2.5 厘米，并添加“阴影”型页面边框。

（3）参考如图 11-26 所示的样例效果（“参考效果.png”文件），按照如下要求设置标题格式。

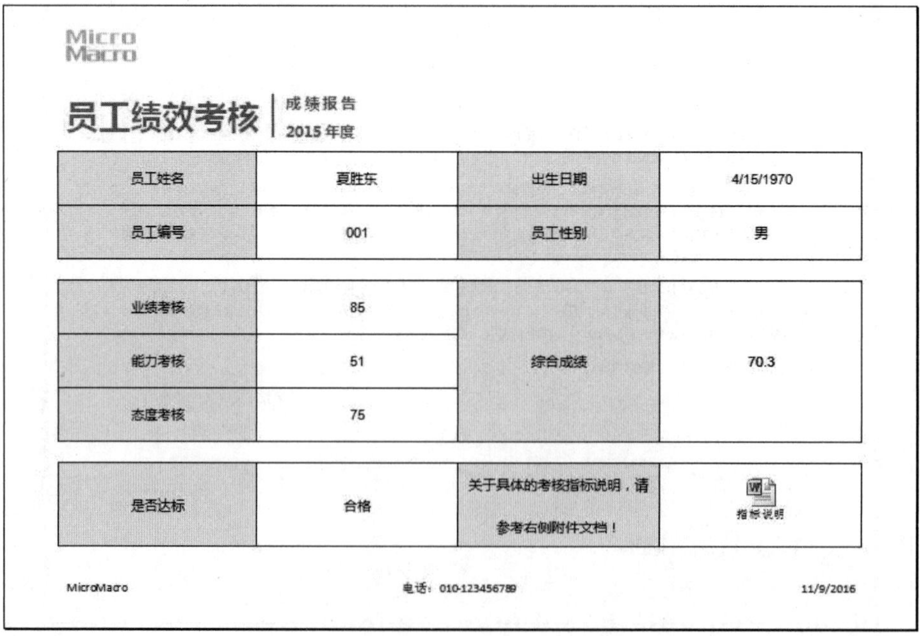
MicroMacro

员工绩效考核 | 成绩报告 2015年度

员工姓名	夏胜东	出生日期	4/15/1970
员工编号	001	员工性别	男

业绩考核	85	综合成绩	70.3
能力考核	51		
态度考核	75		

是否达标	合格	关于具体的考核指标说明，请参考右侧附件文档！	指标说明

MicroMacro 电话：010-123456789 11/9/2016

图 11-26 样例效果（“参考效果.png”文件）

1）将文字"员工绩效考核成绩报告 2015 年度"字体修改为微软雅黑，文字颜色修改为"主题颜色-红色，个性色 2"，并应用加粗效果。

2）在文字"员工绩效考核"后插入一个竖线符号。

3）对文字"成绩报告 2015 年度"应用双行合一的排版格式，"2015 年度"显示在第 2 行。

4）适当调整上述所有文字的大小，使其合理显示。

（4）参考图 11-26 所示的样例效果，按照如下要求修改表格样式：

1）设置表格宽度为页面宽度的 100%，表格可选文字属性的标题为"员工绩效考核成绩单"。

2）合并第 3 行和第 7 行的单元格，设置其垂直框线为无；合并第 4~第 6 行、第 3 列的单元格以及第 4~第 6 行、第 4 列的单元格。

3）将表格中第 1 列和第 3 列包含文字的单元格底纹设置为"蓝色，个性色 1，淡色 80%"。

4）将表格中所有单元格中的内容都设置为水平居中对齐。

5）适当调整表格中文字的大小、段落格式以及表格行高，使其能够在一个页面中显示。

（5）为文档插入"空白(三栏)"式页脚，左侧文字为"MicroMacro"，中间文字为"电话：010-123456789"，右侧文字为可自动更新的当前日期；在页眉的左侧插入图片"logo.png"，适当调整图片大小，使所有内容保持在一个页面中，如果页眉中包含水平横线则应删除。

其中，图片"logo.png"的样式，如图 11-27 所示。

图 11-27　图片"logo.png"的样式

（6）打开表格右下角单元格中所插入的文件对象"员工绩效考核管理办法.docx"。"员工绩效考核管理办法.docx"部分内容，如图 11-28 所示。

按照如下要求进行设置：

1）设置"MicroMacro 公司人力资源部文件"文字颜色为标准色-红色，字号为 32，中文字体为微软雅黑，西文字体为 Times New Roman，并应用加粗效果；在该文字下方插入水平横线（注意：不要使用形状中的直线），将横线的颜色设置为标准色-红色；将以上文字和下方水平横线都设置为左侧、右侧均缩进 1.5 字符。

2）设置标题文字"员工绩效考核管理办法"为"标题"样式。

3）设置所有蓝色的文本为"标题 1"样式，将手工输入的编号（如"第一章"）替换为自动编号（如"第 1 章"）；设置所有绿色的文本为"标题 2"样式，并修改样式字号为小四，将手工输入的编号（如"第一条"）替换为自动编号（如"第 1 条"），在每一章中重新开始编号；各级自动编号后以空格代替制表符与编号后的文本隔开。

4）将第 2 章中标记为红色的文本转换为 4 行 3 列的表格，并合并最右一列 2~4 行的三个单元格；将第 4 章中标记为红色的文本转换为 2 行 6 列的表格；将两个表格中的文字颜色都设置为"黑色，文字 1"。

5）删除文档中所有空行。

6）保存此文件。然后，将文件保存一份副本，文件名为"管理办法.docx"，然后关闭该文档。

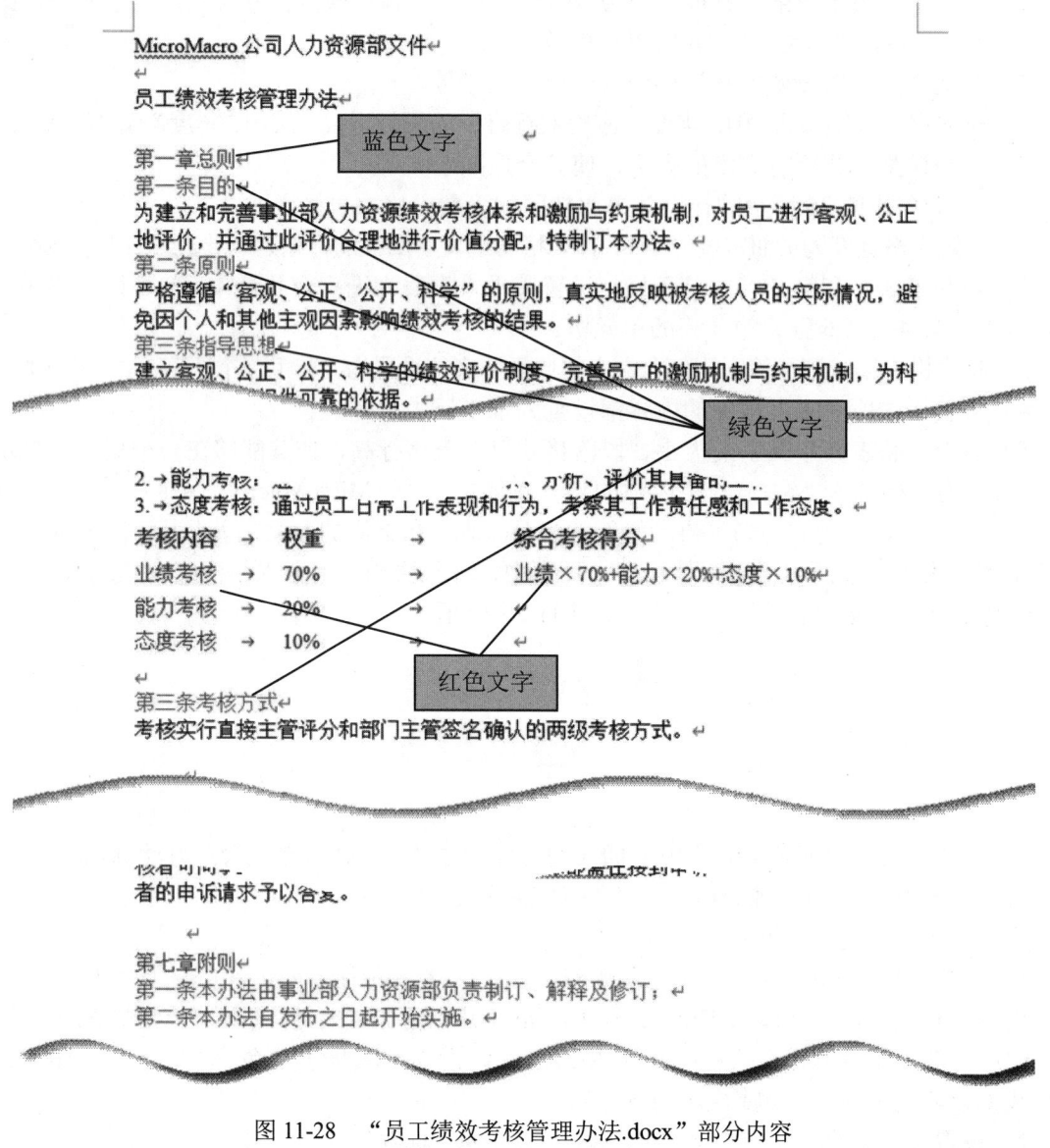

图 11-28 "员工绩效考核管理办法.docx"部分内容

(7) 修改"Word.docx"文件中表格右下角所插入的文件对象下方的题注文字为"指标说明"。

(8) 使用文件"员工考核成绩.xlsx"中的数据创建邮件合并,并在"员工姓名"、"员工编号"、"员工性别"、"出生日期"、"业绩考核"、"能力考核"、"态度考核"和"综合成绩"右侧的单元格中插入对应的合并域,其中"综合成绩"保留 1 位小数。

(9) 在"是否达标"右侧单元格中插入域,判断成绩是否达到标准,如果综合成绩大于或等于 70 分,则显示"合格",否则显示"不合格"。

(10) 编辑单个文档,完成邮件合并,将合并的结果文件另存为"合并文档.docx"。

4. 现有"《计算机与网络应用》初稿.docx"和相关图片文件的素材,其中《计算机与网络应用》初稿.docx"部分内容如图 11-29 所示。

高等职业学校通用教材

计算机与网络应用

×××主编

高等职业学校通用教材编审委员会

前 言
《计算机与网络应用》是一门知识面广、操作性强的课程，是高职高专各专业...

编 者
2013年6月

目 录
【注意：以下底纹标黄内容在生成目录后请删除！同时也删除本行内容】
第1章 计算机概述 1
1.1 计算机发展史 1
1.1.1 计算机的史前时代 1
...
参考文献 17

第1章 计算机概述
电子计算机是迄今为止人类历史上最伟大、最卓越的技术发明之一。人类因发明了电子计算机而开辟了智力和能力延伸的新纪元。电子计算机的诞生，为信息的采集、存储、...
1.1 计算机发展史
计算机无疑是人类历史上最重大的发明之一。西方人发明了这种奇妙的计算机器，为它起名为 Computer。今天，计算机的应用范围早就超出原本只用于"计算"的领域。它由当初的一种计算工具，逐步演变成为适用于多种领域的信息处理设备。
...
1.1.1 计算机的史前时代
（略）。
...
1.2 计算机系统组成
计算机系统由计算机硬件和计算机软件两部分组成。硬件是计算机的"躯体"，是构成计算机系统的各种物理设备的总称。软件是计算机的"灵魂"，是为了运行...
1.2.1 冯•诺依曼计算机的基本结构
（略）。
...

组成计算机......，如中央处理器、主存储器、......
...
参考文献
[1] 龚沛曾,杨志强.大学计算机基础(第五版),北京:高等教育出版社,2012.
[2] 神龙工作室.Office 2010 中文版从入门到精通,北京:人民邮电出版社,2012.
...
（略）。

图11-29 "《计算机与网络应用》初稿.docx"部分内容

某出版社的王编辑受领主编提交给她关于《计算机与网络应用》教材的编排任务。请根据"《计算机与网络应用》初稿.docx"和相关图片文件的素材，帮助王编辑完成编排任务，具体要求如下：

（1）依据素材文件，将教材的正式文稿命名为"《计算机与网络应用》正式稿.docx"，并保存在本例文件夹下。

（2）设置页面的纸张大小为A4，页边距上、下为3厘米，左、右为2.5厘米，设置每页行数为36行。

（3）将封面、前言、目录、教材正文的每一章、参考文献均设置为 Word 文档中的独立一节。

（4）教材内容的所有章节标题均设置为单倍行距，段前、段后间距0.5行。其他格式要求为：章标题（如"第1章 计算机概述"）设置为"标题1"样式，字体为黑体，三号；节标题（如"1.1 计算机发展史"）设置为"标题2"样式，字体为黑体，四号；小节标题（如"1.1.2 第一台现代电子计算机的诞生"）设置为"标题3"样式，字体为黑体，小四号。前言、目录、参考文献的标题参照章标题设置。除此之外，其他正文字体设置为宋体、五号字，段落格式为单倍行距，首行缩进 2 字符。

（5）将本例文件夹下的"第一台数字计算机.jpg"和"天河号.jpg"图片文件，依据图片内容插入到正文的相应位置。图片下方的说明文字设置为居中，小五号、黑体。其中"第一台数字计算机.jpg"和"天河二号.jpg"，如图 11-30 和图 11-31 所示。

图 11-30　第一台数字计算机.jpg

图 11-31　天河二号.jpg

（6）根据"教材封面样式.jpg"的示例，为教材制作一个封面，图片为本例文件夹下的"Cover.jpg"，将该图片文件插入当前页面，设置该图片为"衬于文字下方"，调整大小使之正好为 A4 版面。其中，"教材封面样式.jpg"和"Cover.jpg"，如图 11-32 和图 11-33 所示。

图 11-32　教材封面样式.jpg

图 11-33　Cover.jpg

（7）为文档添加页码，编排要求为：封面、前言无页码，目录页页码采用小写罗马数字，正文和参考文献页码采用阿拉伯数字。正文的每一章以奇数页的形式开始编码，第一章的第一页页码为"1"，之后章节的页码编号续前节编号，参考文献页码续正文页页码编号。页码设置在页面的页脚中间位置。

（8）在目录页的标题下方，以"自动目录"方式自动生成本教材的目录。

5．实习生小李为协助公司管理层制作公司的年度报告，按照如下要求完成制作工作：

（1）打开"Word 素材.docx"文件，将其另存为"Word.docx"，之后所有的操作均基于此文件。

（2）查看文档中含有红色标记的标题，例如"致我们的股东""财务概要"等，将其段落格式赋予本文档样式库中的"样式1"。

（3）修改"样式1"样式，设置其字体为黑体，字号为三号，颜色为黑色。并为该样式添加0.5磅的黑色、单线条下划线边框，该下划线边框应用于"样式1"所匹配的段落，将"样式1"重新命名为"报告标题1"。

（4）将文档中所有含有红色标记的标题文字段落应用"报告标题1"样式。

（5）在文档的第1页与第2页之间，插入新的空白页，并将文档目录插入该页。文档目录要求包含页码，并仅包含"报告标题1"样式所示的标题文字。将自动生成的目录标题"目录"段落应用"目录标题"样式。

（6）因为财务数据信息较多，因此设置文档第5页"综合权益变动表"段落区域内的表格标题可以自动出现在表格所在页面的表头位置。

（7）在"产品销售一览表"段落区域的表格下方，插入一个产品销售分析图，图表样式参考"分析图样例.jpg"文件，并将图表调整到与文档页面宽度相匹配的大小，如图11-34所示。

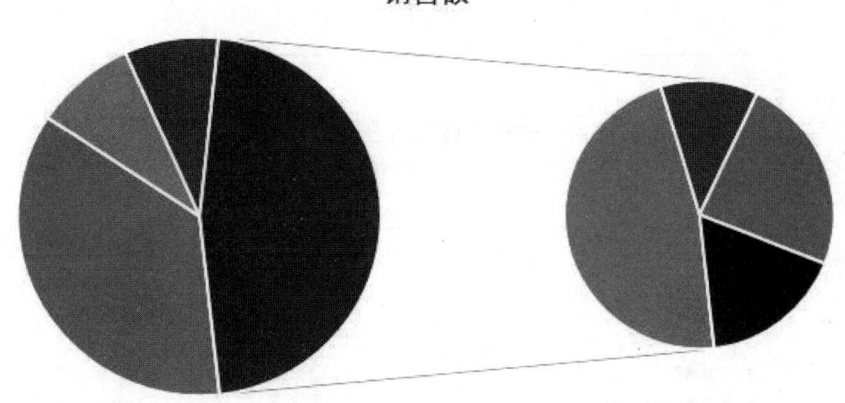

图11-34 图表样式"分析图样例.jpg"文件

（8）修改文档页眉，要求文档第1页和目录页不包含页眉，从文档第3页开始设置"边线型"式页眉样式，在页眉区域自动填写该页中"报告标题1"样式所示的标题文字。

（9）为文档添加水印，水印文字为"机密"，并设置为斜式版式。

（10）根据文档内容的变化，更新文档目录的内容与页码。

6. 某医院的一位传染科医生，正在编辑一篇要发表在杂志上的关于病毒知识的科普文章，原始文件为"Word.docx"，按照下列要求，帮助他对文章进行排版。

（1）按照下列要求设置文档正文和标题的样式与格式：

1）将字体颜色为红色的文本设置为"标题1"样式，段前、段后间距为6磅，单倍行距，三号，黑体。

2）将字体颜色为蓝色的文本设置为"标题2"样式，段前、段后间距为6磅，单倍行距，四号，黑体。

3）修改名称为“3 级”的样式的大纲级别为 3 级。

4）为“标题 1”、“标题 2”和“3 级”样式添加自动多级编号，“标题 1”样式的编号为“1.，2.，3....”，“标题 2”样式的编号为“1.1，1.2，1.3...”，“3 级”样式的编号为“1.1.1，1.1.2，1.1.3...”所有编号左对齐，对齐位置为 0 厘米，编号之后为空格，且每一级根据上一级别的变化而重新开始编号。

5）不要修改正文样式，将文档中所有的正文段落内容的段前和段后间距均设置为 0.5 行，首行缩进 2 字符。

（2）删除文档正文内容中的空行。

（3）修改文档开头处标题“病毒的前生和今世”的文本效果，将轮廓粗细设置为 0.75 磅、阴影的距离设置为 2 磅，并将其转换为“格式文本内容控件”，设置锁定选项为“无法删除内容控件”。

（4）将文档中所有图片下方的题注标签修改为“图”，之后再将图片和下方的题注都居中对齐。

（5）在文档标题“病毒的前生和今世”下方插入正文内容目录和图表目录，且令文档标题和目录位于单独的页面，效果可参考图片“目录页.png”，如图 11-35 所示。

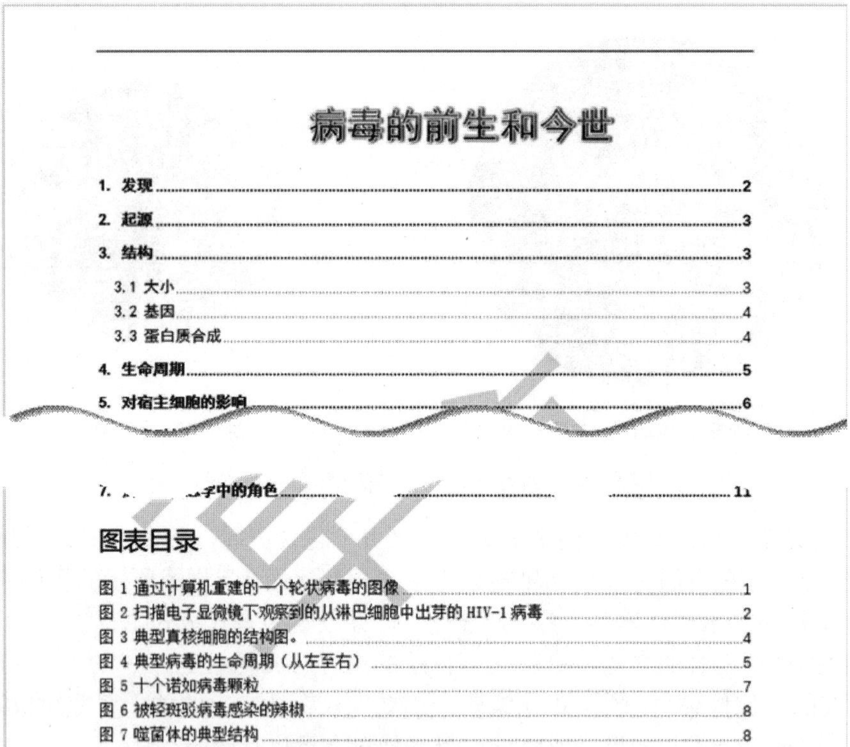
病毒的前生和今世

1. 发现 2
2. 起源 3
3. 结构 3
3.1 大小 3
3.2 基因 4
3.3 蛋白质合成 4
4. 生命周期 5
5. 对宿主细胞的影响 6
7. ……中的角色 11

图表目录

图 1 通过计算机重建的一个轮状病毒的图像 1
图 2 扫描电子显微镜下观察到的从淋巴细胞中出芽的 HIV-1 病毒 2
图 3 典型真核细胞的结构图。 4
图 4 典型病毒的生命周期（从左至右） 5
图 5 十个诺如病毒颗粒 7
图 6 被轻斑驳病毒感染的辣椒 8
图 7 噬菌体的典型结构 8
图 8 两个轮状病毒颗粒，右边那个被抗体包裹 9
图 9 DNA 结构图，此图显示了组成分子“骨架”的核苷和磷原子的位置 10
图 10 鸟嘌呤的类似物阿昔洛韦 11

图 11-35 目录页.png

（6）为文档中引文源中的条目"陈阅增普通生物学"添加"标准号"，内容为"ISBN:7-04-014584-7"；在文档结尾，适当调整文本"参考文献"的格式，并在其下方插入书目，使用"GB/T 7714—2015"样式。

（7）修改文档中的脚注，使其格式为"[1]，[2]，[3]..."（脚注内容需左对齐）。

（8）在标题"起源"下方的项目符号列表中，修改项目符号和正文之间的分隔符为空格，并将这三个段落的悬挂缩进设置为1字符。

（9）在标题"蛋白质合成"下方，将以"上图呈现了"开头的段落中的数字编号"1.，2.，3...."替换为"(1)，(2)，(3)..."。

（10）按照下列要求在文档结尾的标题"索引"下方创建索引：

1）使用保存在"索引条目.docx"中的索引条目为文档插入索引。

2）将"脱氧核糖核酸"标记为索引项目，且在索引中显示为"请参阅DNA"。

3）将"噬菌体"标记为索引条目，且在索引中显示为从"6.2 噬菌体"到文档正文结尾"在海洋哺乳动物中流行。"的页码数。

4）将文档的参考文献和索引放置在一个独立页面中。

（11）使用"星型"样式，在页面底部为文档插入页码，页码从1开始，文档标题和目录所在页面不显示页码。

（12）仅在文档标题和目录所在页面显示文字水印"草稿"。

（13）更新文档的目录、图表目录和索引。

第 5 章　Excel 2016 电子表格

实验 12　Excel 的初步使用

实验目的

（1）熟练掌握工作簿的建立、打开和保存的方法。
（2）熟练掌握工作表的插入、删除、移动、复制及重命名等方法。
（3）掌握不同类型数据的录入方法、数据的编辑与修改方法。
（4）掌握单元格的插入、删除、重命名、选定，以及数据的复制与移动等方法。
（5）掌握 LOOKUP、LEFT、MID、LEN、IF、COUNTIFS、MIN、MOD、ROW、SUM、SUMIF、RANK 等 Excel 部分常用函数以及名称的使用。
（6）掌握数据表的自动求和、排序与筛选功能。

实验内容与操作步骤

实验 12-1

实验内容：如图 12-1 所示的数据为部分学生成绩，利用该数据，建立工作表，并以"成绩单.xlsx"保存。要求如下：

（1）输入图 12-1 所示的各列数据；其中"学号"和"姓名"列为文本型；"性别"列为逻辑型；"出生日期"列为短日期型；"笔试"和"上机"列为数字型。

	A	B	C	D	E	F
1	学号	姓名	性别	出生日期	笔试	上机
2	202001001	杨可欣	FALSE	2002/8/7	41	65
3	202001002	王海夏	TRUE	2002/9/12	80	69
4	202001003	李芯枚	FALSE	2004/3/25	76	71
5	202001004	张成龙	TRUE	2004/1/2	46	54
6	202001005	黄希林	TRUE	2003/8/5	90	80
7	202001006	郭静静	FALSE	2003/5/19	67	39
8	202001007	蒋星宇	TRUE	2004/10/21	54	75
9	202001008	唐瑶奕	FALSE	2004/5/19	80	32
10	202001009	赵思玲	FALSE	2003/12/22	88	80
11	202001010	向冰雪	FALSE	2004/4/9	63	100
12	202001011	孙德军	TRUE	2003/9/12	55	76
13	202001012	胡文康	TRUE	2002/11/26	60	80
14	202001013	任晓峰	TRUE	2004/3/5	46	57
15	202001014	蔡惟唯	TRUE	2003/8/21	50	87
16	202001015	刘丽佳	FALSE	2002/12/3	84	44

图 12-1　部分学生成绩数据

（2）C1 单元格中插入一个批注，批注内容为两行文本："TRUE：男"和"FALSE：女"。
操作方法及步骤如下：

（1）启动 Excel，系统自动建立一个含有一张工作表 Sheet1 的"工作簿 1.xlsx"文件。

（2）在工作窗口中，选择 A1 为活动单元格，并以该单元格为首行，建立学生成绩表结构，表中各字段（标题）名分别为：学号、姓名、性别、出生日期、笔试、上机。

（3）单击"学号"所在列名称 A，选定 A 所在列。然后，打开"开始"选项卡，单击"数字"组中的"数字格式"命令 常规 右侧的下拉按钮，在弹出列表框中，单击"文本"命令，设置此列单元格中的数据类型为文本，这时"学号"所在列输入由数字组成的数据时，被看作为文本（字符型）。否则，先输入英文单引号"'"再输入纯数字，形成文本数据。

同样，可将"出生日期"所在列的数据类型设置为"自定义（yyyy-mm-dd）"，其他列设置为"常规（默认）"方式。

（4）单击"性别"单元格，打开"审阅"选项卡，再单击"批注"组中的"新建批注"命令 新建批注 （或按下 Shift+F2 组合键），为该单元格插入一个批注。在批注窗口中输入二行内容："TRUE：男"和"FALSE：女"。

（5）单击 E 列，然后按下 Ctrl 键，再单击 F 列，将 E、F 两列选定。

（6）打开"数据"选项卡，单击"数据工具"组中的"数据验证"按钮 数据验证 。在其弹出的命令列表中，单击"数据有效性"命令，打开其对话框，如图 12-2 所示。

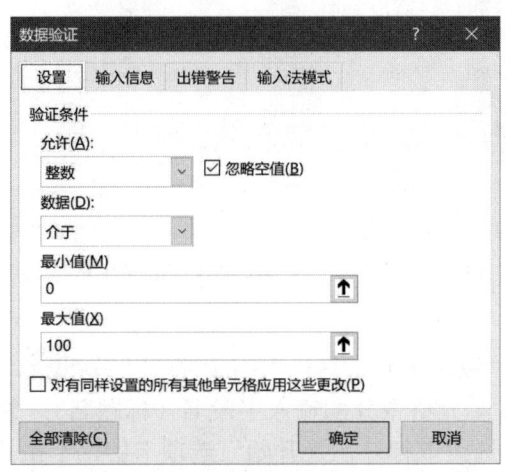

图 12-2 "数据有效性"对话框

（7）单击"设置"选项卡，在"允许"下拉列表框中选择"整数"，在"数据"下拉列表框中选择"介于"，在"最小值"文本框中输入 0，在"最大值"文本框中输入 100；单击"确定"按钮，输入数据有效性设置生效。

单击"出错警告"选项卡，可以设置在数据输入无效时，系统出现的提示信息；单击"输入信息"选项卡，可以设置在确定单元格时，系统出现的信息提示。

（8）单击"快速访问工具栏"中的"记录单"命令 ，打开"记录单"对话框，如图 12-3 所示。这时用户可利用"记录单"对话框输入各学生的成绩信息。学生成绩信息录入完毕后，单击"关闭"按钮，数据记录输入完毕。

单击"快速访问工具栏"上的"保存"按钮 ，打开"另存为"对话框，将工作簿以"成绩单.xlsx"保存，关闭 Excel。

	A	B	C	D	E	F
1	学号	姓名	性别	出生日期	笔试	上机
2	202001001	杨可欣	FALSE	2002/8/7	41	65
3	202001002	王海夏	TRUE	2002/9/12	80	69
4	202001003	李芯枚	FALSE	2004/3/25	76	71
5	202001004	张成龙	TRUE	2004/1/2	46	54
6	202001005	黄希林	TRUE	2003/8/5	90	80
7	202001006	郭静静	FALSE	2003/5/19	67	39
8	202001007	蒋星宇	TRUE	2004/10/21	54	75
9	202001008	唐瑶奕	FALSE	2004/5/19	80	32
10	202001009	赵思玲	FALSE	2003/12/22	88	80
11	202001010	向冰雪	FALSE	2004/4/9	63	100
12	202001011	孙德军	TRUE	2003/9/12	55	76
13	202001012	胡文康	TRUE	2002/11/26	60	80
14	202001013	任晓峰	TRUE	2004/3/5	46	57
15	202001014	蔡惟唯	TRUE	2003/8/21	50	87
16	202001015	刘丽佳	FALSE	2002/12/3	84	44

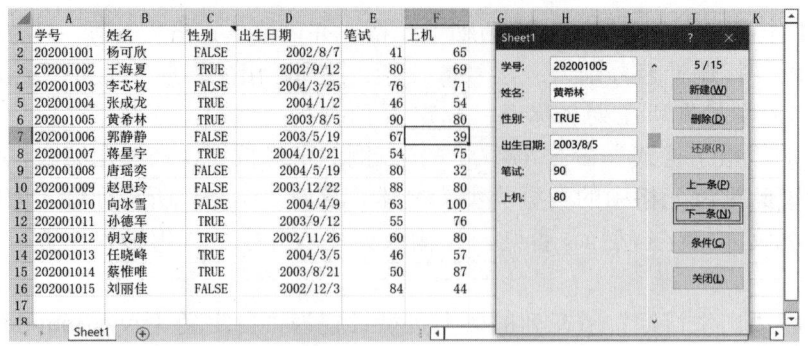

图 12-3　利用“记录单”对话框录入数据

实验 12-2

实验内容：在实验 12-1 的基础上，制作如图 12-4 所示的工作表。

	A	B	C	D	E	F	G	H	I
1	某班学生成绩表　制表日期：2021-6-30								
2	学号	姓名	性别	出生日期	笔试	上机	总分	结论	名次
3	202001001	杨可欣	FALSE	2002/8/7	41	65			
4	202001002	王海夏	TRUE	2002/9/12	80	69			
5	202001003	李芯枚	FALSE	2004/3/25	76	71			
6	202001004	张成龙	TRUE	2004/1/2	46	54			
7	202001005	黄希林	TRUE	2003/8/5	90	80			
8	202001006	郭静静	FALSE	2003/5/19	67	39			
9	202001007	蒋星宇	TRUE	2004/10/21	54	75			
10	202001008	唐瑶奕	FALSE	2004/5/19	80	32			
11	202001009	赵思玲	FALSE	2003/12/22	88	80			
12	202001010	向冰雪	FALSE	2004/4/9	63	100			
13	202001011	孙德军	TRUE	2003/9/12	55	76			
14	202001012	胡文康	TRUE	2002/11/26	60	80			
15	202001013	任晓峰	TRUE	2004/3/5	46	57			
16	202001014	蔡惟唯	TRUE	2003/8/21	50	87			
17	202001015	刘丽佳	FALSE	2002/12/3	84	44			

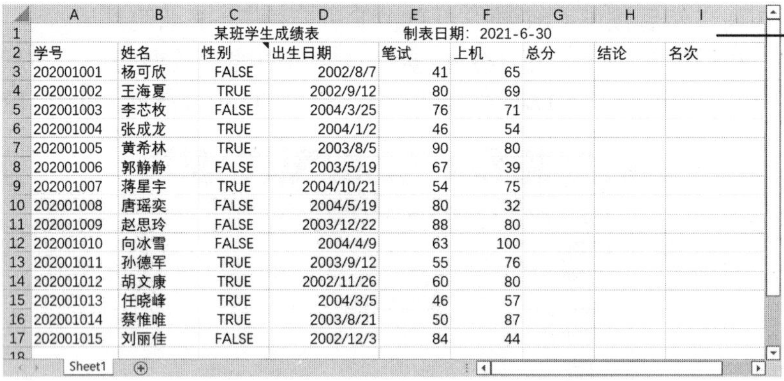

图 12-4　插入 1 行和添加 3 列的学生成绩表

操作方法及步骤如下：

（1）启动 Excel，单击“快速访问工具栏”中的“打开”按钮，打开工作簿“成绩单.xlsx”。

（2）在 G1、H1 和 I1 单元格中分别输入字段名（标题名）：总分、结论和名次。

（3）单击行号“1”，选定该行，在“开始”选项卡中，单击“单元格”组中的“插入”按钮插入。在弹出的命令列表中，执行“插入单元格”命令，这时在第 1 行的前面插入一个空行（要插入一个空行，也可右击行号，执行快捷菜单中的“插入”命令）。

（4）单击 A1 单元格，并输入文本“某校学生成绩表　制表日期：2021-6-30”。

（5）选定单元格区域 A1:I1，打开“开始”选项卡。单击“对齐方式”组中的“合并后居中”按钮合并后居中。

（6）单击“快速访问工具栏”中的“保存”按钮，然后关闭 Excel。

实验 12-3

实验内容：在实验 12-2 的基础上，建立如图 12-5 所示的工作表，其中：总分=笔试×40%+上机×60%；根据总分是否大于等于 60 来判断“结论”。

	A	B	C	D	E	F	G	H	I	J	K
1			某班学生成绩表			制表日期:2021-6-30					
2	学号	姓名	性别	出生日期	笔试	上机	总分	结论	名次		
3	202001001	杨可欣	FALSE	2002/8/7	41	65	55.4		11		
4	202001002	王海夏	TRUE	2002/9/12	80	69	73.4	通过	4		
5	202001003	李芯枚	FALSE	2004/3/25	76	71	73	通过	5		
6	202001004	张成龙	TRUE	2004/1/2	46	54	50.8		14		
7	202001005	黄希林	TRUE	2003/8/5	90	80	84	=IF(G7>=60,"通过","")			
8	202001006	郭静静	FALSE	2003/5/19	67	39	50.2	IF(logical_test, [value_if_true], **[value_if_false]**)			
9	202001007	蒋星宇	TRUE	2004/10/21	54	75	66.6	通过	9		
10	202001008	唐瑶奕	FALSE	2004/5/19	80	32	51.2		13		
11	202001009	赵思玲	FALSE	2003/12/22	88	80	83.2	通过	3		
12	202001010	向冰雪	FALSE	2004/4/9	63	100	85.2	通过	1		
13	202001011	孙德军	TRUE	2003/9/12	55	76	67.6	通过	8		
14	202001012	胡文康	TRUE	2002/11/26	60	80	72	通过	7		
15	202001013	任晓峰	TRUE	2004/3/5	46	57	52.6		12		
16	202001014	蔡惟唯	TRUE	2003/8/21	50	87	72.2	通过	6		
17	202001015	刘丽佳	FALSE	2002/12/3	84	44	60	通过	10		
18											

Sheet1

图 12-5　具有“结论”的学生成绩表

操作方法及步骤如下：

（1）启动 Excel，打开工作簿“成绩单.xlsx”。

（2）单击单元格 G3，输入公式“=ROUND(E3*40%+F3*60%,1)”，求出总分。

（3）再次选定 G3 单元格，将指针指向单元格右下角拖拽句柄“55.4”，按住左键，拖拽句柄至 G17，松开鼠标后，各学生的总分成绩均显示出来。

（4）选定 H3，打开“公式”选项卡，单击“函数库”组中的“逻辑”按钮。在弹出的命令列表中单击 IF 命令，打开“函数参数”对话框，如图 12-6 所示。

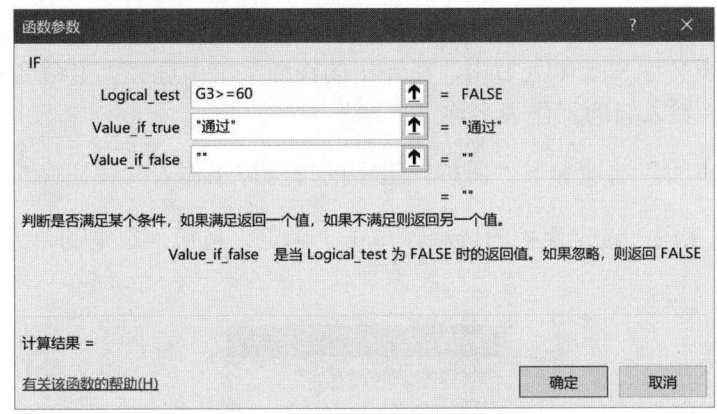

图 12-6　“函数参数”对话框

在图 12-6 中的 IF 框处，在 Logical_test 文本框输入单元格地址，G3>=60；在 Value_if_true 文本框中输入"通过"；在“Value_if_false”文本框中输入""，即不显示任何信息。

注：要输入单元格地址 G3，用户也可单击 Logical_test 框右侧的“对话框折叠”按钮（隐藏“函数”对话框的下半部分，Excel 暂时回到编辑状态），单击 G3 单元格，再单击“对话框展开”按钮（恢复显示“函数”对话框的下半部分）。

双击 H3 单元格右下角的填充柄“■”，将 H3 单元格中的公式填充到 H4:H17 单元格中，完成判断学生成绩是否通过的工作。

（5）在单元格 I3 处输入公式“=RANK($G3,$G$3:$G$17)”，然后将公式复制到 I4:I17 中，即可根据总分给出学生成绩的名次。

实验 12-4

实验内容：将实验 12-3 建立的工作表"Sheet1"重命名为"成绩"，之后以密码"123"进行保护，如图 12-7 所示。

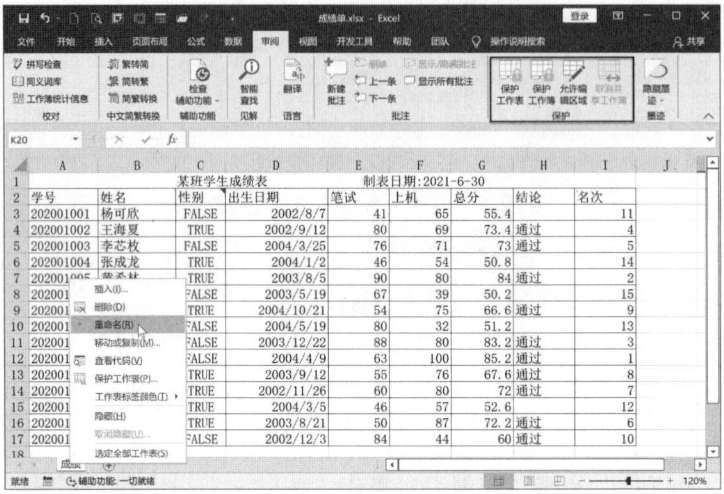

图 12-7　工作表的重命名和保护

操作方法及步骤如下：

（1）启动 Excel 并打开工作簿"成绩单.xlsx"。

（2）在工作表名称 Sheet1 处右击，在弹出的快捷菜单中选择"重命名"命令（或双击工作表名称 Sheet1），输入新的工作表名称"成绩"。

（3）单击"审阅"选项卡下"保护"组中的"保护工作表"按钮，弹出"保护工作表"对话框，输入密码，选定保护的选项，单击"确定"按钮，选定的单元格区域保护生效，如图 12-8 所示。

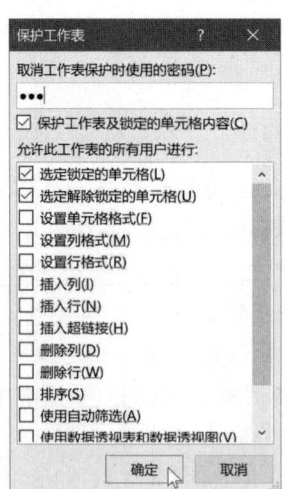

图 12-8　"保护工作表"对话框

注意：如果先选中单元格区域，如 A3:I17，再执行上面的操作，可对单元格区域进行保护。

（4）工作表被保护后，单击"撤销工作表保护"按钮，输入保护密码后，可撤销对工作表的保护。

实验 12-5

实验内容：对工作簿"成绩单.xlsx"的"成绩"表进行格式化，如图 12-9 所示。

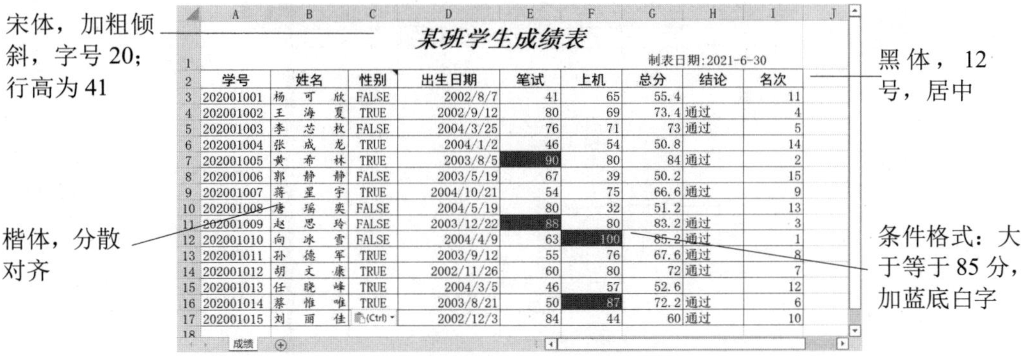

图 12-9 单元格的格式

操作方法及步骤如下：

（1）启动 Excel，打开工作簿"成绩单.xlsx"。

（2）双击 A1 单元格，将插入点移动到文字"某班学生成绩表"的后面，按下组合键 Alt+Enter。接着输入数个空格，将"制表日期：2021-6-30"移动到合适位置。

（3）选定 A1 单元格中的"某班学生成绩表"，然后打开"开始"选项卡。在"字体"组中的"字体"下拉列表框中选择"宋体"；单击"字号"下拉列表框，选择字号为 20；之后，依次单击"加粗"按钮 **B**、"倾斜"按钮 *I*。

（4）右击行号 1，执行快捷菜单中的"行高"命令，在弹出的"行高"对话框中输入 41，单击"确定"按钮。

（5）选定单元格区域 A2:I2，设置字体和字号为黑体、12；段落对齐方式为居中。

（6）选定单元格区域 B3:B17，设置字体和字号为楷体、12；段落对齐方式为分散对齐。

（7）选定单元格区域 E3:F17，在"开始"选项卡的"样式"组中，单击"条件格式"按钮，弹出"条件格式"菜单式列表。依次单击"显示单元格规则"→"大于"命令，打开如图 12-10 所示的"大于"对话框。

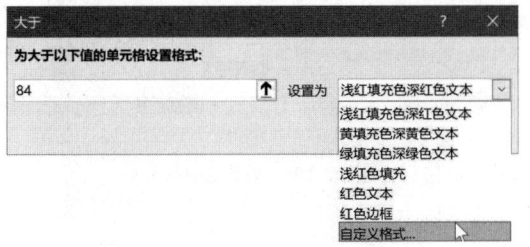

图 12-10 "大于"对话框

（8）在“为大于以下数值的单元格设置格式：”框中输入条件 84；单击“设置为”下拉按钮，选择“自定义格式”命令。在随后出现的“设置单元格格式”对话框中，设置格式为“蓝底白字”。两次单击“确定”按钮后，凡符合条件的单元格均按所设置的格式显示。

（9）选定单元格区域 A2:I19，单击“字体”组的“边框”按钮，打开“设置单元格格式”对话框，如图 12-11 所示。在“边框”选项卡中，选择合适的边框，然后单击“确定”按钮，单元格边框设置完毕；同样地可对单元格区域设置底纹颜色。

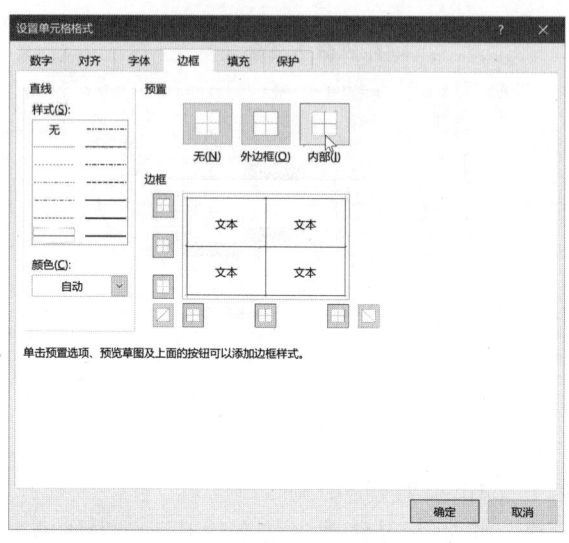

图 12-11 “设置单元格格式”对话框

（10）单击“快速访问工具栏”上的“保存”按钮，将工作簿保存，然后关闭 Excel。

实验 12-6

实验内容：修改如图 12-9 所示的“成绩单”工作表数据，按性别进行升序排序，如果性别相同，再按姓名降序排列，如图 12-12 所示。

学号	姓名	性别	出生日期	笔试	上机	总分	结论	名次
202001009	赵思玲	FALSE	2003/12/22	88	80	83.2	通过	3
202001001	杨可欣	FALSE	2002/8/7	41	65	55.4		11
202001010	向冰雪	FALSE	2004/4/9	63	100	85.2	通过	1
202001008	唐瑶奕	FALSE	2004/5/19	80	32	51.2		13
202001015	刘丽佳	FALSE	2002/12/3	84	44	60	通过	10
202001003	李芯枚	FALSE	2004/3/25	76	71	73	通过	5
202001006	郭静静	FALSE	2003/5/19	67	39	50.2		15
202001004	张成龙	TRUE	2004/1/2	46	54	50.8		14
202001002	王海夏	TRUE	2002/9/12	80	69	73.4	通过	4
202001011	孙德军	TRUE	2003/9/12	55	76	67.6	通过	8
202001013	任晓峰	TRUE	2004/3/5	46	57	52.6		12
202001007	蒋星宇	TRUE	2004/10/21	54	75	66.6	通过	9
202001005	黄希林	TRUE	2003/8/5	90	80	84	通过	2
202001012	胡文康	TRUE	2002/11/26	60	80	72	通过	7
202001014	蔡惟唯	TRUE	2003/8/21	50	87	72.2	通过	6

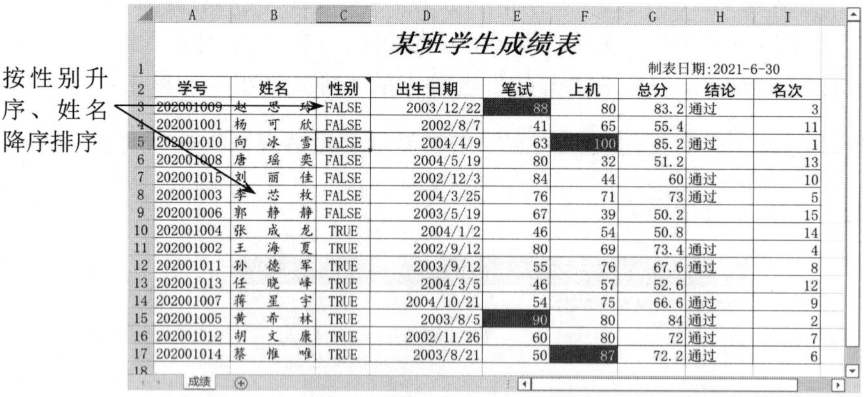

图 12-12 数据的排序

操作方法及步骤如下：

（1）启动 Excel，打开工作簿“成绩单.xlsx”。

（2）打开"数据"选项卡，单击"排序和筛选"组中的"排序"按钮，打开如图 12-13 所示的"排序"对话框。

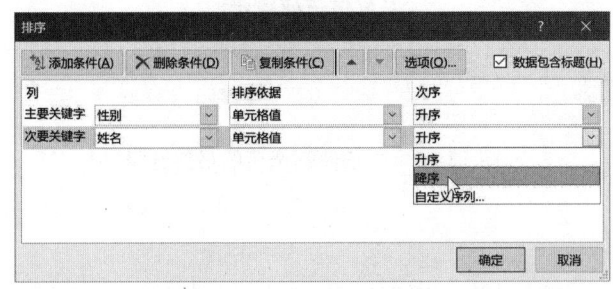

图 12-13　"排序"对话框

（3）在"排序"对话框中，在"主要关键字"列表框中选择"性别"，在"次序"列表框中选择"升序"；单击"添加条件"按钮，添加"次要关键字"为"姓名"，在"次序"列表框中选择"降序"。

（4）单击"确定"按钮，完成操作。

（5）单击"文件"选项卡，执行"保存"命令，将文档进行保存。

实验 12-7

实验内容：利用自动筛选功能，将"上机成绩大于等于 80"以上的男生全部显示出来。
操作方法及步骤如下：

（1）启动 Excel，打开文件"成绩单.xlsx"。

（2）选择 A2:I17 单元格区域或在 A2:I17 单元格区域中任意一个单元格中单击，打开"数据"选项卡，单击"排序和筛选"组中的"筛选"按钮，这时在每个字段旁显示出灰色下拉按钮，此按钮称为"筛选器"按钮。

（3）单击"性别"下的"筛选器"按钮，直接在"搜索框"下方的列表中选择符合筛选条件的项，本例只勾选"True"筛选框，这时系统出现筛选结果，即显示性别为 True 的学生；这时，"筛选器"按钮变为漏斗符号。筛选的数据行号也呈现蓝色。

（4）单击"上机"下的"筛选器"按钮，打开"筛选器"下拉列表框，依次单击"数字筛选（不同的数据类型有不同菜单名称）"→"大于或等于"，打开"自定义自动筛选方式"对话框，如图 12-14 所示。

图 12-14　"自定义自动筛选方式"对话框

（5）在条件"大于或等于"右侧的文本框处输入 80，单击"确定"按钮，Excel 中显示上机成绩大于等于 80 的男性学生，如图 12-15 所示。

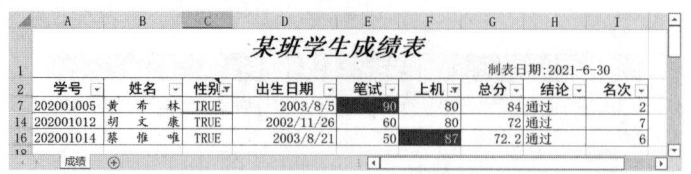

图 12-15　按条件筛选后的最终结果

实验 12-8

实验内容：使用高级筛选，将"性别"为 TRUE、"笔试"大于等于 75 和"计算机"小于 90 的学生全部显示出来，将显示结果放在原数据行的下方，中间有一空行，如图 12-16 所示。

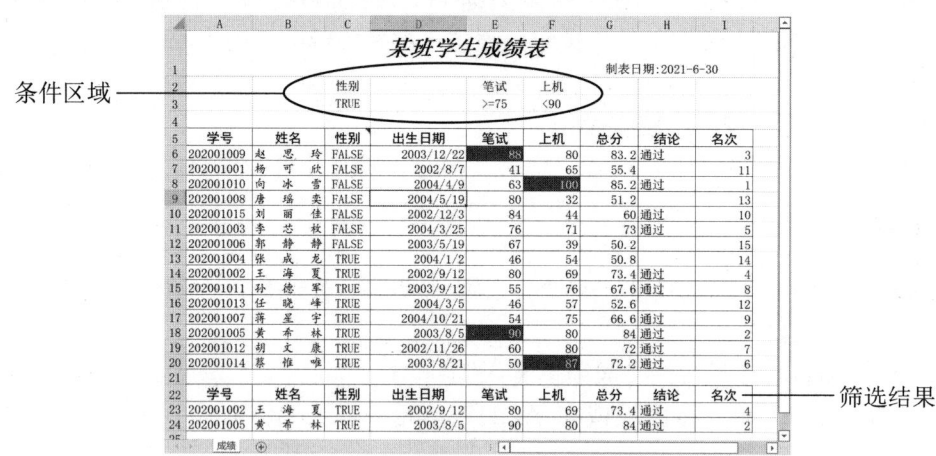

图 12-16　按条件进行高级筛选及其结果

操作方法及步骤如下：

（1）启动 Excel，打开"成绩单.xls"。

（2）在表格标题和表头之间插入三个空行，然后在对应的列输入筛选条件，即在"性别"、"笔试"和"上机"列处分别输入条件：TRUE、>=75 和<90，建立条件区域。

（3）打开"数据"选项卡，单击"排序和筛选"组中的"高级"按钮 高级，弹出"高级筛选"对话框，如图 12-17 所示。

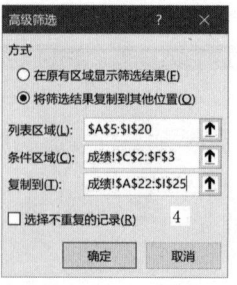

图 12-17　"高级筛选"对话框

（4）在"列表区域"编辑框中，单击"对话框折叠"按钮↑，选择列表区域：成绩!$A$5:$I$20（也可直接输入引用的条件域）。

（5）在"条件区域"编辑框中，单击"对话框折叠"按钮，选择条件区域：成绩!$C$2:$F$3（也可直接输入引用的条件域）。

（6）选中"将筛选结果复制到其他位置"，接着单击"复制到"编辑框中的"对话框折叠"按钮，系统暂时回到编辑状态，在数据列表的下方选定一个区域，这里是：$A$22:$I$25；单击"对话框展开"按钮，回到"高级筛选"对话框。

（7）单击"确定"按钮，显示筛选结果。

实验 12-9

实验内容：（综合）使用 Excel 设计竞赛评分系统，如图 12-18 所示。

序号	评委 评分 选手	一 李一	二 周二	三 张三	四 王四	五 马五	六 孟六	七 陈七	八 英八	最后 得分	名次
1	1号选手	99	70	93	85	83	**45**	54	66	75.17	5
2	2号选手	88	89	82	82	81	86	88	**80**	84.50	**3**
3	3号选手	66	87	78	**98**	88	60	**56**	60	73.17	7
4	4号选手	65	74	**77**	55	66	**42**	45	75	63.33	10
5	5号选手	45	78	**90**	78	**34**	78	78	67	70.67	9
6	6号选手	**50**	89	78	65	**90**	78	78	54	73.67	6
7	7号选手	88	**78**	82	90	87	85	91	**96**	87.17	**2**
8	8号选手	65	79	72	**58**	68	75	**87**	70	71.50	8
9	9号选手	88	90	**82**	89	96	**98**	86	90	89.83	**1**
10	10号选手	81	90	89	78	**68**	78	80	80	81.00	4

图 12-18　一个竞赛评分系统

该 Excel 评分系统功能是：当主持人公布各评委的打分后，工作人员同步进行分数（百分制）录入，系统就会自动提示错误分值。要求如下：

（1）自动将最高分、最低分分别用不同的颜色和字体进行区分显示。

（2）自动去掉最高分和最低分。

（3）自动计算每位选手的最后得分。

（4）自动生成参赛选手的得分名次，自动将得分较高的前三名用红色加粗字显示。

操作方法及步骤如下：

1. 步骤一

新建"竞赛评分系统.xlsx"工作簿，C2:J2 单元格中为各评委，B3:B12 单元格中为 10 位选手，K3:K12 单元格为最后得分，L3:L12 单元格为得分排名。C3:K12 为记分区，所有的分数录入均在此区域。设置 A1 单元格跨行到 L1 单元格居中，黑体，字号 26 磅，加粗；第 1 行行高为 34，第 2 行行高为 43，其余各行行高为 20；A2:L12 单元格区域外边框线为粗外边框线，内边框为细边框线；A2:J2 单元格区域填充颜色为浅绿色，K2:K12 单元格区域填充颜色为"金色，个性色 4，淡色 60%"，L2:L12 单元格区域无填充颜色。

A2:J2 单元格区域中的文本设置为等线、14 磅、加粗，水平与垂直居中，浅绿底纹填充；K2 和 L2 单元格中的文本设置为等线、14 磅、加粗，水平与垂直居中。

2. 步骤二

本步骤主要用于设置数据验证，自动提示数据错误。

（1）选择 C3:J12 数据录入的单元格。

（2）在"数据"选项卡下，单击"数据工具"组中的"数据验证"按钮 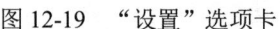，在弹出的命令列表中，执行"数据验证"命令，打开"数据验证"对话框，如图 12-19 所示。

（3）按图 12-19 所示的内容进行设置；然后切换至"出错警告"选项卡，如图 12-20 所示。设置当录入数据超出设定范围时，弹出提示窗口的标题和内容。

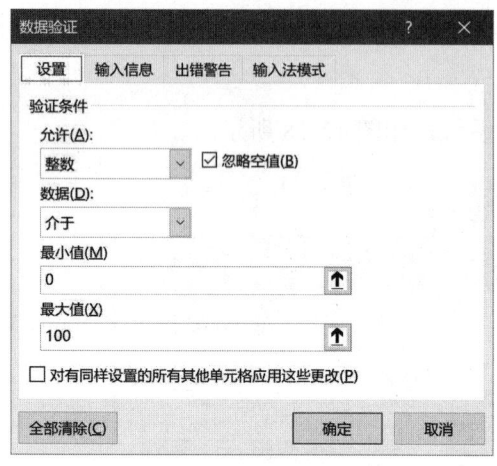
图 12-19　"设置"选项卡

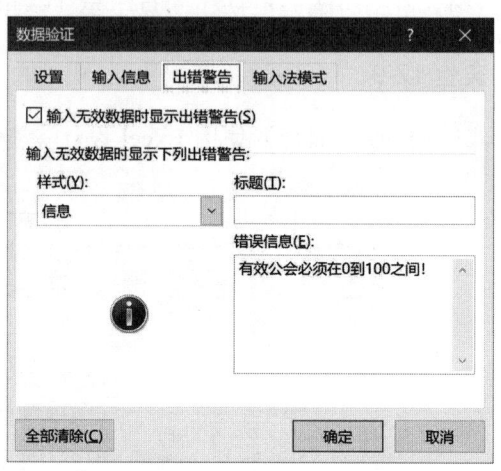
图 12-20　"出错警告"选项卡

3. 步骤三

录入评委打分后，使用"条件格式"，通过字体和颜色，能将最高分、最低分与其他分值区别显示。

（1）选择 C3:J3 单元格区域，选择"开始"选项卡下"样式"组中的"条件格式"按钮，在其弹出的命令列表框中，执行"管理规则"命令，打开"条件格式规则管理器"对话框，如图 12-21 所示。

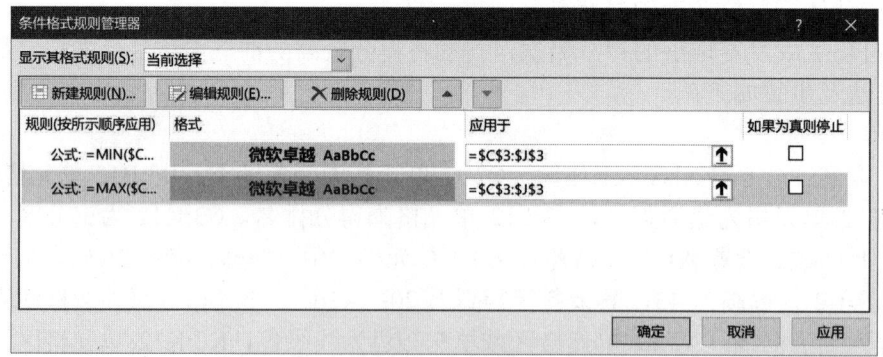
图 12-21　"条件格式规则管理器"对话框

（2）单击"新建规则"按钮，打开如图 12-22 所示对话框。

（3）在"选择规则类型"列表框中，单击"使用公式确定要设置格式的单元格"命令。然后，在"在符合此公式的值设置格式"框中，输入公式"=MAX($C3:$J3)=C3"。

提示：如果条件格式公式为"=MAX(C3:J3)=C3"，引用则为相对引用，它会根据单元格的实际偏移量自动改变，显示结果就会出现差错。

（4）单击"格式"按钮，打开如图 12-23 所示的"设置单元格格式"对话框。切换到"字体"选项卡，在"字形"列表框中，选择"加粗"；在"颜色"列表框中，选择标准色栏下的红色。切换到"填充"选项卡，选择一种填充色，本例使用自定义 RGB（155，194，230），单击"确定"按钮，回到图 12-19 所示对话框中，再单击"确定"按钮关闭该对话框。

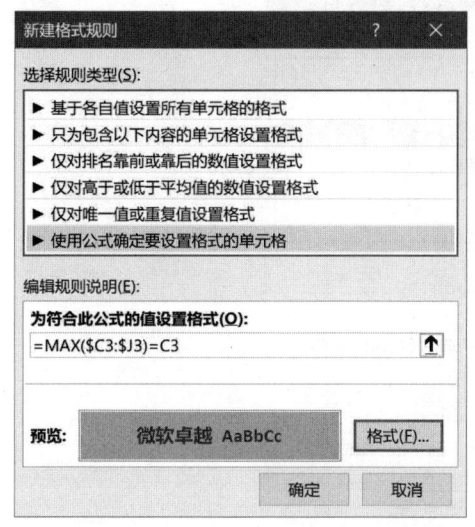
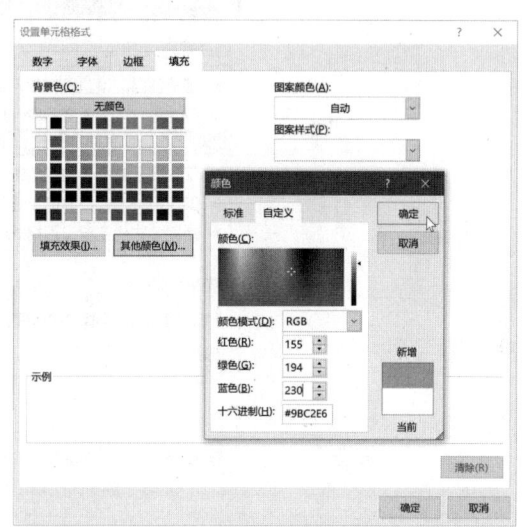

图 12-22　"新建格式规则"对话框　　　　图 12-23　"设置单元格格式"对话框

（5）重复执行步骤（1）～（3），但在"在符合此公式的值设置格式"框中，输入公式"=MIN($C3:$J3)=C3"，并选择一种填充色，本例使用自定义 RGB（219，219，219）。

（6）将第三行的"条件格式"运用到以下各行。C3:J3 单元格区域，把指针指向 J3 单元格右下角的填充柄，这时鼠标指针变成黑色的十字形，按住左键，向下拖动至单元格 J12，松开左键，再单击出现的"智能提示"按钮 ，在出现的命令列表中，执行"仅填充格式"命令，即可完成填充。

4．步骤四

于计算选手最后得分。

（1）将最后得分精确度设置为小数点后两位。选择单元格 K3:K12 并右击，在快捷菜单中选择"设置单元格格式"命令。在"设置单元格格式"对话框"数字"选项卡的"分类"区域中，选择"数值"项，将"小数位数"设置为"2"。

（2）计算最后得分。

在最后得分单元格 K3 中输入以下公式：

=IF(COUNT(C3:J3)=0,"",(SUM(C3:J3)-MAX(C3:J3)-MIN(C3:J3))/(COUNT(C3:J3)-2))

公式中 COUNT(C3:J3)=0,""的作用是：当本行没有输入任何分数时，不进行计算，不显示任何内容。

公式中 SUM(C3:J3)-MAX(C3:J3)-MIN(C3:J3)的作用是：将本行分数进行求和，并减去最高分和最低分。

单击 K3 单元格，把指针指向该单元格右下角的填充柄，按住左键，向下拖动至单元格 K12，松开左键，即可完成填充。

（3）选择 K3:K12 单元格区域，单击"开始"选项卡下"样式"组中的"条件格式"按钮，在其弹出的命令列表框中，执行"管理规则"命令，打开"条件格式规则管理器"对话框。

（4）单击"新建规则"按钮，打开如图 12-24 所示的"编辑格式规则"对话框。

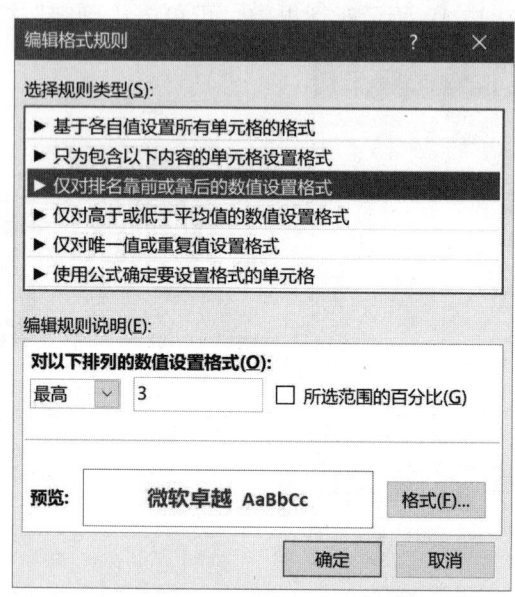

图 12-24　建立突出显示前三名规则

（5）在"选择规则类型"列表框中，单击"仅对排名靠前或靠后的数值设置格式"命令，在"编辑规则说明"栏中，选择"对以下排列的数值设置格式"项下的"最高"项，在右侧输入"3"；单击"格式"按钮，设置字体颜色为"标准色"栏下的"红色"，用于突出显示前三名的信息。

5. 步骤五

统计选手得分名次并突出显示优胜选手。

（1）选定单元格 L3，输入以下公式：

=IF(COUNT(C3:J3)=0,"",RANK(K3,$K$3:$K$12))

公式中 RANK(K3,$K$3:$K$12)的作用是：统计 K3 单元格在 K3:K12 中的排名。

公式中 IF(COUNT(C3:J3)=0,""）的作用是：当本行没有输入任何分数时，本单元格不显示任何内容。当 K3 没有值时，RANK(K3,$K$3:$K$12)会显示错误。

（2）单击 L3 单元格，把指针指向该单元格右下角的填充柄，按住左键，向下拖动至单元格 L12，松开左键，即可将单元格 L3 的公式填充到下面各单元格。

（3）选择 L3:L12 单元格区域，单击"开始"选项卡下"样式"组中的"条件格式"按钮，在其弹出的命令列表框中，执行"管理规则"命令，打开"条件格式规则管理器"对话框。

（4）单击"新建规则"按钮，打开如图 12-25 所示的"编辑格式规则"对话框。

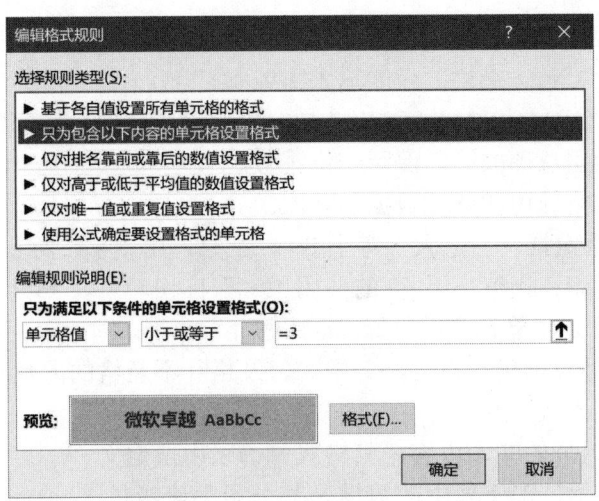

图 12-25　建立突出显示数字 1~3 的规则

（5）在"选择规则类型"列表框中，单击"只为包含以下内容的单元格设置格式"命令，在"编辑规则说明"栏中，选择"只为包含以下条件的单元格设置格式"项下的"单元格值"，在右侧设置为"小于或等于"，然后输入值"=3"；单击"格式"按钮，设置字体颜色为"标准色"栏下的"红色"，填充颜色为"自定义 RGB（244，176，132）"，突出数字 1~3 的信息。

思考与综合练习

1. 完成图 12-26 所示的 Excel 内容。

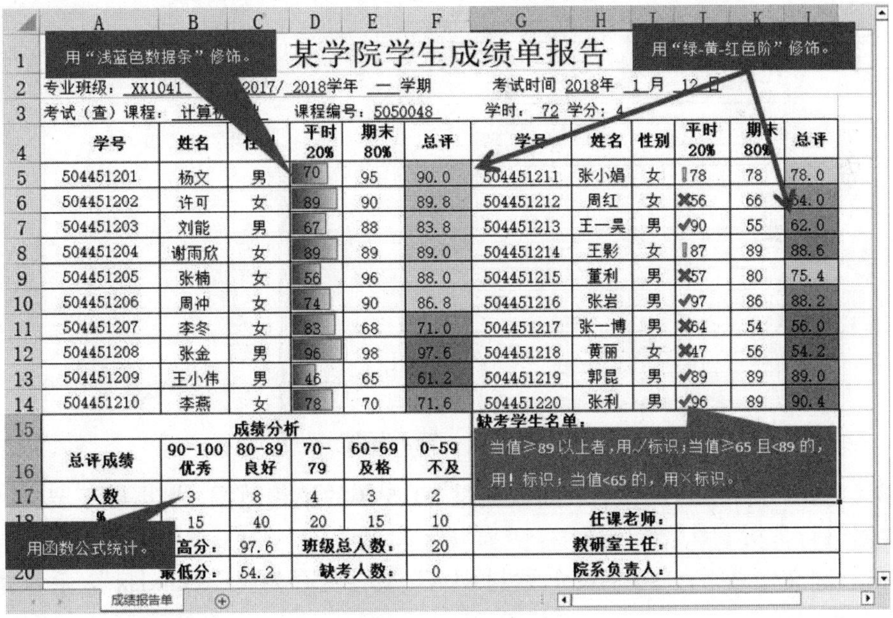

图 12-26　第 1 题图

要求如下：

（1）确保 A5:A14 及 G5:G14 单元格区域中输入的学号长度为 9，否则进行提示。

（2）在 C5:C14 及 I5:I14 单元格区域中，输入的性别可以从“男”“女”两个值中选取，输入其他字符出错，并提示“错误，只能输入男或女！”。

（3）在 D5:D14、E5:E14、J5:J14、K5:K14 单元格区域中，输入为整数；在 F5:F14 及 L5:L14 单元格区域中，自动给出总评成绩，保留一位小数。

（4）D5:D14 单元格数用浅蓝色数据条修饰。

（5）J5:J14 单元格数据，当值大于等于 89 以上时，用“ √ ”标识；当值大于等于 65 且小于 89 时，用“ ! ”标识；当值小于 65 的，用“×”标识。

（6）F4:F14 及 L4:L14 单元格用“绿-黄-红色阶”修饰。

（7）用相关公式计算出优秀、良好、中等、及格和不及格的人数和所占比例；计算出最高分、最低分、班级总人数。

（8）其他单元格区域的文本内容，其格式修饰采用自定义。

2. 如图 12-27 所示，工作表中的数据是某公司某班级员工一、二月销售业绩情况，其中 D2:D25 单元格是员工的销量总和；E2:E25 单元格使用公式“=IF(D2>=$H$2,"优秀","")”自动判断业绩水平；H2 单元格为判断员工业绩是否优秀的销售条件，且 H2 单元格中的数值为 D2:D25 各单元格中的每一个数值形成的序列；H3 单元格存放优秀员工的人数，使用“=COUNTIF(E2:E25,"优秀")”求出。

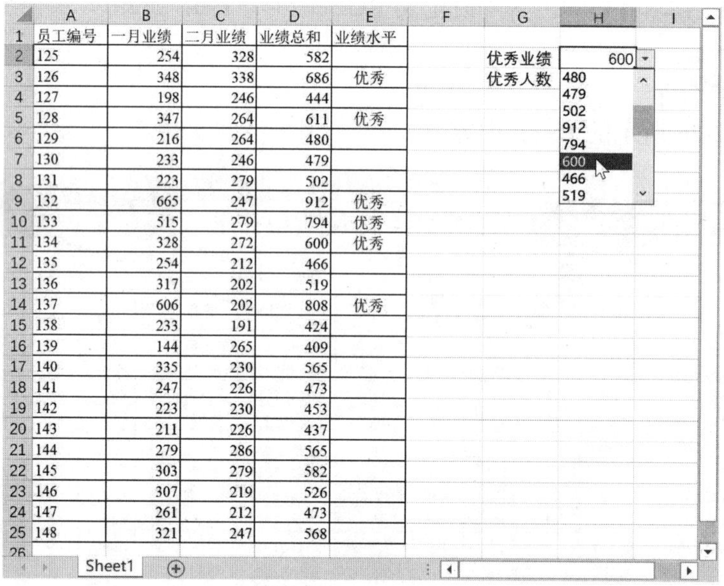

员工编号	一月业绩	二月业绩	业绩总和	业绩水平
125	254	328	582	
126	348	338	686	优秀
127	198	246	444	
128	347	264	611	优秀
129	216	264	480	
130	233	246	479	
131	223	279	502	
132	665	247	912	优秀
133	515	279	794	优秀
134	328	272	600	优秀
135	254	212	466	
136	317	202	519	
137	606	202	808	优秀
138	233	191	424	
139	144	265	409	
140	335	230	565	
141	247	226	473	
142	223	230	453	
143	211	226	437	
144	279	286	565	
145	303	279	582	
146	307	219	526	
147	261	212	473	
148	321	247	568	

图 12-27 第 4 题图

3. 现有“Excel_素材.xlsx”文件，其数据是 2015 年的销售数据，根据以下要求，完成 2015 年的销售数据进行分析。

（1）在本例文件夹下，将“Excel_素材.xlsx”文件另存为“Excel.xlsx”，后续操作均基于此文件，否则不得分。

（2）命名“产品信息”工作表的单元格区域 A1:D78 名称为“产品信息”；命名“客户信息”工作表的单元格区域 A1:G92 名称为“客户信息”。

其中，“产品信息”工作表部分数据如图 12-28 所示。

图 12-28 "产品信息"工作表部分数据

"客户信息"工作表的部分数据如图 12-29 所示。

图 12-29 "客户信息"工作表的部分数据

（3）在"订单明细"工作表部分数据如图 12-30 所示。

图 12-30 "订单明细"工作表部分数据

要求完成下列任务：
1）根据 B 列中的产品代码，在 C 列、D 列和 E 列填入相应的产品名称、产品类别和产品单价（对应信息可在"产品信息"工作表中查找）。

2）设置 G 列单元格格式，折扣为 0 的单元格显示"-"，折扣大于 0 的单元格显示为百分比格式，并保留 0 位小数（如 15%）。

3）在 H 列中计算每个订单的销售金额，公式为"金额=单价×数量×(1-折扣)"，设置 E 列和 H 列单元格为货币格式，保留 2 位小数。

（4）"订单信息"工作表部分数据如图 12-31 所示。

图 12-31   "订单信息"工作表部分数据

要求在"订单信息"工作表中完成下列任务：

1）根据 B 列中的客户代码，在 E 列和 F 列填入相应的发货地区和发货城市（提示：需首先清除 B 列中的空格和不可见字符），对应信息可在"客户信息"工作表中查找。

2）在 G 列计算每订单的订单金额，该信息可在"订单明细"工作表中查找（注意：一个订单可能包含多个产品），计算结果设置为货币格式，保留 2 位小数。

3）使用条件格式，将每订单订货日期与发货日期间隔大于 10 天的记录所在单元格填充颜色设置为"红色"，字体颜色设置为"白色，背景 1"。

（5）在"客户信息"工作表中，根据每个客户的销售总额计算其所对应的客户等级（不要改变当前数据的排序），等级评定标准可参考"客户等级"工作表；使用条件格式，将客户等级为 1~5 级的记录所在单元格填充颜色设置为"红色"，字体颜色设置为"白色，背景 1"。

其中，"客户等级"工作表部分数据如图 12-32 所示。

图 12-32   "客户等级"工作表部分数据

4．某事务所的统计员小任需要对本所外汇报告的完成情况进行统计分析，并据此计算员工奖金。按照下列要求帮助小任完成相关的统计工作并对结果进行保存。

（1）在文件夹下，将“Excel 素材 1.xlsx”文件另存为“Excel.xlsx”，除特殊指定外后续操作均基于此文件。

（2）将文档中以每位员工姓名命名的 5 个工作表内容合并到一个名为“全部统计结果”的新工作表中，合并结果自 A2 单元格开始，保持 A2～G2 单元格中的列标题依次为报告文号、客户简称、报告收费（元）、报告修改次数、是否填报、是否审核、是否通知客户，然后将其他 5 个工作表隐藏。

其中，以“高小丹”员工姓名命名的工作表如图 12-33 所示，其余 4 个工作表类似。

	A	B	C	D	E	F	G
1	报告文号	客户简称	报告收费（元）	报告修改次数	是否填报	是否审核	是否通知客户
2	002	上海蓝调科普	3000	0	是	是	是
3	003	北京卡罗里尼	2500	1	是	是	是
4	026	太阳联通信息技术	2300	0	是	是	否
5	032	CAMEL煤炭资产	2200	3	是	是	是
6	033	华阳富邦技术	2900	0	是	否	是
7	036	企德明咨询	2900	2	是	是	是
8	049	高安屯废品处理	1200	0	是	是	是
9	054	苹果电科产品	1700	0	是	是	否
10	058	莱茵河电器	2800	4	是	是	是
11	066	卓超灵工程	2800	0	是	是	是
12	080	康洛格电子	1100	0	是	是	是
13	082	莫兰德环球	1600	1	是	是	是
14	084	嘉明全球投资	2400	0	是	否	是
15	089	优才少年	1200	0	是	是	是
16	013	泰达山水处理	1000	2	是	是	是
17	027	创科明讯科技	1700	0	是	是	是
18	018	郑州明达水务	2800	1	是	是	是
19	037	江苏恒远环保	2100	0	是	是	是

高小丹 | 刘君赢 | 王铬争 | 石明砚 | 杨晓 …

图 12-33 以员工命名的工作表

（3）在“客户简称”和“报告收费（元）”两列之间插入一个新列，列标题为“责任人”，限定该列中的内容只能是员工姓名高小丹、刘君赢、王铬争、石明砚、杨晓柯中的一个，并提供输入用下拉箭头，然后根据原始工作表名依次输入每个报告所对应的员工责任人姓名。

（4）利用条件格式“浅红色填充”标记重复的报告文号，按“报告文号”升序、“客户简称”笔画降序排列数据区域。将重复的报告文号后依次增加(1)、(2)格式的序号进行区分（使用西文括号，如 13(1)）。

（5）在数据区域的最右侧增加“完成情况”列，在该列中按以下规则，运用公式和函数填写统计结果：当左侧三项“是否填报”“是否审核”“是否通知客户”全部为“是”时显示“完成”，否则为“未完成”，将所有“未完成”的单元格以标准色-红色文本突出显示。

（6）在“完成情况”列的右侧增加“报告奖金”列，按照表 12-1 要求对每个报告的员工奖金数进行统计计算（以元为单位）。另外当完成情况为“完成”时，每个报告多加 30 元的奖金，未完成时没有额外奖金。

表 12-1 奖金计算

报告收费金额/元	奖金/（元/每个报告）
小于等于 1000	100
大于 1000，小于等于 2800	报告收费金额的 8%
大于 2800	报告收费金额的 10%

（7）调整数据区域的数字格式、对齐方式以及行高和列宽等格式，并为其套用一个恰当的表格样式。最后设置表格中仅“完成情况”和“报告奖金”两列数据不能被修改，密码为空。

（8）打开工作簿“Excel 素材 2.xlsx”，将其中的工作表 Sheet1 移动或复制到工作簿“Excel.xlsx”的最右侧。将“Excel.xlsx”中的 Sheet1 重命名为“员工个人情况统计”，并将其工作表标签颜色设为标准色-紫色。

（9）在工作表“员工个人情况统计”中，对每位员工的报告完成情况及奖金数进行计算统计并依次填入相应的单元格，结果如图 12-34 所示。

姓名	撰写报告数	修改过0次的报告数	修改过1次的报告数	修改过2次的报告数	修改过3次的报告数	修改过4次的报告数	报告奖金总计
王铬争	18	10	4	3	1	0	3,728.00
高小丹	18	11	3	2	1	1	3,672.00
刘君赢	19	12	5	2	0	0	3,528.00
石明砚	17	11	3	1	1	1	3,188.00
杨晓柯	20	14	5	1	0	0	3,610.00
合计	92	58	20	9	3	2	17726

全部统计结果　员工个人情况统计

图 12-34 “员工个人情况统计”结果

5．文件名为“开支明细表_素材.xlsx”的 Excel 工作簿文档记录了小赵 2013 年每个月各类支出的明细数据。“开支明细表_素材.xlsx”中的数据如图 12-35 所示。

年月	服装服饰	饮食	水电气房租	交通	通信	阅读培训	社交应酬	医疗保健	休闲旅游	个人兴趣	公益活动	总支出
2013年1月	300	800	1100	260	100	100	300	50	180	350	66	
2013年2月	1200	600	900	1000	300	0	2000	0	500	400	66	
2013年3月	50	750	1000	300	200	60	200	200	300	350	66	
2013年4月	100	900	1000	300	100	80	300	0	100	450	66	
2013年5月	150	800	1000	150	200	0	600	100	230	300	66	
2013年6月	200	850	1050	200	100	100	200	230	0	500	66	
2013年7月	100	750	1100	250	900	2600	200	100	0	350	66	
2013年8月	300	900	1100	180	0	80	300	50	100	1200	66	
2013年9月	1100	850	1000	220	0	100	200	130	80	300	66	
2013年10月	100	900	1000	280	0	0	500	0	400	350	66	
2013年11月	200	900	1000	120	0	50	100	100	0	420	66	
2013年12月	300	1050	1100	350	0	80	500	60	200	400	66	
月均开销												

小赵的美好生活

图 12-35 “开支明细表_素材.xlsx”中的数据

请你根据下列要求帮助小赵对明细表进行整理和分析：

（1）文件名为“开支明细表_素材.xlsx”更名为“开支明细表.xlsx”。后续工作均要求在“开支明细表.xlsx”中进行操作。

（2）在工作表“小赵的美好生活”的第一行添加表标题“小赵 2013 年开支明细表”，并通过合并单元格，放于整个表的上端、居中。

（3）将工作表应用一种主题，并增大字号，适当加大行高列宽，设置居中对齐方式，除表标题“小赵 2013 年开支明细表”外为工作表分别增加恰当的边框和底纹以使工作表更加美观。

（4）将每月各类支出及总支出对应的单元格数据类型都设为“货币”类型，无小数、有人民币货币符号。

（5）通过函数计算每个月的总支出、各个类别月均支出、每月平均总支出；并按每个月总支出升序对工作表进行排序。

（6）利用“条件格式”功能，将月单项开支金额中大于 1000 元的数据所在单元格以不同的字体颜色与填充颜色突出显示，将月总支出额中大于月均总支出 110%的数据所在单元格以另一种颜色显示，所用颜色深浅以不遮挡数据为宜。

（7）在“年月”与“服装服饰”列之间插入新列“季度”，数据根据月份由函数生成，例如，1—3 月对应“1 季度”、4—6 月对应“2 季度”，以此类推。

完成后的工作表样例，如图 12-36 所示。

小赵2013年开支明细表

年月	季度	服装服饰	饮食	水电气房租	交通	通信	阅读培训	社交应酬	医疗保健	休闲旅游	个人兴趣	公益活动	总支出
2013年11月	4季度	¥200	¥900	¥1,000	¥120	¥0	¥50	¥100	¥100	¥0	¥420	¥66	¥2,956
2013年4月	2季度	¥100	¥900	¥1,000	¥300	¥100	¥80	¥300	¥0	¥100	¥450	¥66	¥3,396
2013年3月	1季度	¥50	¥750	¥1,000	¥300	¥200	¥60	¥200	¥200	¥300	¥350	¥66	¥3,476
2013年6月	2季度	¥200	¥850	¥1,050	¥200	¥100	¥100	¥200	¥230	¥0	¥500	¥66	¥3,496
2013年5月	2季度	¥150	¥800	¥1,000	¥150	¥200	¥0	¥600	¥100	¥230	¥300	¥66	¥3,596
2013年10月	4季度	¥100	¥900	¥1,000	¥280	¥0	¥0	¥500	¥0	¥400	¥350	¥66	¥3,596
2013年1月	1季度	¥300	¥800	¥1,100	¥260	¥100	¥100	¥300	¥50	¥180	¥350	¥66	¥3,606
2013年9月	3季度	¥1,100	¥850	¥1,000	¥220	¥0	¥100	¥200	¥130	¥80	¥300	¥66	¥4,046
2013年12月	4季度	¥300	¥1,050	¥1,100	¥350	¥0	¥80	¥500	¥60	¥200	¥400	¥66	¥4,106
2013年8月	3季度	¥300	¥900	¥1,100	¥180	¥0	¥80	¥300	¥50	¥100	¥1,200	¥66	¥4,276
2013年7月	3季度	¥100	¥750	¥1,100	¥250	¥900	¥2,600	¥200	¥100	¥0	¥350	¥66	¥6,416
2013年2月	1季度	¥1,200	¥600	¥900	¥1,000	¥300	¥0	¥2,000	¥0	¥500	¥400	¥66	¥6,966
月均开销		¥342	¥838	¥1,029	¥301	¥158	¥271	¥450	¥85	¥174	¥448	¥66	¥4,161

小赵的美好生活

图 12-36　完成后的工作表

实验 13　Excel 的数据分析与图形化

实验目的

（1）熟练掌握分类汇总表的建立、删除和分级显示。

（2）了解数据透视表的建立和使用方法。

（3）掌握嵌入图表和独立图表的建立方法。

（4）掌握图表的编辑，理解系列数据在行和在列的含义。

（5）掌握不同类型图表和数据透视图的建立方法。

（6）理解工作表的打印设置和各种打印方法。

实验内容与操作步骤

实验 13-1

实验内容：利用分类汇总的方法，将“成绩单”工作表按“性别”分类后，求出其笔试成绩和上机成绩的平均值，结果如图 13-1 所示。

	A	B	C	D	E	F	G	H	I
1	某班学生成绩表						制表日期:2021-6-30		
2	学号	姓名	性别	出生日期	笔试	上机	总分	结论	名次
3	202001001	杨 可 欣	FALSE	2002/8/7	41	65	55.4		11
4	202001003	李 芯 枚	FALSE	2004/3/25	76	71	73	通过	5
5	202001006	郭 静 静	FALSE	2003/5/19	67	39	50.2		15
6	202001008	唐 瑶 奕	FALSE	2004/5/19	80	32	51.2		13
7	202001009	赵 思 玲	FALSE	2003/12/22	88	80	83.2	通过	3
8	202001010	向 冰 雪	FALSE	2004/4/9	63	100	85.2	通过	1
9	202001015	刘 丽 佳	FALSE	2002/12/3	84	44	60	通过	10
10	FALSE 平均值				71.28571	61.57143			
11	202001002	王 海 夏	TRUE	2002/9/12	80	69	73.4	通过	4
12	202001004	张 成 龙	TRUE	2004/1/2	46	54	50.8		14
13	202001005	黄 希 林	TRUE	2003/8/5	90	80	84	通过	2
14	202001007	蒋 星 宇	TRUE	2004/10/21	54	75	66.6	通过	9
15	202001011	孙 德 军	TRUE	2003/9/12	55	76	67.6	通过	8
16	202001012	胡 文 康	TRUE	2002/11/26	60	80	72	通过	7
17	202001013	任 晓 峰	TRUE	2004/3/5	46	57	52.6		12
18	202001014	蔡 惟 唯	TRUE	2003/8/21	50	87	72.2	通过	6
19	TRUE 平均值				60.125	72.25			
20	总计平均值				65.33333	67.26667			

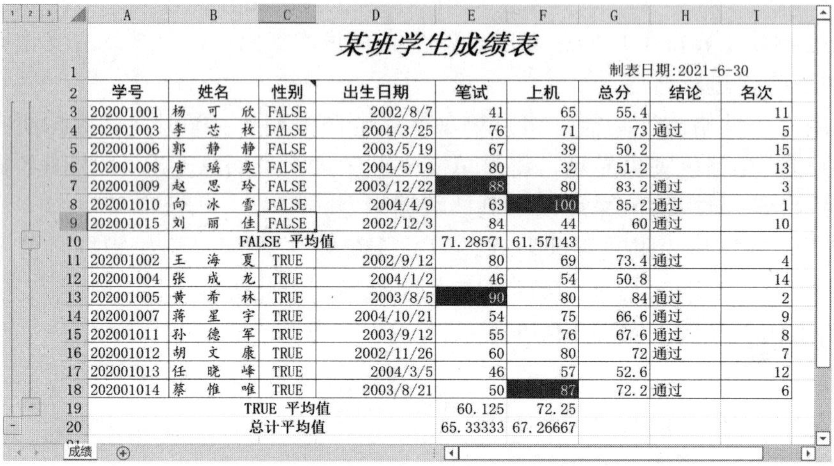

图 13-1 按性别进行分类汇总后的结果

操作方法及步骤如下：

（1）启动 Excel，打开“成绩单.xlsx”工作簿。

（2）单击工作表中“性别”列的任意一个单元格，打开“数据”选项卡，单击“排序和筛选”组中的“升序”按钮，工作表按“性别”进行升序排序。

（3）单击工作表中的任一单元格，打开“数据”选项卡，单击“分级显示”组中的“分类汇总”按钮

，打开“分类汇总”对话框，如图 13-2 所示。

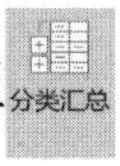

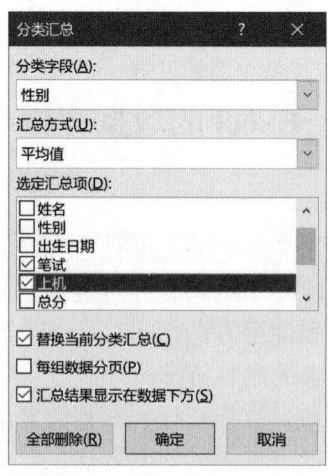

图 13-2 “分类汇总”对话框

（4）在“分类字段”下拉列表框中，选择“性别”；在“汇总方式”下拉列表框中，选择“平均值”作为汇总计算方式；在“选定汇总项”列表框中，选择“笔试”和“上机”作为汇总项。

（5）单击“确定”按钮，完成操作。

（6）在分类汇总结果中，单击屏幕左边的 - 按钮，可以仅显示平均值而隐藏原始数据库的数据，这时按钮变为 + 按钮；单击 + 按钮，将恢复显示隐藏的原始数据。

（7）要取消分类汇总，可在打开的“分类汇总”对话框中，单击“全部删除”按钮。

思考题：如何使用 AVERAGEIF 函数求出不同性别学生的“笔试”和“上机”的平均值？

实验 13-2

实验内容：在“成绩单.xlsx”的“成绩”表中，添加一个“班级”列，其数据如图 13-3 所示。然后，创建一个数据透视表，要求：按所在“班级”进行分页，按“性别”分别统计出“笔试”和“上机”的平均成绩，要求创建的数据透视表放在一个新表中，新表命名为“数据透视表”，如图 13-4 所示。

	A	B	C	D	E	F	G	H	I	J
1	某班学生成绩表							制表日期:2021-6-30		
2	学号	姓名	性别	出生日期	班级	笔试	上机	总分	结论	名次
3	202001001	杨　可　欣	FALSE	2002/8/7	2020.3班	41	65	55.4		11
4	202001002	王　海　夏	TRUE	2002/9/12	2020.2班	80	69	73.4	通过	4
5	202001003	李　芯　枚	FALSE	2004/3/25	2020.2班	76	71	73	通过	5
6	202001004	张　成　龙	TRUE	2004/1/2	2020.1班	46	54	50.8		14
7	202001005	黄　希　林	TRUE	2003/8/5	2020.3班	90	80	84	通过	2
8	202001006	郭　静　静	FALSE	2003/5/19	2020.3班	67	39	50.2		15
9	202001007	蒋　星　宇	TRUE	2004/10/21	2020.1班	54	75	66.6	通过	9
10	202001008	唐　瑶　奕	FALSE	2004/5/19	2020.2班	80	32	51.2		13
11	202001009	赵　思　玲	FALSE	2003/12/22	2020.1班	88	80	83.2	通过	3
12	202001010	向　冰　雪	FALSE	2004/4/9	2020.1班	63	100	85.2	通过	1
13	202001011	孙　德　军	TRUE	2003/9/12	2020.1班	55	76	67.6	通过	8
14	202001012	胡　文　康	TRUE	2002/11/26	2020.2班	60	80	72	通过	7
15	202001013	任　晓　峰	TRUE	2004/3/5	2020.3班	46	57	52.6		12
16	202001014	蔡　惟　唯	TRUE	2003/8/21	2020.3班	50	87	72.2	通过	6
17	202001015	刘　丽　佳	FALSE	2002/12/3	2020.3班	84	44	60	通过	10

成绩

图 13-3　含有“班级”字段的学生成绩表

	A	B	C	D
1	班级	(全部)		
2				
3		性别		
4	值	FALSE	TRUE	总计
5	笔试平均值	71.3	60.1	65.3
6	上机平均值	61.6	72.3	67.3
7				

数据透视表

图 13-4　显示每班男女生各课平均成绩

操作方法及步骤如下：

（1）启动 Excel，按图 13-3 所示的工作表，修改“成绩单.xlsx”中的“成绩单”表。

（2）在数据列表中任意处单击，即显示的数据区域为整个数据列表。

（3）打开“插入”选项卡，单击“表格”组中的“数据透视表”按钮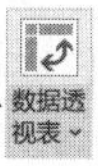

，弹出“来自表格或区域的数据透视表”对话框，如图 13-5 所示。

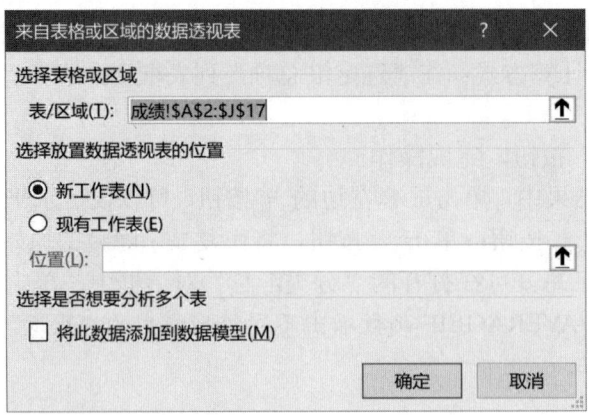

图 13-5 "来自表格或区域的数据透视表"对话框

（4）在"选择表格或区域"栏的"表或区域"框中，输入或选择待分析的数据区域，本题为：成绩!$A$2:$J$17。

（5）在"选择放置数据透视表的位置"框中，选择"新工作表"项，单击"确定"按钮，Excel 系统便会在一个新工作表中插入一个空白的数据透视表，如图 13-6 所示。

图 13-6 插入的空白数据透视表及其设计功能区

（6）利用右侧的"数据透视表字段"任务窗格，可根据需要向当前的数据透视表中添加数据。如，将"班级"字段拖至下面的"筛选"区域；将"性别"字段拖至下面的"列"区域；将"笔试"和"上机"字段拖至"Σ值"区域，此时"列"区域处出现"Σ数值"，再将"列"区域中的"Σ数值"拖放到"行"区域中。在操作过程中，每操作一步，Excel 左侧的数据透视表就要变化一步（默认），如图 13-7 所示。

（7）将鼠标移到左侧的"数据透视表"区域，并在"笔试"或"上机"汇总行上单击。打开"数据透视表分析"选项卡，单击"活动字段"组中的"字段设置"按钮 字段设置，Excel 弹出如图 13-8 所示的"值字段设置"对话框。

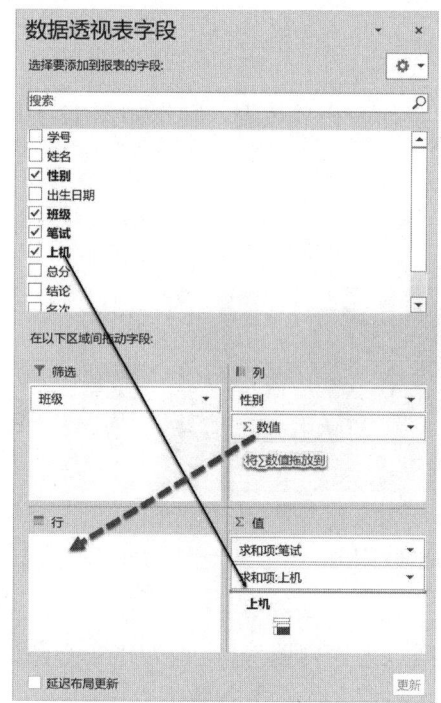 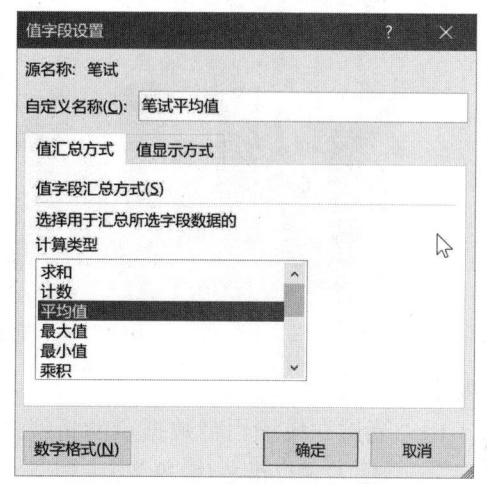

图 13-7　设计数据透视表　　　　　图 13-8　"值字段设置"对话框

在"值汇总方式"选项卡中的"计算类型"列表框中，选择"平均值"项，在"自定义名称"处输入"笔试平均值"；单击"数字格式"按钮，设置"平均值"的"数字格式"为：数字，保留 1 位小数；对"笔试"和"上机"都做同样处理。

用户也可通过右击执行快捷菜单中的"值汇总依据"命令来完成上面的设置。

至此，数据透视表制作完成。查看数据时，单击"班级"或"性别"筛选器下拉列表按钮，可以选择查看选定项目的数据，例如查看班级为"2020.3 班"，性别为"True（男）"学生的笔试和上机平均分，如图 13-9 所示。

图 13-9　查看指定条件的数据

此时，数据透视表中将自动出现对应的数据。

（8）双击工作表"Sheet1"标签按钮，将其重命名为"数据透视表"。

说明：如果要删除数据透视表，其操作方法是：在数据透视表的任意位置单击，打开"数据透视表分析"选项卡，在"操作"组中单击"选择"下方的箭头，然后单击"整个数据透视表"，然后按下 Delete 键。

实验 13-3

实验内容：在"成绩单.xlsx"中，使用"成绩"工作表相关数据，制作如图 13-10 所示的笔试和上机成绩对比图。

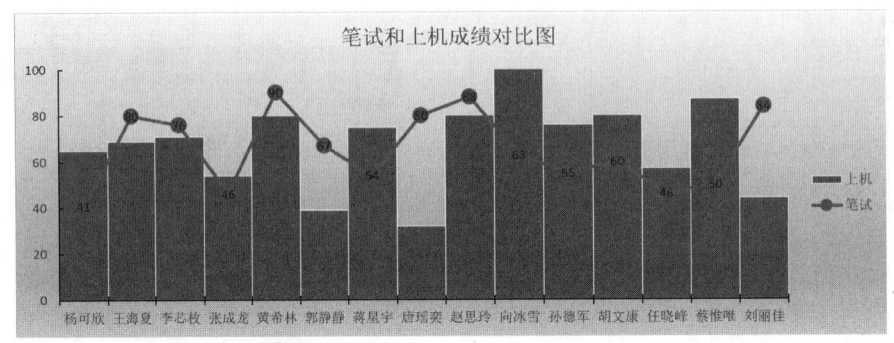

图 13-10　笔试和上机成绩对比图

要求如下：

（1）"笔试"成绩用带数据点的折线图，各数据点为"内置"，类型为"实心圆"，大小为"14"，颜色为"标准色/绿色"；无线条"边框"；"数值"显示于各数据点中间。

（2）"上机"成绩为相互靠近的白色边框柱形图。

（3）垂直坐标轴为"实线"，颜色为"黑色，文字 1"，边界范围为 0～100，间隔大小为 20，主刻度线类型为内部，水平刻度线为交叉。

（4）修改图表标题为"笔试和上机成绩对比图"；图例放置右侧；取消网格线。

（5）设置绘图区背景色为渐变色（颜色为默认）；图表的大小为 A19:J34，且"随单元格改变位置，但不改变大小"。

操作方法及步骤如下：

（1）启动 Excel，打开工作簿"成绩单.xlsx"。

（2）按住 Ctrl 键，选定 B2:B17、F2:F7、G2:G7 三列数据，打开"插入"选项卡，单击"图表"组右下角的"对话框启动器"按钮，打开如图 13-11 所示的"插入图表"对话框。

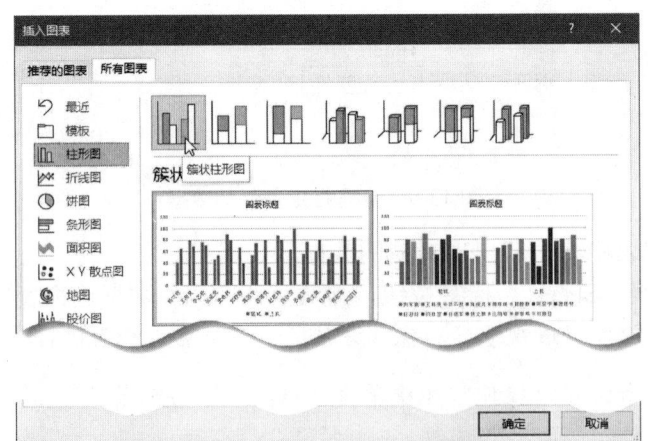

图 13-11　"插入图表"对话框

(3) 依次单击"所有图表"→"柱形图"→"簇状柱形图"→"确定", Excel"成绩"工作表中出现所选定类型的图表区, 如图 13-12 所示。

(4) 单击图表区上方的"图表标题", 修改文本内容为"笔试和上机成绩对比图"。

(5) 单击图表区右上方"图表元素"按钮 ➕, 依次单击"图例"→"右", 将图例放在图表区右侧, 按下 Esc 键, 取消"图表元素"下拉菜单的显示。

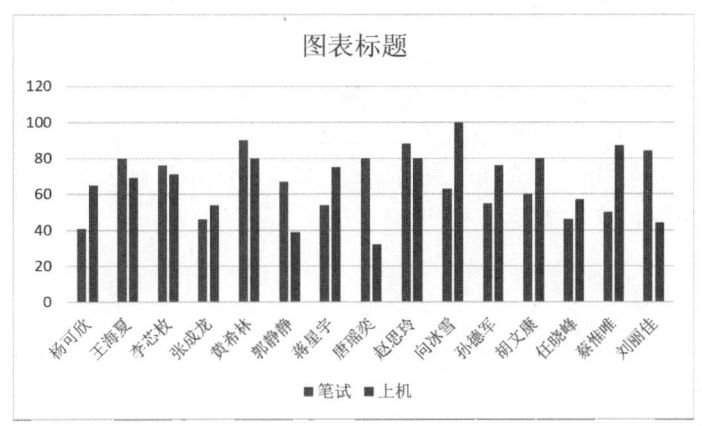

图 13-12 绘制的默认柱形图和图表区

(6) 在图表区中, 选定"蓝色, 个性 1"的柱形条, 表示选定了全部"笔试"成绩数据点。打开"图表设计"选项卡, 单击"类型"组中的"更改图表类型"按钮, 弹出如 13-13 所示对话框。

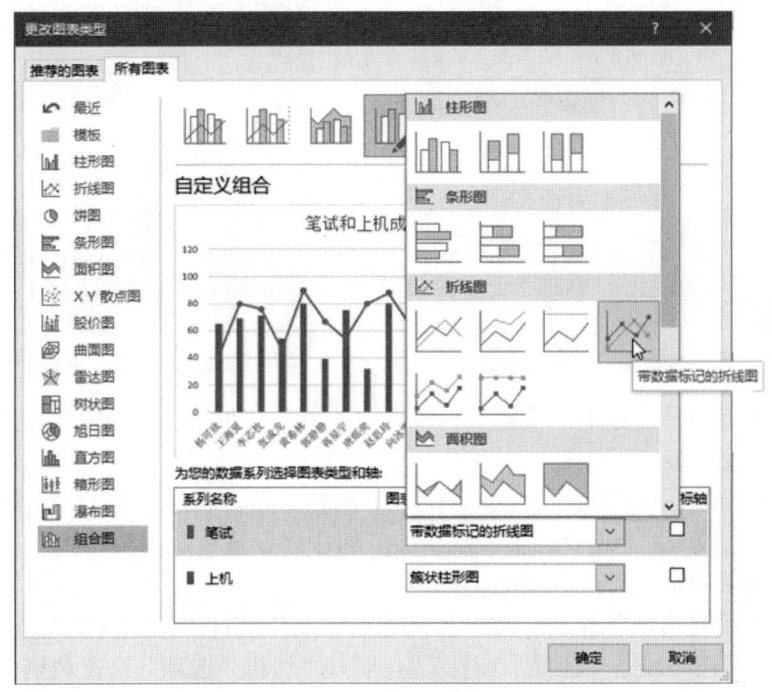

图 13-13 "更改图表类型"对话框

（7）单击"所有图表"导航栏最下方的"组合图"，单击"系列名称"中"笔试"右侧的下拉按钮 ，弹出"图表类型"下拉列表。单击选定"折线图"中的"带数据标记的折线图"，单击"确定"按钮。

（8）单击绘图区，单击图表区右上方"图表元素"按钮 ，取消下拉列表中的"网络线"项，按下 Esc 键，取消"图表元素"下拉菜单的显示。

（9）右击垂直轴，执行快捷菜单中的"设置坐标轴格式"命令，弹出"设置坐标轴格式"任务窗格，如图 13-14 所示。

（10）单击"坐标轴选项"选项卡图标 ，在"边界"栏中"最大值"框中输入 100，设置"单位"中"大"为 20。展开下方的"刻度线"，设置"主刻度线类型"为"内部"。

（11）单击"填充与线条"选项卡图标 ，展开"线条"列表。单击"实线"单选项，设置"颜色"为"黑色，文字 1"。

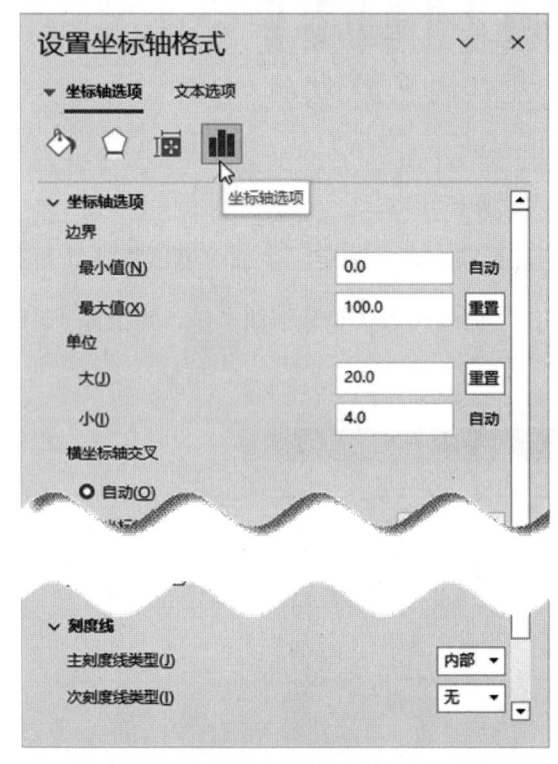

图 13-14 "设置坐标轴格式"任务窗格

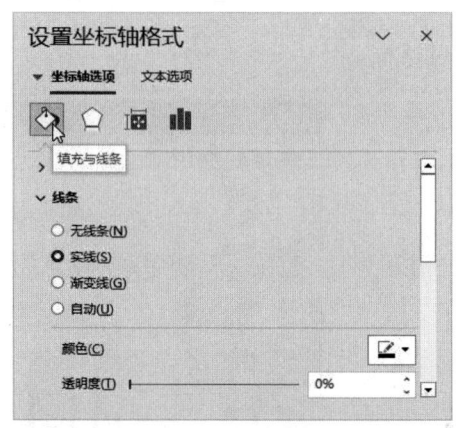

图 13-15 "填充与线条"选项卡

同样，单击选定水平坐标轴，设置坐标轴为"实线"，颜色为"黑色，文字 1"；设置"主刻度线类型"为"交叉"。

（12）单击选中绘图区中的"红色，个性 2"的柱形条，表示选定了"上机"成绩各数据点。打开"格式"选项卡，单击"当前所选内容"组中"设置所选内容格式"，弹出如图 13-16 所示的"设置数据系列格式"任务窗格。

（13）展开"系列选项"选项卡的"系列选项"项，设置"间隙宽度"为 0%。

（14）单击"填充与线条"选项卡图标 ，展开"边框"选项，设置边框为"实线"，"颜色"为"白色，背景 1"，如图 13-17 所示。

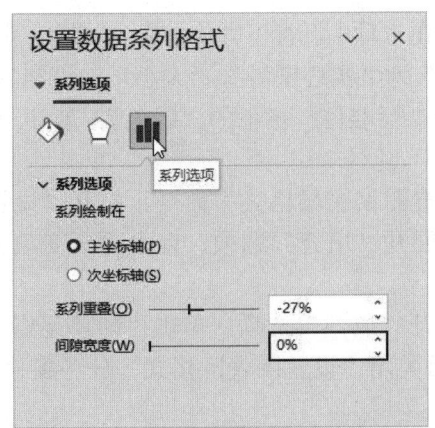
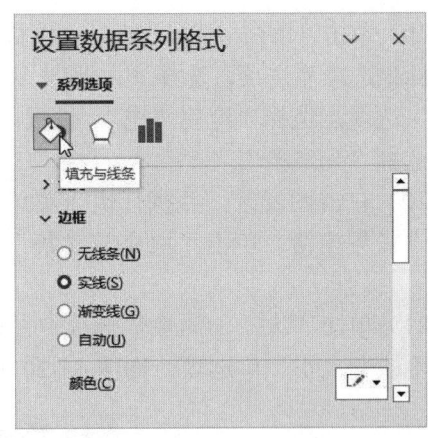

图 13-16 "设置数据系列格式"任务窗格　　图 13-17 "设置数据系列格式"任务窗格

（15）单击选中绘图区中的"蓝色，个性色1"的圆形数据点，表示选定了"笔试"成绩各数据点。单击图表区右上角的"添加元素"按钮，在弹出的菜单中，勾选"数据标签"筛选框，这时图中各"笔试"数据点的右侧添加一个显示"数值"内容的标签。

（16）按下 Esc 键，然后，打开"图表工具｜格式"选项卡，单击"当前所选内容"组中"图表元素"列表框中的"系列"笔试"数据标签"，再单击"设置所选内容格式"按钮，弹出如图 13-18 所示的"设置数据标签格式"任务窗格。

（17）单击"标签选项"选项卡图标，设置"标签位置"为"居中"。

（18）单击"图表工具｜格式"→"当前所选内容"组中"图表元素"列表框中的"系列"笔试""，再单击"设置所选内容格式"按钮，弹出如图 13-19 所示的"设置数据系列格式"任务窗格。

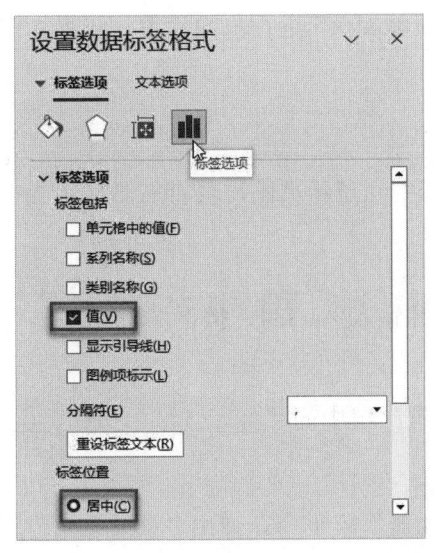
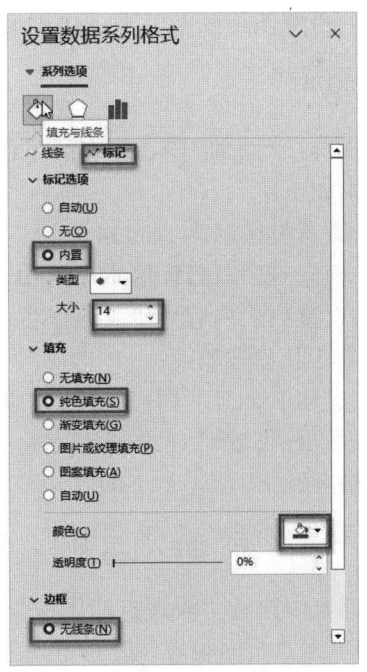

图 13-18 "设置数据标签格式"任务窗格　　图 13-19 "设置数据系列格式"任务窗格

（19）单击"填充与线条"选项卡图标，再单击选项卡图标下方的"标记"图标 标记。展开"标记选项"选项，选择"内置"，设置"类型"为"实心圆圈"，"大小"为"14"；展开"填充"选项，选择"纯色填充"，设置"颜色"为"标准色"栏下的"绿色"；展开"边框"选项，选择"无线条"。

（20）右击图表区，并执行快捷菜单中的"设置图表区域格式"命令，打开"设置图表区格式"任务窗格。单击"填充与线条"选项卡，展开"填充"选项，单击"渐变填充"单选项。

（21）单击"大小与属性"选项卡图标。展开"属性"选项，单击"随单元格改变位置，但不改变大小"单选项，如图 13-20 所示。然后关闭"设置图表区格式"任务窗格。

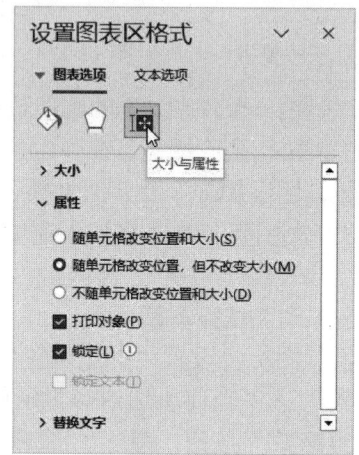

图 13-20　"设置图表区格式"任务窗格

（22）设置图表的范围为 A19:J34，最后按下 Ctrl+S 组合键，保存文档。

实验 13-4

实验内容：对实验 13-3 保存的工作簿文件"成绩单.xlsx"进行页面设置，结果如图 13-21 所示。要求如下：

（1）设置打印区为 A1:J34。

（2）横向打印，打印区水平居中。

（3）设置页眉内容为"某班学生成绩表"，页脚中间显示页码，页脚右侧显示当前日期。

操作方法及步骤如下：

（1）启动 Excel，打开工作簿"成绩单.xls"。

（2）单击"成绩"工作表左上角的"名称框"并输入 A1:J34，按下 Enter 键后，选中指定的单元格区域。

（3）打开"页面布局"选项卡，单击"页面设置"组中的"打印区域"按钮，在弹出的下拉列表中执行"设置打印区域"命令。

（4）单击"页面设置"组右下角的"对话框启动器"按钮，弹出"页面设置"对话框，如图 13-22 所示。

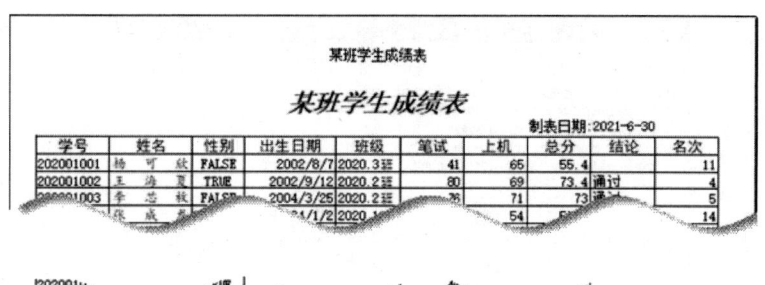
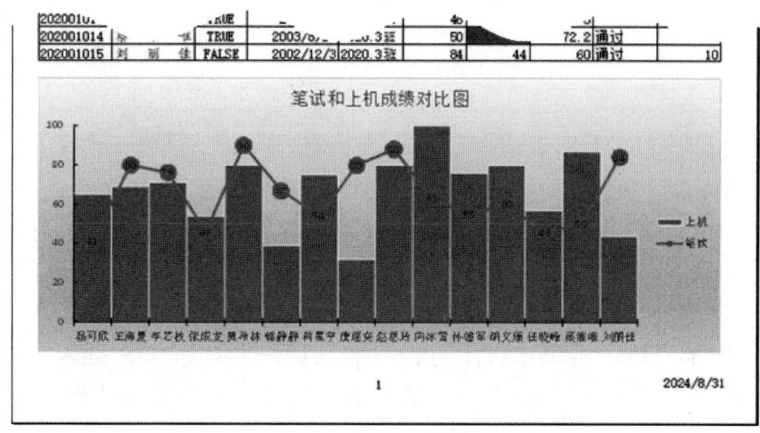

图 13-21　设置打印效果

（5）单击"页面"选项卡，设置打印方向、打印比例、纸张大小和起始页码等。这里选择纸张大小为 A4、打印方向为"横向"，其他使用默认设置。

（6）单击"页边距"选项卡，输入数据到页边的距离及居中方式等，这里只勾选"居中方式"中的"水平"复选框。

（7）单击"工作表"选项卡，可选择打印区域、是否打印网格线等，本例不设置。

（8）单击"页眉/页脚"选项卡，给打印页面添加页眉和页脚，如图 13-23 所示。

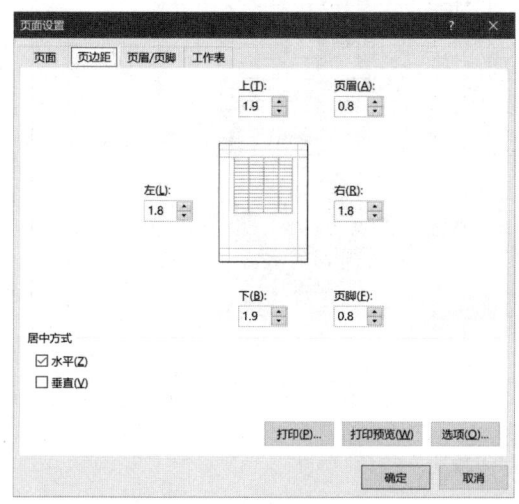
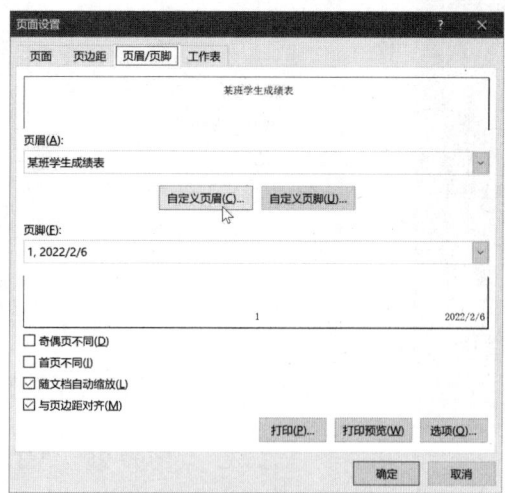

图 13-22　"页边距"选项卡　　　　　图 13-23　"页眉/页脚"选项卡

（9）单击"自定义页眉"按钮 自定义页眉(C)，弹出如图 13-24 所示的"页眉"对话框。

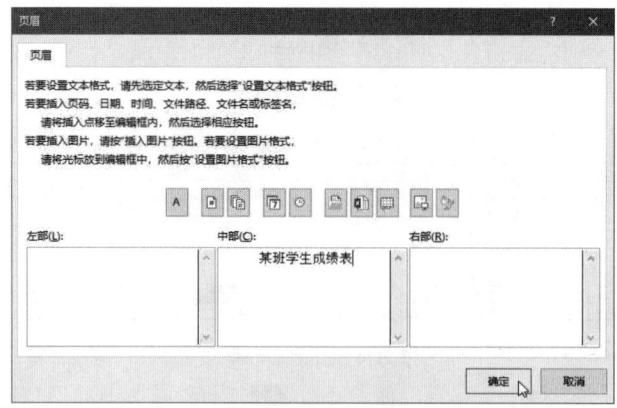

图 13-24 "页眉"对话框

（10）单击"中部"框，输入文本"某班学生成绩表"，单击"确定"按钮，返回如图 13-23 所示界面。

（11）单击"自定义页脚"按钮 自定义页脚(U)... ，弹出"页脚"对话框。

（12）单击"中部"框，再单击框上方的"插入页码"按钮，插入页码；单击"右部"框，再单击框上方的"插入日期"按钮，插入当前日期。两次单击"确定"按钮，关闭"页面设置"对话框。

（13）单击"快速访问工具栏"中的"打印预览"按钮，可进行打印预览以便观察打印效果，如图 13-25 所示。

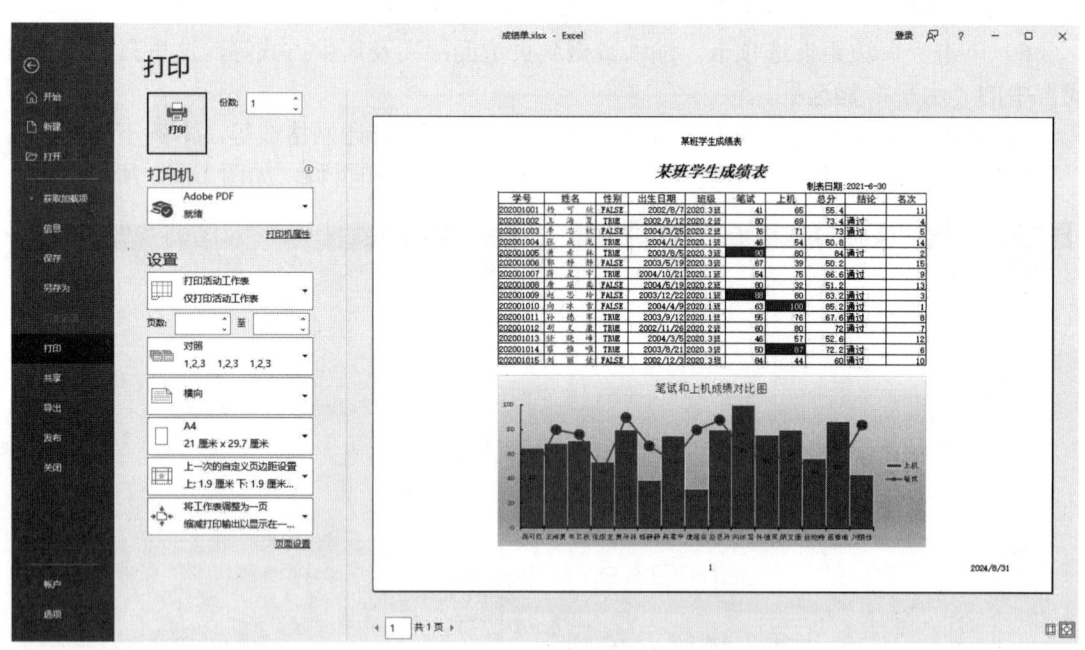

图 13-25 "打印及打印预览"窗口

（14）在图 13-25 所示窗口中，用户可选择打印机及选择打印的区域和打印范围等。单击"打印"按钮，开始打印。

思考与综合练习

1．建立如图 13-26 所示的数据表。

完成下面的操作：

（1）在 H 列添加 3 科平均成绩，取两位小数显示格式。

（2）筛选出各专业中的男同学。

（3）筛选出各专业中男同学 3 科平均成绩大于或等于 80 分的学生。

（4）在 18 行、19 行和 20 行建立条件区，在原有区域显示筛选结果。筛选出计算机应用专业中平均成绩大于或等于 80 分、低于 60 分的男同学的姓名、各科成绩与平均成绩。

提示：建立条件区，如图 13-27 所示。

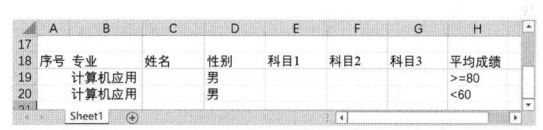

图 13-26　第 1 题图　　　　　　　　图 13-27　建立条件区

（5）分类汇总各专业的人数，并在上面汇总的基础上进一步分类各专业总平均成绩。

（6）以"专业"作为行字段、"性别"作为列字段、"平均成绩"作为数据项建立数据透视表，了解男、女同学的平均成绩的差异。

2．如图 13-28 所示的部分数据，是某公司 2020 年和 2021 年度在北京、上海、广州和成都四个地区销售不同产品的销售情况。建立的工作簿以"数据透视图.xlsx"为文件名进行保存，使用该表数据，创建反映不同地区在不同年度销售人员销售产品的数据透视图，如图 13-29 所示。

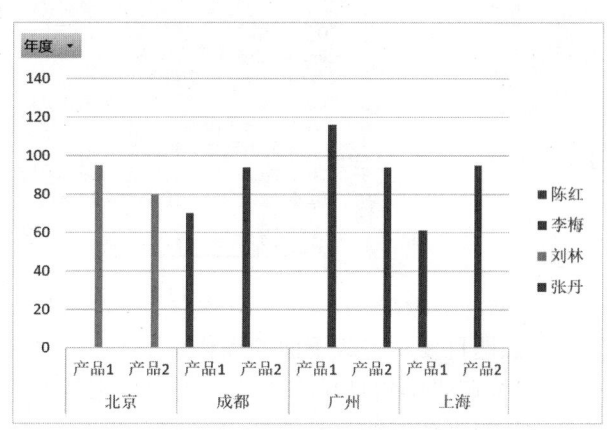

图 13-28　"销售数量"工作表　　　　图 13-29　某公司销售产品的数据透视图

3. "图书销售统计分析.xlsx"工作簿文档记录了 2012 年和 2013 年的图书产品销售情况，现在，请按照如下需求进行统计分析，以便制订新一年的销售计划和工作任务。

"图书销售统计分析.xlsx"文件中有"销售订单"、"2013 年图书销售分析"和"图书编目表"三张工作表，部分数据如图 13-30、图 13-31 和图 13-32 所示。

图 13-30 "销售订单"工作表

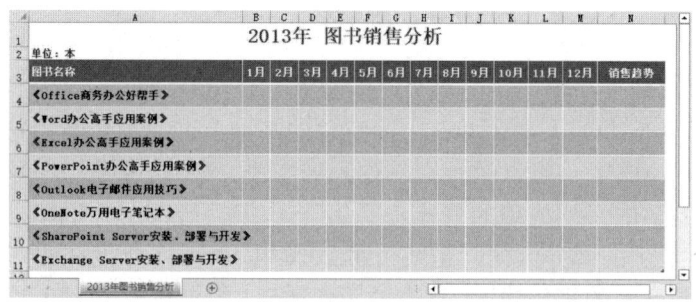

图 13-31 "2013 年图书销售分析"工作表

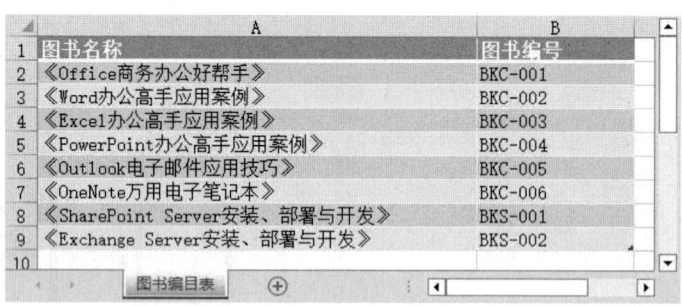

图 13-32 "图书编目表"工作表

按照题目要求完成下面的操作。

（1）在"销售订单"工作表的"图书编号"列中，使用 VLOOKUP 函数填充对应"图书名称"的"图书编号"，"图书名称"和"图书编号"的对照关系请参考"图书编目表"工作表。

（2）将“销售订单”工作表的“订单编号”列按照数值升序方式排序，并将所有重复的订单编号数值标记为标准色-紫色字体，然后将其排列在销售订单列表区域的顶端。

（3）在“2013 年图书销售分析”工作表中，统计 2013 年各类图书每月的销售量，并将统计结果填充在所对应的单元格中。为该表添加汇总行，在汇总行单元格中分别计算每月图书的总销量，结果如图 13-33 所示。

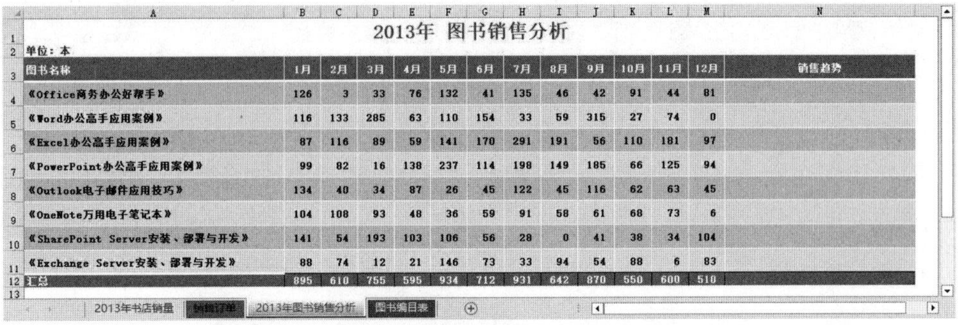
2013年 图书销售分析

单位：本

图书名称	1月	2月	3月	4月	5月	6月	7月	8月	9月	10月	11月	12月	销售趋势
《Office商务办公好帮手》	126	3	33	76	132	41	135	46	42	91	44	81	
《Word办公高手应用案例》	116	133	285	63	110	154	33	59	315	27	74	0	
《Excel办公高手应用案例》	87	116	89	59	141	170	291	191	56	110	181	97	
《PowerPoint办公高手应用案例》	99	82	16	138	237	114	198	149	185	66	125	94	
《Outlook电子邮件应用技巧》	134	40	34	87	26	45	122	45	116	62	63	45	
《OneNote万用电子笔记本》	104	108	93	48	36	59	91	58	61	68	73	6	
《SharePoint Server安装、部署与开发》	141	54	193	103	106	56	28	0	41	38	34	104	
《Exchange Server安装、部署与开发》	88	74	12	21	146	73	33	94	54	88	6	83	
汇总	895	610	755	595	934	712	931	642	870	550	600	510	

图 13-33　2013 年各类图书每月的销售量

（4）在“2013 年图书销售分析”工作表中的 N4:N11 单元格中，插入用于统计销售趋势的迷你折线图，各单元格中迷你图的数据范围为所对应图书的 1—12 月销售数据。并为各迷你折线图标记销量的最高点和最低点，如图 13-34 所示。

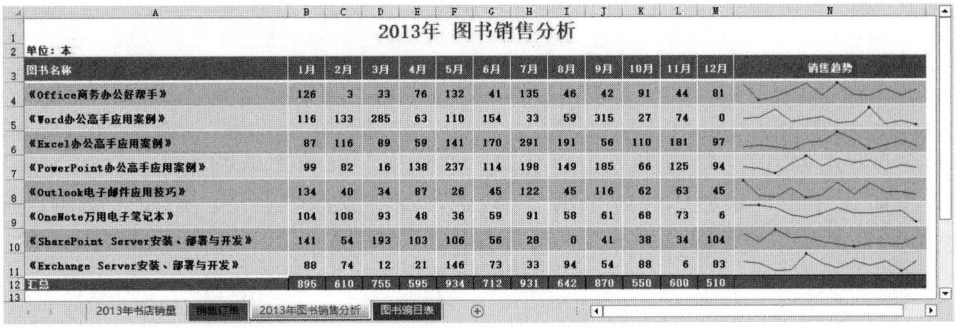
2013年 图书销售分析

单位：本

图书名称	1月	2月	3月	4月	5月	6月	7月	8月	9月	10月	11月	12月	销售趋势
《Office商务办公好帮手》	126	3	33	76	132	41	135	46	42	91	44	81	
《Word办公高手应用案例》	116	133	285	63	110	154	33	59	315	27	74	0	
《Excel办公高手应用案例》	87	116	89	59	141	170	291	191	56	110	181	97	
《PowerPoint办公高手应用案例》	99	82	16	138	237	114	198	149	185	66	125	94	
《Outlook电子邮件应用技巧》	134	40	34	87	26	45	122	45	116	62	63	45	
《OneNote万用电子笔记本》	104	108	93	48	36	59	91	58	61	68	73	6	
《SharePoint Server安装、部署与开发》	141	54	193	103	106	56	28	0	41	38	34	104	
《Exchange Server安装、部署与开发》	88	74	12	21	146	73	33	94	54	88	6	83	
汇总	895	610	755	595	934	712	931	642	870	550	600	510	

图 13-34　插入迷你图

（5）利用“销售订单”工作表中的有关数据创建数据透视表，并将创建完成的数据透视表放置在新工作表中，以 A1 单元格为数据透视表的起点位置。将工作表重命名为“2013 年书店销量”。

（6）在“2013 年书店销量”工作表的数据透视表中，设置“日期”字段为列标签，“书店名称”字段为行标签，“销量（本）”字段为求和汇总项，并在数据透视表中显示 2013 年期间各书店每季度的销量情况，如图 13-35 所示。

求和项:销量（本）	列标签				
行标签	第一季	第二季	第三季	第四季	总计
博达书店	439	761	711	685	2596
鼎盛书店	1098	836	844	1038	3816
隆华书店	571	772	889	626	2858
总计	2108	2369	2444	2349	9270

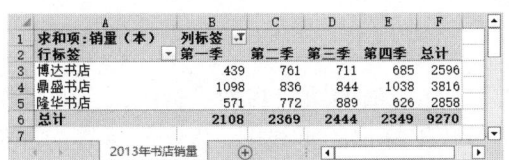

图 13-35　“2013 年书店销量”数据透视表

提示：为了统计方便，请勿对完成的数据透视表进行额外的排序操作。

4．在实验 12"思考与综合练习"第 4 题的基础上，在工作表"员工个人情况统计"中，生成一个三维饼图统计全部报告的修改情况，显示不同修改次数（0～4 次）的报告数所占的比例，并在图表中标示保留两位小数的比例值。图表放置在数据源的下方，如图 13-36 所示。

姓名	撰写报告数	修改过0次的报告数	修改过1次的报告数	修改过2次的报告数	修改过3次的报告数	修改过4次的报告数	报告奖金总计
王铭争	18	10	4	3	1	0	3,728.00
高小丹	18	11	3	2	1	1	3,672.00
刘君赢	19	12	5	2	0	0	3,528.00
石明砚	17	11	3	1	1	1	3,188.00
杨晓柯	20	14	5	1	0	0	3,610.00
合计	92	58	20	9	3	2	17726

图 13-36　最终效果

5．在实验 12"思考与综合练习"第 5 题的基础上，完成下面的操作：

（1）复制工作表"小赵的美好生活"，将副本放置到原表右侧，改变该副本表标签的颜色，并重命名为"按季度汇总"，删除"月均开销"对应行。

（2）通过分类汇总功能，按季度升序求出每个季度各类开支的月均支出金额，如图 13-37 所示。

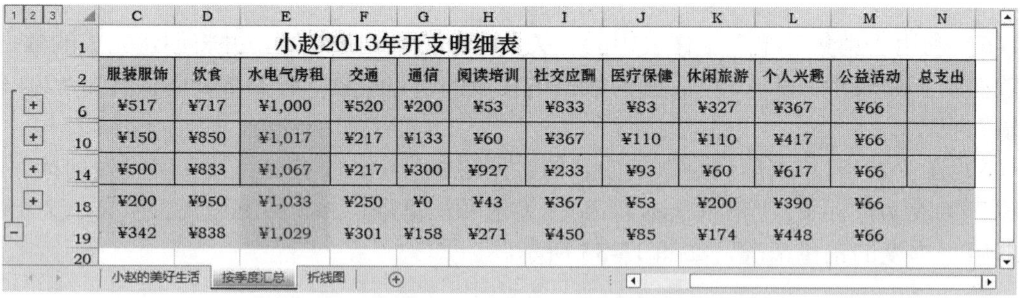

	服装服饰	饮食	水电气房租	交通	通信	阅读培训	社交应酬	医疗保健	休闲旅游	个人兴趣	公益活动	总支出
6	¥517	¥717	¥1,000	¥520	¥200	¥53	¥833	¥83	¥327	¥367	¥66	
10	¥150	¥850	¥1,017	¥217	¥133	¥60	¥367	¥110	¥110	¥417	¥66	
14	¥500	¥833	¥1,067	¥217	¥300	¥927	¥233	¥93	¥60	¥617	¥66	
18	¥200	¥950	¥1,033	¥250	¥0	¥43	¥367	¥53	¥200	¥390	¥66	
19	¥342	¥838	¥1,029	¥301	¥158	¥271	¥450	¥85	¥174	¥448	¥66	

图 13-37　"按季度汇总"工作表

（3）在"按季度汇总"工作表后面新建名为"折线图"的工作表，在该工作表中以分类汇总结果为基础，创建一个带数据标记的折线图，水平轴标签为各类开支，对各类开支的季度平均支出进行比较，给每类开支的最高季度月均支出值添加数据标签，如图 13-38 所示。

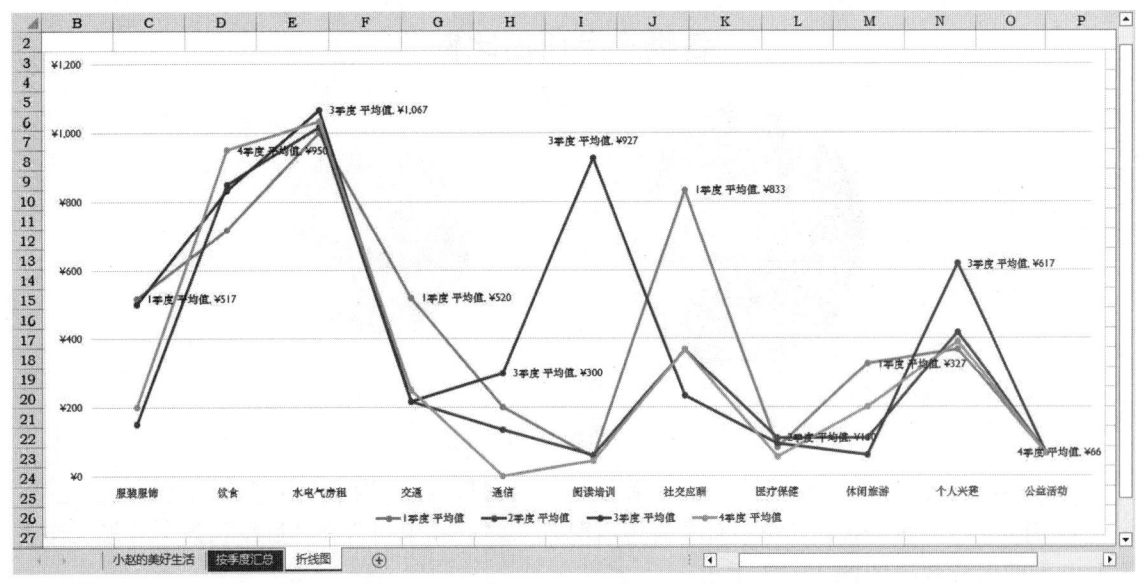

图 13-38　“折线图”工作表

6．实验 12“思考与综合练习”第 3 题中有一个“产品类别分析”工作表，其部分数据如图 13-39 所示。

在“产品类别分析”工作表中，完成下列任务：

（1）在 B2:B9 单元格区域计算每类产品的销售总额，设置单元格格式为货币格式，保留 2 位小数；并按照销售额对表格数据降序排序。

（2）在所有工作表的最右侧创建一个名为“地区和城市分析”的新工作表，并在该工作表 A1:C19 单元格区域创建数据透视表，以便按照地区和城市汇总订单金额。数据透视表设置需与如图 13-40 所示的样例文件“透视表参考效果.png”保持一致。

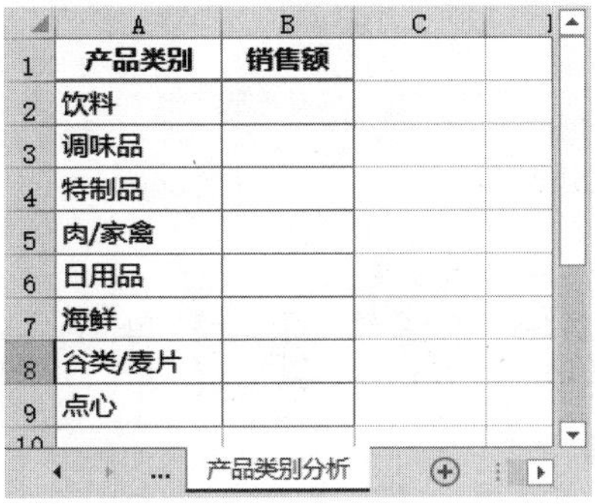

	A	B	C
1	产品类别	销售额	
2	饮料		
3	调味品		
4	特制品		
5	肉/家禽		
6	日用品		
7	海鲜		
8	谷类/麦片		
9	点心		

图 13-39　“产品类别分析”工作表

发货地区	发货城市	订单金额汇总
东北	大连	¥44, 635. 01
华北	北京	¥19, 885. 02
	秦皇岛	¥22, 670. 88
	石家庄	¥24, 460. 51
	天津	¥182, 610. 14
	张家口	¥5, 096. 60
华东	常州	¥25, 580. 56
	南昌	¥5, 694. 16
	南京	¥53, 004. 87
	青岛	¥4, 392. 36
	上海	¥1, 275. 00
	温州	¥33, 183. 73
华南	海口	¥3, 568. 00
	厦门	¥1, 302. 75
	深圳	¥95, 755. 28
西北	西安	¥2, 642. 50
西南	重庆	¥56, 012. 17
总计		¥581, 769. 55

图 13-40　透视表参考效果.png

7．在第 6 题的基础上，利用“产品类别分析”工作表数据，完成以下操作。

（1）在单元格区域 D1:L17 中创建复合饼图，并根据样例文件“图表参考效果.png”设置图表标题、绘图区、数据标签的内容及格式。其中，“图表参考效果.png”如图 13-41 所示。

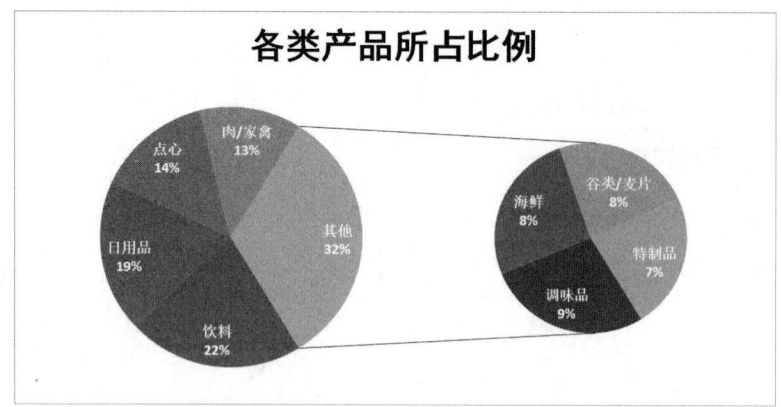

图 13-41　图表参考效果.png

（2）为文档添加自定义属性，属性名称为"机密"，类型为"是或否"，取值为"是"。

8．有文件 Excel.xlsx，文件中有"销售情况表"、"商品单价"和"月统计表"三张工作表，各工作表的部分数据如图 13-42 所示。

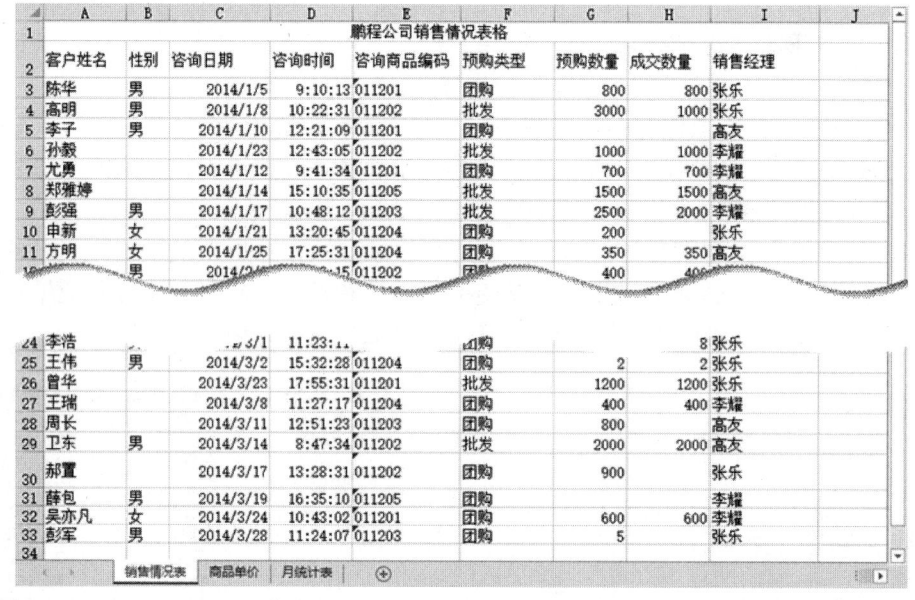

(a)"销售情况表"工作表

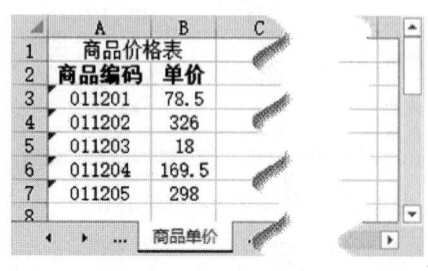

(b)"商品单价"工作表

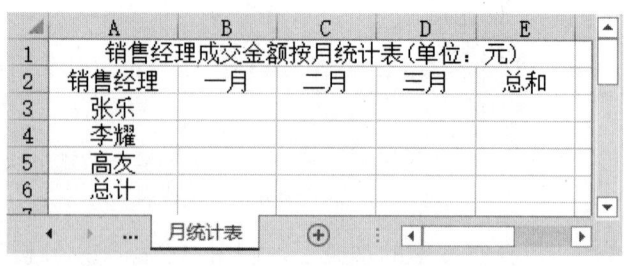

(c)"月统计表"工作表

图 13-42　第 8 题各工作表及部分数据

根据下列要求对 Excel.xlsx 文件中的数据进行整理和分析。

（1）自动调整"销售情况表"表格数据区域的列宽、行高，将第 1 行的行高设置为第 2 行行高的 2 倍；设置表格区域各单元格内容水平垂直均居中、并更改文本"鹏程公司销售情况表格"的字体、字号；将数据区域套用表格格式为"中等色"组中的"天蓝，表样式中等深浅 27"，表包含标题。

（2）对工作表进行页面设置，指定纸张大小为 A4、横向，调整整个工作表为 1 页宽、1 页高，并在整个页面水平居中。

（3）将表格数据区域中所有空白单元格填充数字 0（共 21 个单元格）。

（4）将"咨询日期"的月、日均显示为 2 位，如"2014/1/5"应显示为"2014/01/05"，并依据日期、时间先后顺序对工作表排序。

（5）在"咨询商品编码"与"预购类型"之间插入新列，列标题为"商品单价"，利用公式，将工作表"商品单价"中对应的价格填入该列。

（6）在"成交数量"与"销售经理"之间插入新列，列标题为"成交金额"，根据"成交数量"和"商品单价"，利用公式计算并填入"成交金额"列。

（7）为销售数据插入数据透视表，数据透视表放置到一个名为"商品销售透视表"的新工作表中，透视表行标签为"咨询商品编码"，列标签为"预购类型"，对"成交金额"求和。数据透视表如图 13-43 所示。

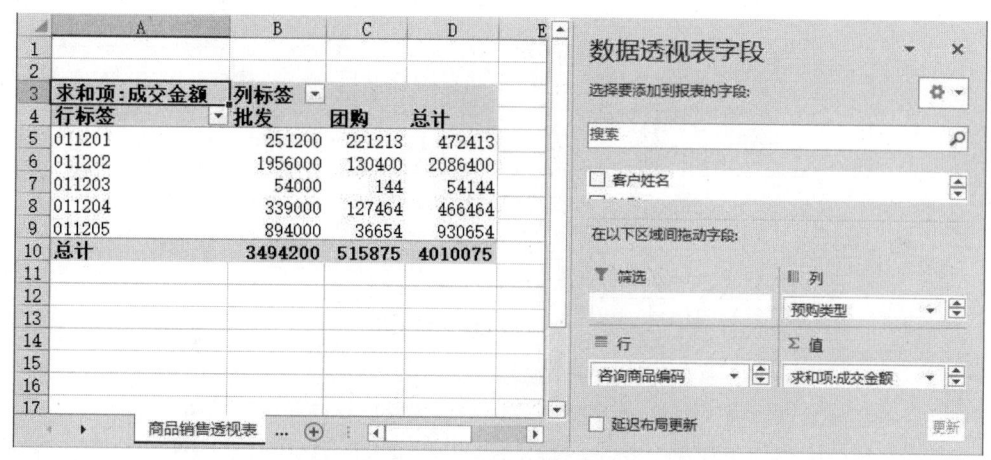

图 13-43 "商品销售透视表"工作表

（8）打开"月统计表"工作表，利用公式计算每位销售经理每月的成交金额，并填入对应位置，同时计算"总和"列、"总计"行。统计结果，如图 13-44 所示。

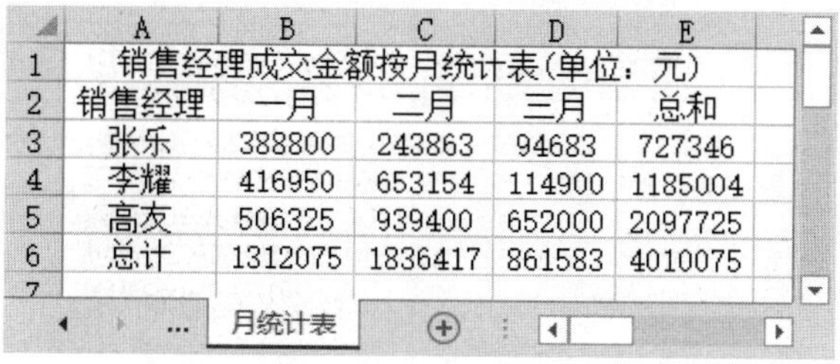

图 13-44 "月统计表"工作表

（9）在工作表"月统计表"的 G3:M20 区域中，插入与"销售经理成交金额按月统计表"数据对应的二维"堆积柱形图"，横坐标为销售经理，纵坐标为金额，并为每月添加数据标签，如图 13-45 所示。

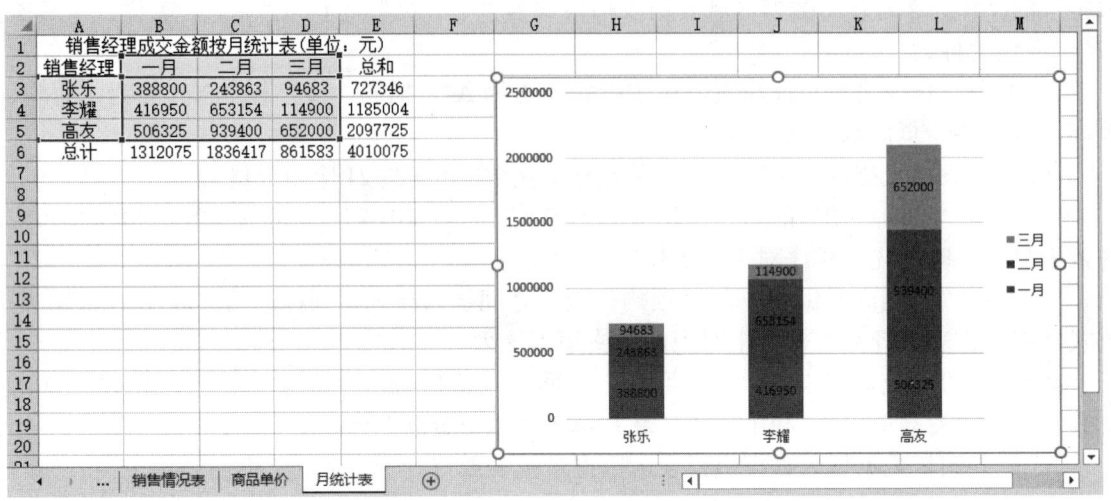

图 13-45　二维"堆积柱形图"

第 6 章　PowerPoint 2016 演示文稿

实验 14　PowerPoint 的使用

实验目的

（1）重点掌握利用模板、相册及空白演示文稿制作演示文稿。
（2）掌握在幻灯片上调整版式、录入文本、编辑文本等基本操作。
（3）掌握对文本与段落的格式化、修改幻灯片的主题和背景样式。
（4）掌握在幻灯片中使用各种绘图工具，插入图片、声音等对象的操作。
（5）了解如何使用母版快速设置演示文稿的方法。
（6）掌握对幻灯片切换的设置和幻灯片中各对象的动画设置。
（7）学会 PowerPoint 文档中各幻灯片间超链接与跳转的操作。
（8）学会正确放映演示文稿。
（9）掌握建立一个较完整的 PowerPoint 文档所需要的步骤与技术，理解演示文稿的打包与发布。

实验内容与操作步骤

实验 14-1

实验内容：利用相册功能创建演示文稿。某摄影社团在摄影比赛结束后，希望可以借助 PowerPoint 将优秀作品在社团活动中进行展示。这些优秀的摄影作品保存在本例文件夹中，并以 Photo(1).jpg～Photo(12).jpg 命名。完成后，其效果如图 14-1 所示。

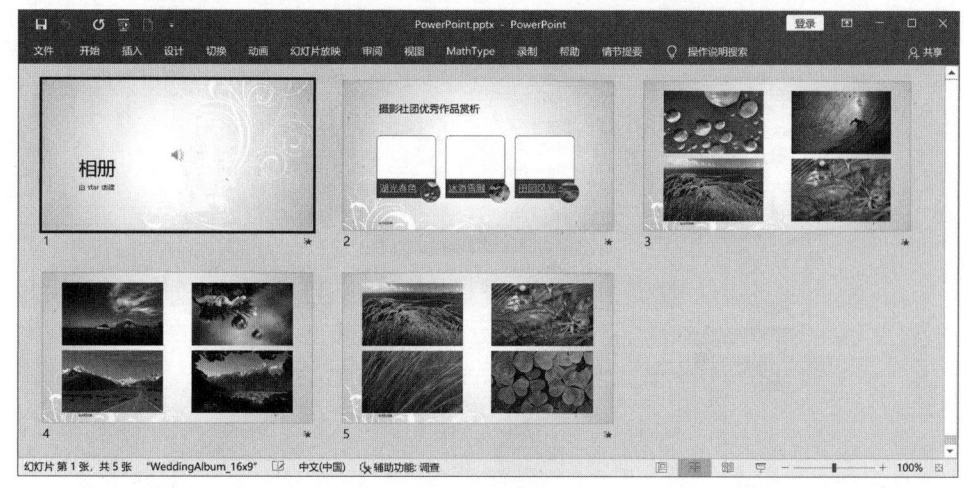

图 14-1　完整效果图

现在,请按照如下需求,在 PowerPoint 中完成制作工作:

(1)利用 PowerPoint 应用程序创建一个相册,包含 Photo(1).jpg~Photo(12).jpg 共 12 幅摄影作品。在每张幻灯片中包含 4 幅图片,并将每幅图片设置为"居中矩形阴影"相框形状。

(2)设置相册主题为本例文件夹中的"相册主题.pptx"样式。

(3)为相册中每张幻灯片设置不同的切换效果。

(4)在标题幻灯片后插入一张新的幻灯片,将该幻灯片设置为"标题和内容"版式。在该幻灯片的标题位置输入"摄影社团优秀作品赏析";并在该幻灯片的内容文本框中输入 3 行文字,分别为"湖光春色"、"冰消雪融"和"田园风光"。

(5)将"湖光春色"、"冰消雪融"和"田园风光"3 行文字转换为样式为"蛇形图片重点列表"的 SmartArt 对象,并将 Photo(1).jpg、Photo(6).jpg 和 Photo(9).jpg 定义为该 SmartArt 对象的显示图片。

(6)为 SmartArt 对象添加自左至右的"擦除"进入动画效果,并要求在幻灯片放映时该 SmartArt 对象元素可以逐个显示。

(7)在 SmartArt 对象元素中添加幻灯片跳转链接,使得单击"湖光春色"标注形状可跳转至第 3 张幻灯片,单击"冰消雪融"标注形状可跳转至第 4 张幻灯片,单击"田园风光"标注形状可跳转至第 5 张幻灯片。

(8)将本例文件夹中的 ELPHRG01.wav 声音文件作为该相册的背景音乐,并在幻灯片放映时即开始播放。

(9)除标题页外,为幻灯片添加编号及页脚,页脚内容为"春天的故事"。

(10)将该相册保存为 PowerPoint.pptx 文件。

操作方法及步骤如下:

1. 步骤一

(1)打开 Microsoft PowerPoint 2016 应用程序。

(2)单击"插入"选项卡下"图像"组中的"相册"按钮,弹出"相册"对话框,如图 14-2 所示。

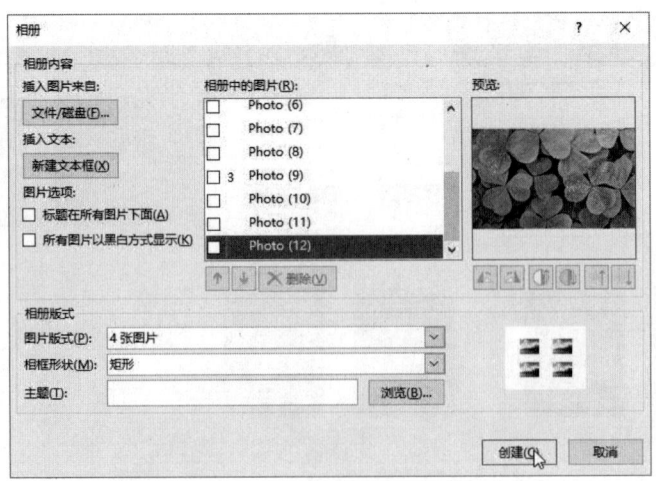

图 14-2 "相册"对话框

（3）单击"文件/磁盘"按钮，弹出"插入新图片"对话框，选中要求的 12 幅图片单击"插入"按钮即可。

（4）回到"相册"对话框，在"相册版式"→"图片版式"下拉列表中选择 4 幅图片。单击"创建"按钮即可。

（5）依次选中每幅图片，右击，在弹出的快捷菜单中选择"设置对象格式"命令，弹出如图 14-3 所示的"设置图片格式"任务窗格。

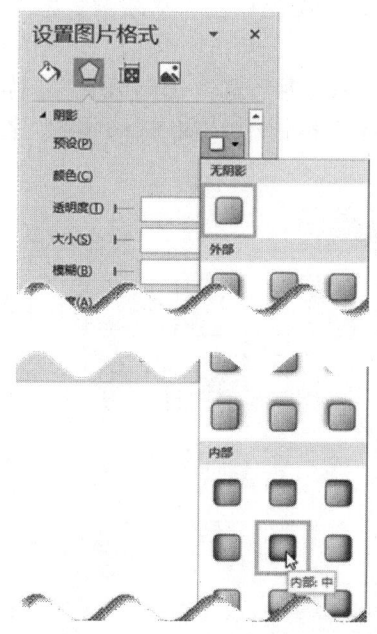

图 14-3　"设置图片格式"任务窗格

（6）切换至"效果"选项卡，展开"阴影"项目，在"预设"下拉列表框中选择"内部：中"。

2．步骤二

（1）单击"设计"选项卡下"主题"组中的"其他"按钮，在弹出的下拉列表中执行"浏览主题"命令。

（2）在弹出的"选择主题或主题文档"对话框中，选中本例题所在文件中的"相册主题.pptx"文档，单击"应用"按钮，完成相册主题的设计。

3．步骤三

（1）选中第一张幻灯片，在"切换"选项卡下"切换到此幻灯片"组中选择合适的切换效果，这里选择"淡入/淡出"。

（2）选中第二张幻灯片，在"切换"选项卡下"切换到此幻灯片"组中选择合适的切换效果，这里选择"推入"。

（3）选中第三张幻灯片，在"切换"选项卡下"切换到此幻灯片"组中选择合适的切换效果，这里选择"擦除"。

（4）选中第四张幻灯片，在"切换"选项卡下"切换到此幻灯片"组中选择合适的切换效果，这里选择"分割"。

4. 步骤四

（1）选中第一张幻灯片，单击"开始"选项卡下"幻灯片"组中的"新建幻灯片"按钮下边区域。在弹出的下拉列表中选择"标题和内容"，在第一张和第二张幻灯片之间，插入一张新幻灯片。

（2）在新建幻灯片的标题文本框中输入"摄影社团优秀作品赏析"；并在该幻灯片的内容文本框中输入 3 行文字，分别为"湖光春色"、"冰消雪融"和"田园风光"。

5. 步骤五

（1）选中"湖光春色"、"冰消雪融"和"田园风光"三行文字，单击"开始"选项卡下"段落"组中的"转化为SmartArt"按钮，在弹出的下拉列表中选择"蛇形图片重点列表"，如图14-4所示。

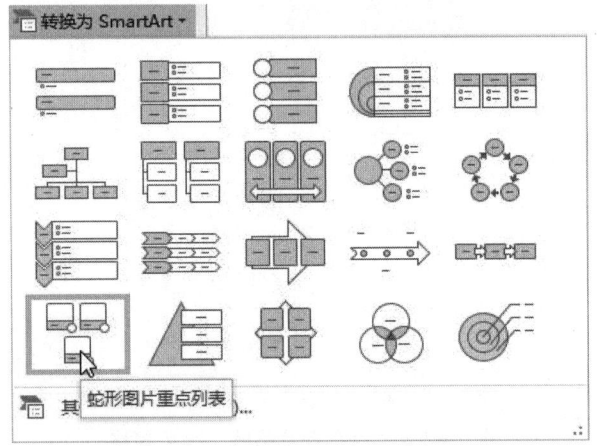

图 14-4 "转化为SmartArt"按钮及下拉列表

（2）转化为 SmartArt 成功后，幻灯片设计窗口中出现如图 14-5 所示的"在此处键入文字"窗格。

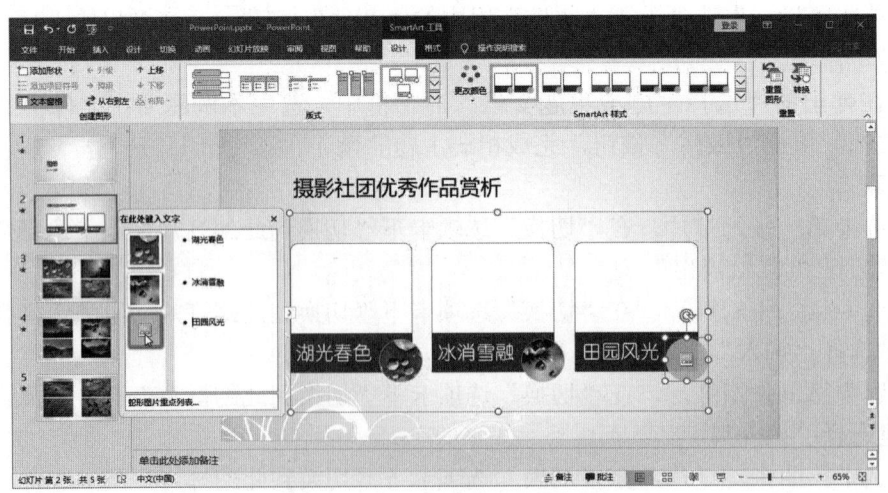

图 14-5 "在此处键入文字"窗格

(3)在"在此处键入文字"窗格中,双击在"湖光春色"左侧所对应的图片按钮。在弹出的"插入图片"对话框中选择"Photo(1).jpg"图片。

(4)类似步骤(2),在"冰消雪融"和"田园风光"行中依次选中 Photo(6).jpg 和 Photo(9).jpg 图片,设置效果。

提示:如果要删除图片按钮中的图片,选中该按钮,直接按下 Delete 键,再重新设置。

6. 步骤六

(1)选中 SmartArt 对象元素,单击"动画"选项卡下"动画"组中的"擦除"。

(2)单击"动画"选项卡下"动画"组中的"效果选项"按钮,在弹出的下拉列表中,依次选中"自左侧"和"逐个"命令。

7. 步骤七

(1)分别选中 SmartArt 中的"湖光春色""冰消雪融""田园风光"文本,设置文本颜色为"标准,黄色",右击,在弹出的快捷菜单中选择"超链接"命令,即可弹出"插入超链接"对话框,如图 14-6 所示。

(2)在"链接到"组中选择"本文档中的位置"命令后选择"幻灯片 3"、"幻灯片 4"和"幻灯片 5"。

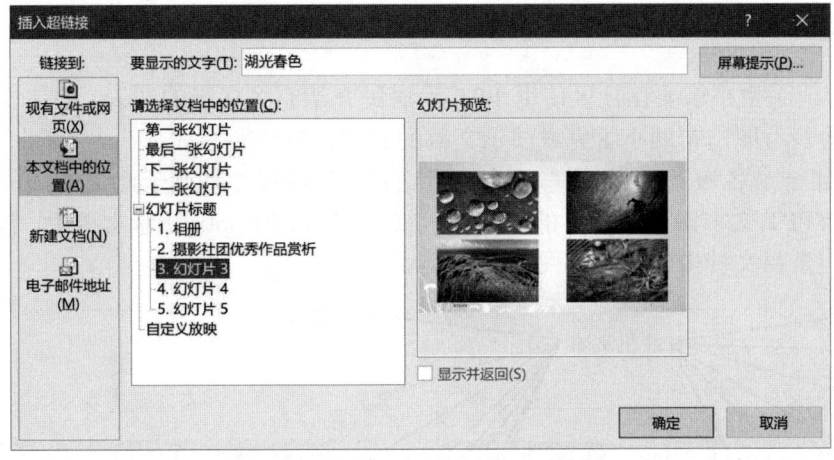

图 14-6 "插入超链接"对话框

8. 步骤八

(1)选中第一张标题幻灯片,单击"插入"选项卡下"媒体"组中的"音频"按钮。

(2)在弹出的"插入音频"对话框中选中 ELPHRG01.wav 音频文件。

(3)选中音频的小喇叭图标,在"音频工具|播放"选项卡的"音频选项"组中,勾选"循环播放,直到停止"和"播放返回开头"复选框,在"开始"下拉列表框中选择"自动"。

9. 步骤九

(1)单击"插入"选项卡"文本"组中的"页眉和页脚"按钮,打开如图 14-7 所示的"页眉和页脚"对话框。

(2)勾选"幻灯片编号"、"页脚"和"标题幻灯片中不显示"复选框,并在"页脚"框中输入"春天的故事"。设置完毕后,单击"全部应用"按钮。

图 14-7 "页眉和页脚"对话框

最后,单击"快速访问工具栏"中的"保存"按钮,在弹出的"另存为"对话框中,在"文件名"下拉列表框中输入 PowerPoint.pptx,并单击"保存"按钮。

实验 14-2

实验内容:医生小雪要在社区使用 PPT 为居民介绍有关病毒的知识。参考文档"样例效果.docx"中的参考图,帮助小雪完成演示文稿的制作,具体要求如下:

(1)创建一个名为"PPT.pptx"的空演示文稿,后续操作均基于此文件。

(2)将"PPT 文字素材.docx"的内容导入或复制到 PPT.pptx 演示文稿中,演示文稿含有 14 张幻灯片,素材文档中的内容如图 14-8 所示。

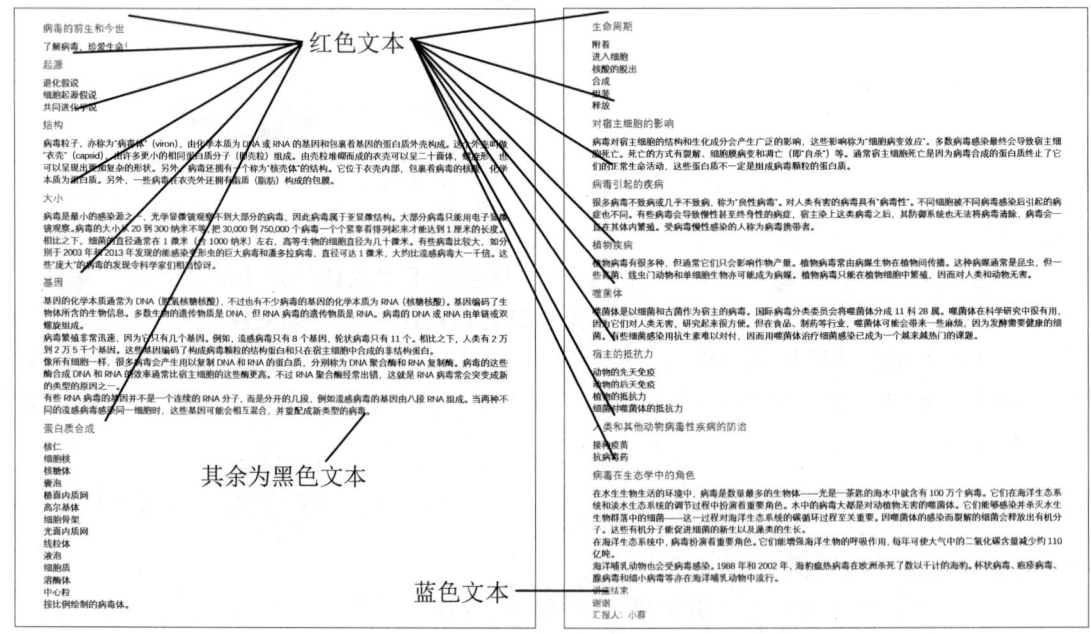

图 14-8 "PPT 文字素材.docx"文件中的文本

（3）在第 1 张幻灯片中插入图片"病毒.png"，在第 6 张幻灯片中插入图片"蛋白合成.png"，在第 10 张幻灯片中插入图片"植物病毒.png"，在第 11 张幻灯片中插入图片"噬菌体.png"。

（4）将"PPT 模板.potx"模板应用到当前演示文稿。

（5）参照样例效果，完成设计幻灯片母版。

1）将"自定义版式"版式重命名为"奇数页"。

2）修改"奇数页"和"偶数页"版式中标题占位符的填充颜色与下方梯形形状边框颜色一致，字体为微软雅黑，加粗并适当调整大小。

3）修改"奇数页"版式中页码占位符内的页码对齐方式为左对齐。

4）在"奇数页"和"偶数页"版式的页码占位符上方分别插入"口罩.png"图片。

（6）参照样例效果，设置第 1 张幻灯片：

1）将图片"封面背景.jpg"作为第 1 张幻灯片的背景，重设该幻灯片中图片及大小，删除图片背景。

2）将幻灯片上的所有文本字体设置为微软雅黑，"病毒的前生和今世"的文本颜色设置为"水绿色，个性色 5，淡色 40%"，并适当调整字体大小和段落格式。

3）将文本"了解病毒，珍爱生命！"在文本框中水平和垂直都居中对齐，将文本框置于幻灯片底部，并水平居中对齐。

（7）将第 2～第 14 张幻灯片中的偶数页应用"偶数页"版式，奇数页应用"奇数页"版式。

（8）将第 2 张幻灯片中的项目符号列表转换为 SmartArt 图形，布局为"梯形列表"，将图形中 3 个形状的填充颜色设置为与上方标题占位符填充色相同的颜色。

（9）在幻灯片 6 中，参照样例效果，适当调整图片和文本的位置，并将项目符号列表修改为编号列表，分为两列。

（10）将第 7 张幻灯片中的项目符号列表转换为 SmartArt 图形，布局为"基本流程"，并修改形状间的 5 个箭头为"燕尾形"箭头。

（11）在第 10 张幻灯片中，参照样例效果，适当调整文本和图片的位置，将图片替换为本题文件夹下的图片"被病毒感染的辣椒.png"，并保证图片的样式不变。

（12）在第 11 张幻灯片中，参照样例效果，适当调整文本和图片的位置，并将图片重新着色为"水绿色，个性色 5，深色"。

（13）在演示文稿的最后添加一张"空白"版式幻灯片，然后添加两个文本框，第一个文本的内容为"PPT 文字素材.docx"中倒数第二行文字，第二个文本框的内容为倒数第一行文字。应用与第 1 张幻灯片相同的背景图片，参照样例效果适当设置文本的格式与位置，文本在文本框中水平居中对齐，文本框在页面中水平居中。

（14）为第 11 张幻灯片中的图片设置动画效果，在单击时，图片以"浮入"的效果出现，之后自动以"陀螺旋"的强调效果旋转 3 次。

（15）除标题幻灯片外，为其余所有幻灯片添加幻灯片编号，并且编号值从 1 开始显示。

（16）为演示文稿设置"推入"切换，"效果选项"为"从右侧"。

（17）设置幻灯片为循环放映方式，如果不单击，幻灯片 10 秒后自动切换至下一张。

操作方法及步骤如下：

1. 步骤一

（1）启动 PowerPoint2016，在出现的"开始"界面中单击"空白演示文稿"图标，系统自动创建了一个只含有1张"标题幻灯片"的空白演示文稿，如图所示。

（2）在"幻灯片缩览"窗格中，单击选中幻灯片，按下Delete键将其删除，此时的演示文稿称为"空"演示文稿。

（3）单击"快速访问工具栏"中的"保存"按钮 ，将演示文稿以"PPT.pptx"文件名保存到本实验所在文件夹中。

2. 步骤二

（1）单击"开始"选项卡"幻灯片"组中的"新建幻灯片"按钮 下方，执行弹出的命令列表中的"幻灯片(从大纲)"命令，弹出"插入大纲"对话框。

（2）选择"PPT 文字素材.docx"文件，然后单击"插入"按钮，系统自动生成14张幻灯片，如图14-9所示。

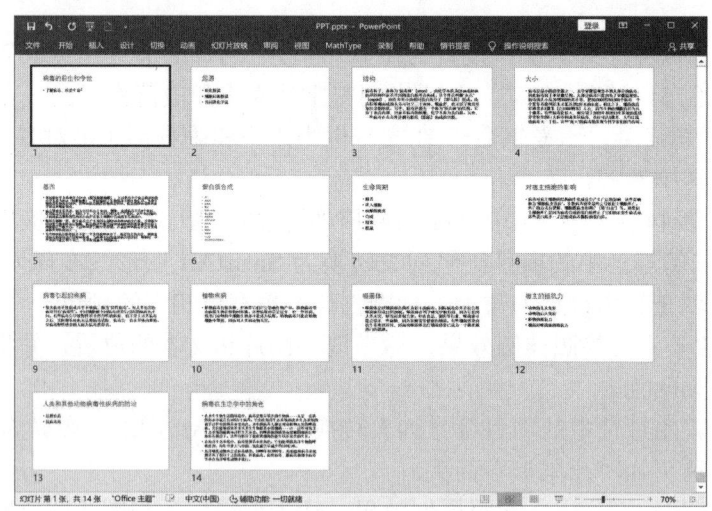

图14-9　生成14张幻灯片

3. 步骤三

（1）在"幻灯片缩览"窗格中，单击选中第1张幻灯片，单击"插入"选项卡下"图像"组中的"图片"按钮 ，在打开的"插入图片"对话框中，选择文件夹中的"病毒.png"。将图片移动到距幻灯片左上角"水平位置"26厘米、"垂直位置"2.1厘米所在处，图片大小默认。

（2）在第6张幻灯片中插入图片"蛋白合成.png"，将图片移动到距幻灯片左上角"水平位置"15.6厘米、"垂直位置"6.7厘米所在处，图片大小默认。

同样地，在第10张幻灯片中插入图片"植物病毒.png"，将图片移动到距幻灯片左上角"水平位置"18.4厘米、"垂直位置"8.7厘米所在处，修改图片大小，"高度"为8.6厘米，"宽度"为8.8厘米。

在第11张幻灯片中插入图片"噬菌体.png"，将图片移动到距幻灯片左上角"水平位置"22.6厘米、"垂直位置"4.9厘米所在处，图片大小默认。

4. 步骤四

（1）单击"设计"选项卡下"主题"组右下角的"其他"按钮 ，弹出"主题"命令列表,单击"浏览主题",弹出"选择主题或主题文档"对话框,选中"PPT 模板.potx"模板文件,单击"应用"按钮。

(2)在"幻灯片缩览"窗格中,单击选中一张幻灯片,按下 Ctrl+A 组合键,将所有幻灯片选中。右击并执行快捷菜单中"重设幻灯片"命令,将"PPT 模板.potx"模板的主题样式应用到当前幻灯片。

5. 步骤五

(1)打开"视图"选项卡,单击"母版视图"组中的"幻灯片母版"按钮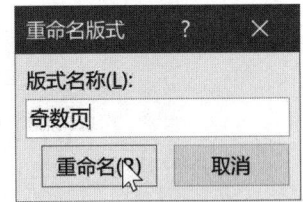,切换到幻灯片母版视图,如图 14-10 所示。

(2)在母版视图下,单击选中左侧缩览窗口中的倒数第 2 个版式"自定义版式"后右击,在弹出的快捷菜单中执行"重命名版式"命令,弹出"重命名版式"对话框,输入版式名称"奇数页",单击"重命名"按钮,如图 14-11 所示。

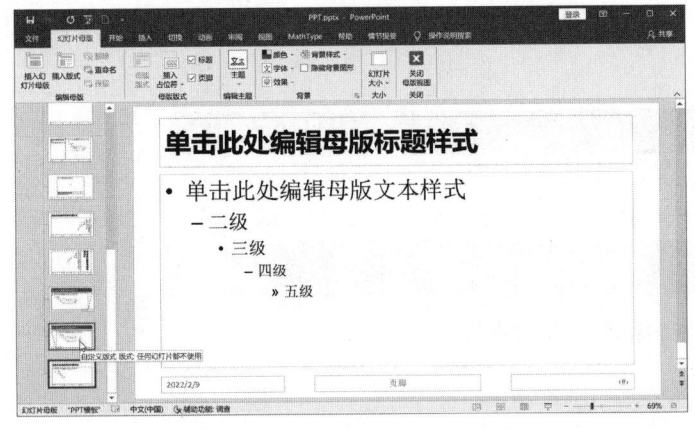

图 14-10 "幻灯片母版"视图　　　　图 14-11 "重命名版式"对话框

(3)选中"奇数页"版式中的标题占位符,单击打开"绘图工具|形状格式"选项卡,单击"形状样式"组中的"形状填充"的下拉按钮 形状填充 ,在弹出的下拉列表中选择"取色器"命令(此时,鼠标指针变成一个吸管,右上方同时带一个无颜色方框。如果吸管指向某种色块,则方框内显示该种颜色),指向梯形形状边框并单击,效果如图 14-12 所示。

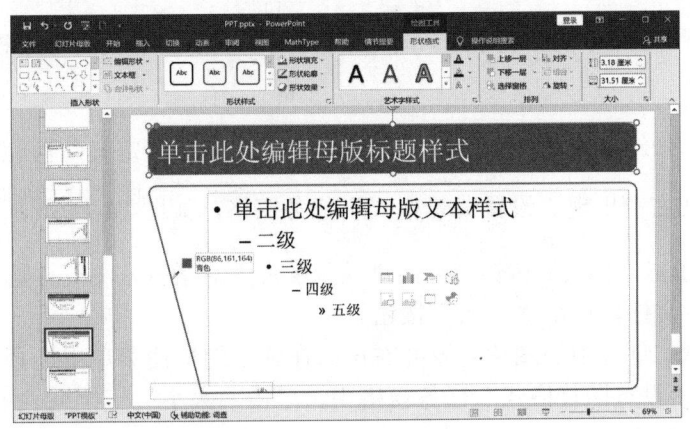

图 14-12 修改幻灯片母版 1

（4）选中文本框中的文本内容，在"开始"选项卡的"字体"功能组中，设置字体为"微软雅黑"，字形加粗，并调整字号大小为 54 磅。

（5）按照上述方法设置"偶数页"版式。

（6）选中"奇数页"版式中的页码占位符，打开"开始"选项卡，单击"段落"功能组中的"左对齐"按钮。

（7）在"奇数页"版式中，打开"插入"选项卡，单击"图像"组中"图片"按钮，弹出"插入图片"对话框。浏览并选中本实验文件夹下的"口罩.png"文件，单击"插入"按钮。

（8）选中插入的图片，将其移动到页码占位符的上方，距离幻灯片左上角"水平位置"为 0.8 厘米、"垂直位置"为 14.2 厘米。

（9）按照上述同样方法在"偶数页"版式中插入"口罩.png"图片，将其移动到页码占位符的上方，距离幻灯片左上角"水平位置"为 29.87 厘米、"垂直位置"为 14.28 厘米，效果如图 14-13 所示。

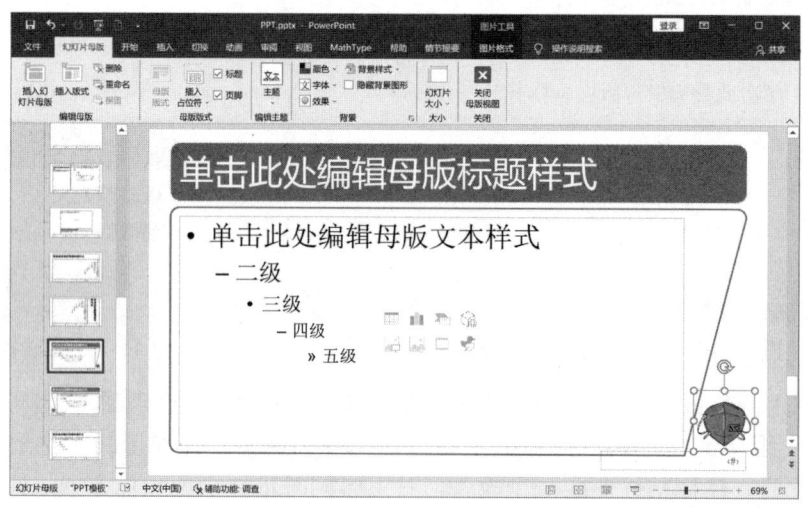

图 14-13　修改幻灯片母版 2

（10）打开"幻灯片母版"选项卡，单击"关闭"组中的"关闭母版视图"按钮。

6. 步骤六

（1）选中第 1 张幻灯片，打开"设计"选项卡，单击"自定义"功能组中的"设置背景格式"按钮，在右侧出现"设置背景格式"任务窗格，如图 14-14 所示。选择"图片或纹理填充"单选项，单击"插入"按钮，弹出"插入图片"对话框，浏览并选中本实验文件夹下的"封面背景.jpg"文件，单击"插入"按钮。

（2）选中标题幻灯片中的图片对象并右击，在弹出的快捷菜单中选择"大小和位置"命令，在右侧弹出的"设置图片格式"任务窗格中，单击"大小"下拉列表中的"重设"按钮，如图 14-15 所示。

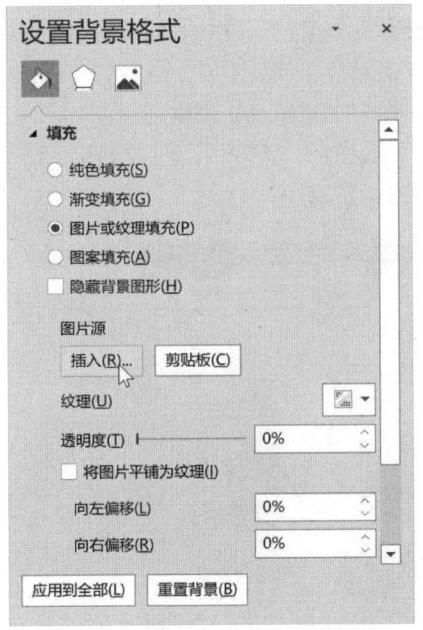
图14-14 "设置背景格式"任务窗格

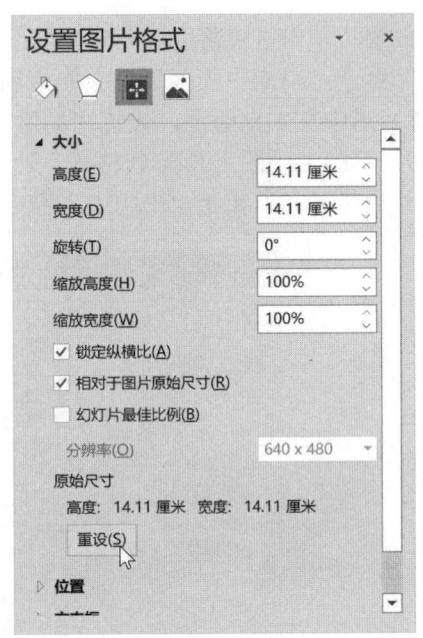
图14-15 "设置图片格式"任务窗格

（3）打开"图片工具|图片格式"选项卡，单击"调整"组中的"删除背景"按钮，调整图片的删除区域后，使用键盘上的 Esc 键删除背景参考样例效果。

（4）打开"视图"选项卡，单击"母版视图"组中的"幻灯片母版"按钮，切换到幻灯片母版视图。

（5）选中首页"PPT模板幻灯片母版"中的内容占位符，按住 Ctrl 键，单击上方的标题占位符。打开"开始"选项卡，在"字体"功能组中将字体设置为"微软雅黑"。单击"幻灯片母版"选项卡下"关闭"组中的"关闭母版视图"按钮。

（6）参照样例效果，选中首页幻灯片上的文本"病毒的前生和今世"，在"开始"选项卡"字体"功能组中，调整字号为80磅；单击"字体颜色"下拉按钮，在下拉列表中选择"主题颜色"栏下的"水绿色，个性色5，淡色40%"，如图14-16所示。

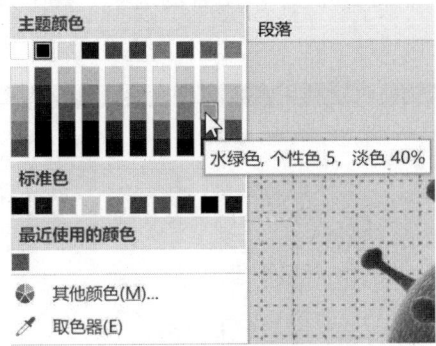
图14-16 设置字体颜色

（7）选中"了解病毒，珍爱生命!"文本内容，单击"开始"选项卡"段落"组中的"居中"按钮；单击"段落"组中的"对齐文本"下拉按钮，在弹出的下拉列表中选择"中部对齐"命令；单击"段落"组中的"项目符号"按钮，取消项目符号。

（8）选中文本框对象，设置"高度"为 4.86 厘米，"宽度"为 23.8 厘米。

（9）单击"绘图工具|形状格式"选项卡"排列"组中的"对齐"下拉按钮，在下拉列表中选择"底端对齐"和"水平居中"命令，效果如图 14-17 所示。

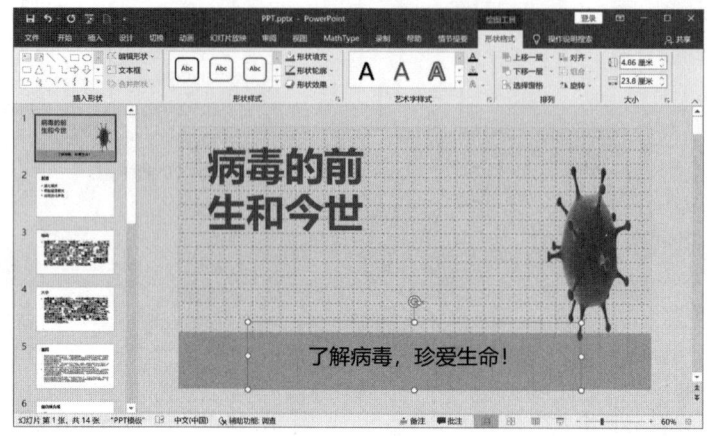

图 14-17　调整幻灯片各元素的格式和布局

7. 步骤七

（1）首先在左侧的"幻灯片缩览"窗格中选中第 2 张幻灯片，按住 Ctrl 键，依次单击选择第 4、第 6、第 8、第 10、第 12、第 14 张幻灯片。单击"开始"选项卡"幻灯片"功能组中的"版式"下拉按钮，在下拉列表中选择"偶数页版式"命令。

（2）按照上述同样的方法，依次选中第 3、第 5、第 7、第 9、第 11、第 13 张幻灯片，单击"开始"选项卡"幻灯片"功能组中的"版式"下拉按钮，在下拉列表中选择"奇数页版式"命令。

8. 步骤八

（1）在"幻灯片缩览"窗格中选中第 2 张幻灯片，再在"幻灯片设计"窗格中选中内容文本框中的所有文本，打开"开始"选项卡，单击"段落"组中的"转换为 SmartArt"的下拉按钮，执行在下拉列表中的"其他 SmartArt 图形"命令，弹出"选择 SmartArt 图形"对话框选中左侧列表框中的"列表"，在右侧选中"梯形列表"，如图 14-18 所示，单击"确定"按钮。

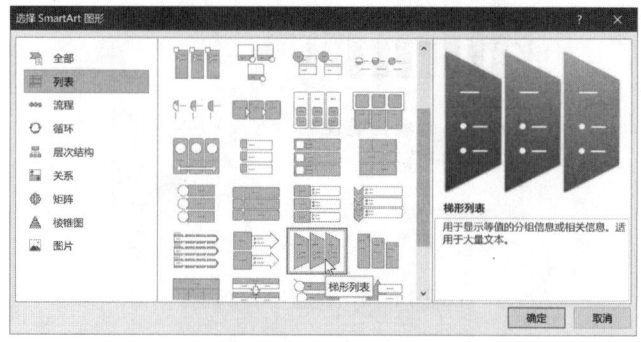

图 14-18　"选择 SmartArt 图形"对话框

（2）选中 SmartArt 图形中的任意一个形状，按住 Ctrl 键，依次单击选中其他两个形状。单击"SmartArt 工具|格式"选项卡"形状样式"组中的"形状填充"下拉按钮，在下拉列表中选择"取色器"，单击上方标题文本框，完成 3 个形状的颜色填充。

9．步骤九

（1）参考示例素材，选中第 6 张幻灯片中的文本内容，单击"开始"选项卡"段落"组中的"编号"下拉按钮，在下拉列表中选择"1.2.3."。

（2）单击"段落"组下的"分栏"按钮，在下拉列表中选择"两栏"命令，适当调整文本框大小，选中图片对象，适当调整图片大小及位置，效果如图 14-19 所示。

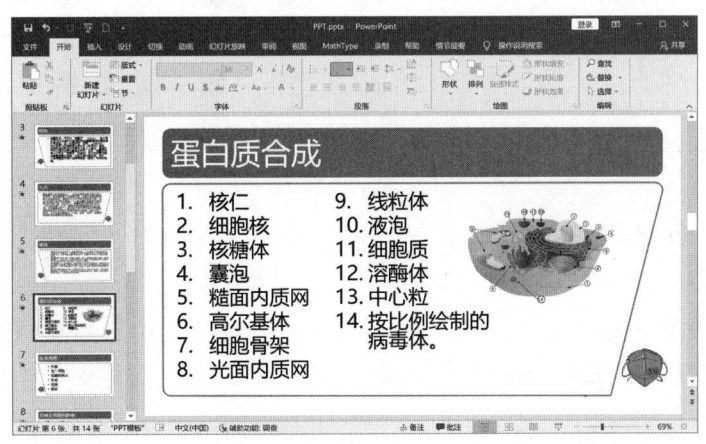

图 14-19　设置"分栏"效果

10．步骤十

（1）将第 7 张幻灯片中的项目符号列表转换为 SmartArt 图形，布局为"基本流程"，并修改形状间的 5 个箭头为"燕尾形"箭头。

（2）选中第 7 张幻灯片中的文本内容，单击"开始"选项卡"段落"功能组中"转换为 SmartArt"的下拉按钮，在下拉列表中选择"其他 SmartAt 图形"命令，弹出"选择 SmartArt 图形"对话框，选中左侧列表框中的"流程"，在右侧列表框中选中"基本流程"。

（3）选中图形中的第 1 个箭头，按住 Ctrl 键，依次单击选中其他 4 个箭头形状，单击"SmartArt 工具|格式"选项卡"形状"组中的"更改形状"的下拉按钮，在下拉列表中选择"箭头总汇"栏下的"箭头：燕尾形"命令，如图 14-20 所示。

11．步骤十一

参考样例，选中第 10 张幻灯片中的文本框，适当调整文本框的大小和字体的大小；选中右侧的图片对象并右击，执行快捷菜单中的"更改图片"命令，弹出"插入图片"对话框。浏览并选中本实验文件夹下的"被病毒感染的辣椒.png 文件"，单击"打开"按钮。

12．步骤十二

参考示例素材，选中第 11 张幻灯片中的文本框，调整文本框的大小、位置，以及字体大小；选中右侧的图片对象，单击"图片工具|图片格式"选项卡"调整"组中"颜色"的下拉按钮，在下拉列表中选择"重新着色"栏下的"水绿色，个性色 5，深色"命令，如图 14-21 所示。

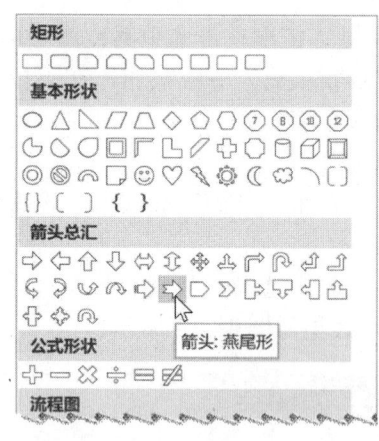

图 14-20　"更改形状"列表

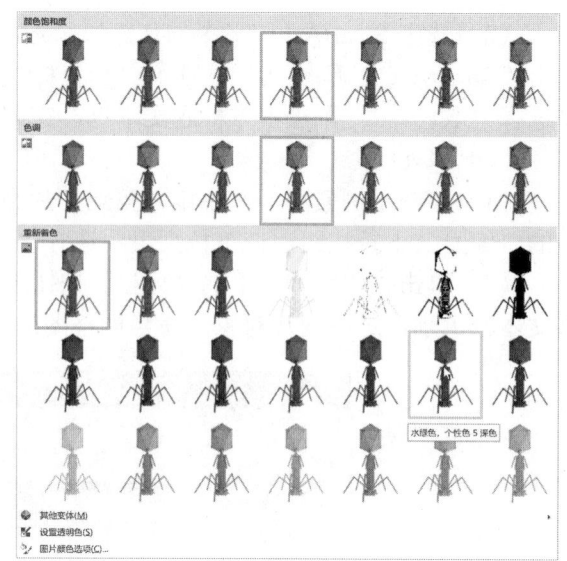

图 14-21　"颜色"列表框

13. 步骤十三

（1）在演示文稿的最后添加一张"空白"版式幻灯片，然后添加两个文本框，第一个文本的内容为"PPT 文字素材.docx"中倒数第二行文字，第二个文本框的内容为倒数第一行文字。

（2）单击"设计"选项卡"自定义"组中的"设置背景格式"按钮，在右侧出现"设置背景格式"任务窗格中。单击"图片或纹理填充"单选项，单击"插入"按钮，弹出"插入图片"对话框，浏览并选中本实验文件夹下的"封面背景.jpg"文件，单击"打开"按钮。

（3）选中"讲座结束　谢谢"文本内容，分为两行。在"开始"选项卡下"字体"组中适当调整字体、字形、字号及颜色（微软雅黑、加粗、80 磅；水绿色，个性色 5，深色 25%），单击"段落"功能组中"居中"按钮。

（4）选中"汇报人：小薛"文本内容，在"开始"选项卡"字体"组中适当调整字体、颜色（微软雅黑、24 磅；白色，背景 1），单击"段落"功能组中"居中"按钮。

（5）选中"讲座结束　谢谢"文本框，单击"绘图工具|形状格式"选项卡"排列"组中"对齐"的下拉按钮，在下拉列表中选择"水平居中"命令。

（6）选中"汇报人：小薛"文本框，将其移动到页面下方区域，单击"绘图工具|形状格式"选项卡"排列"组中"对齐"的下拉按钮，下拉列表中选择"水平居中"命令。

14. 步骤十四

（1）选中第 11 张幻灯片中的图片对象，单击"动画"选项卡"动画"组中的"进入动画"中的"浮入"图标，单击"高级动画"组中的"添加动画"下拉按钮，在下拉列表中选择"强调"中的"陀螺旋"。

（2）单击"动画"功能组右下角的"对话框启动器"按钮，弹出"陀螺旋"对话框，如图 14-22 所示。切换到"计时"选项卡，将"开始"设置为"上一动画之后"，将"重复"设置为"3"，单击"确定"按钮。

15. 步骤十五

(1) 单击"插入"选项卡"文本"组中的"幻灯片编号"按钮，在弹出的"页眉和页脚"对话框中，勾选"幻灯片编号"和"标题幻灯片中不显示"复选框，如图 14-23 所示，单击"全部应用"按钮。

图 14-22 "陀螺旋"对话框

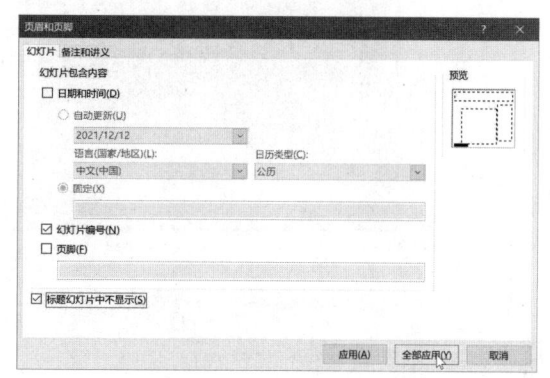

图 14-23 "页眉和页脚"对话框

16. 步骤十六

(1) 在"幻灯片缩览"窗格中按 Ctrl+A 组合键选中所有幻灯片，在"切换"选项卡下"切换到此幻灯片"组中选择"推入"切换方式。

(2) 在"切换"选项卡下"计时"组中勾选"设置自动换片时间"复选框，并在文本框中输入 0:10.00，单击"应用到全部"按钮。

17. 步骤十七

(1) 在"幻灯片放映"选项卡下的"设置"组中单击"设置幻灯片放映"按钮，打开"设置放映方式"对话框，如图 14-24 所示。

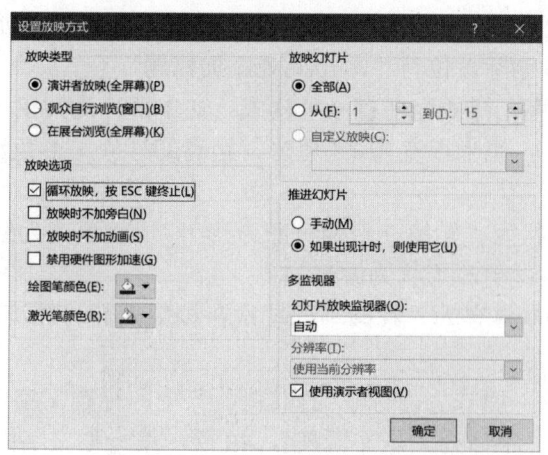

图 14-24 "设置放映方式"对话框

(2) 在"放映选项"中勾选"循环放映,按 Esc 键终止",单击"确定"按钮。
(3) 单击"快速访问工具栏"中的"保存"按钮,关闭演示文稿。

思考与综合练习

1. 试按以下步骤完成演示文稿的设计,最终形成的演示文稿如图 14-25 所示。

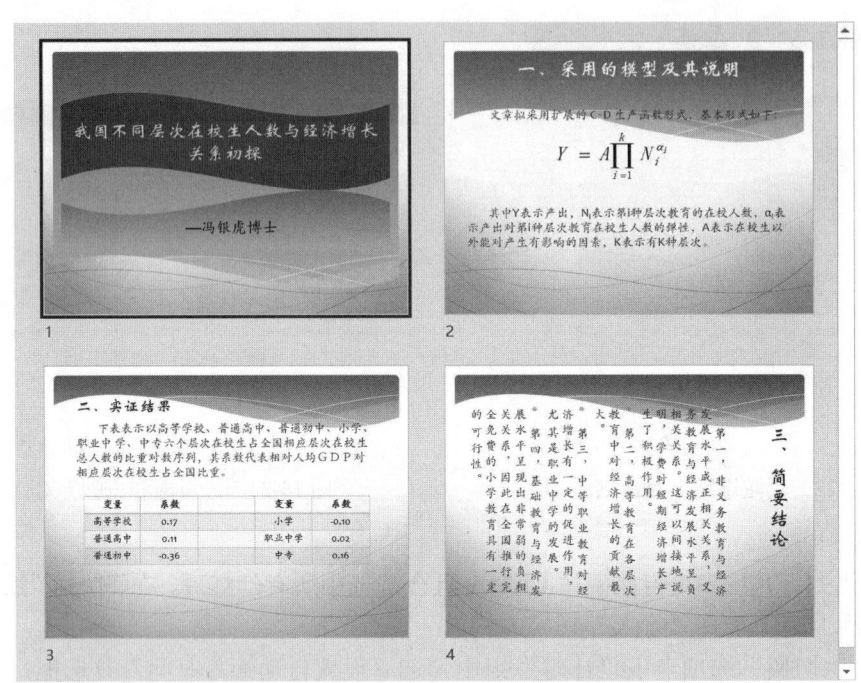

图 14-25　有 4 张幻灯片的演示文稿

（1）打开 PowerPoint 2016,以"波形"为主题（主题模板保存在本例文件夹中,文件名为"波形.potx"）,创建一个演示文稿,幻灯片大小为标准（4:3）,演示文稿最后以文件名"在校大学生人数与经济增长的关系.pptx"保存。

（2）将演示文稿的背景样式改为"样式 10"。

（3）在文稿的第 1 张幻灯片（即标题幻灯片）的"单击此处添加副标题"占位符中输入文本"——冯银虎 博士";删除占位符"单击此处添加标题"。

（4）添加一个艺术字,样式为任意一种样式;文本填充为黄色;文本轮廓为紫色。

（5）艺术字高为 6.96 厘米,宽为 23 厘米,距离幻灯片左上角水平位置为 1.2 厘米,垂直位置为 3.44 厘米。

（6）更改艺术字形状为"转换→弯曲→正方形";形状填充为红色;形状轮廓为无;形状效果为为半映像,接触;更改形状为波形。

（7）设置艺术字文本内容为"我国不同层次在校生人数与经济增长关系初探",华文新魏,38 磅,加粗。

（8）第 2 张幻灯片,版式为"标题与内容",其中:标题文字内容为"一、采用的模型及其说明",设置为居中、字体为"华文新魏",40 磅;第一栏文字内容如下:

文章拟采用扩展的 C-D 生产函数形式,基本形式如下:

第二栏文字如下：

其中 Y 表示产出，N_i 表示第 i 种层次教育的在校人数，α_i 表示产出对第 i 种层次教育在校生人数的弹性，A 表示在校生以外能对产生有影响的因素，K 表示有 K 种层次。

第一栏和第二栏宽度为 23 厘米；文本字体为"华文楷体"；大小为 24 磅。

插入一个公式，内容为：

$$Y = A \prod_{i=1}^{k} N_i^{\alpha_i}$$

上述内容制作完成后，再调整各对象至适当位置。

（9）第 3 张幻灯片版式为"内容与标题"的幻灯片，标题文字内容为"二、实证结果"，设置为左对齐，字体为"华文新魏"，32 磅。

"文本占位符"内容为：

下表表示以高等学校、普通高中、普通初中、小学、职业中学、中专六个层次在校生占全国相应层次在校生总人数的比重对数序列，其系数代表相对人均 GDP 对相应层次在校生占全国比重。

设置文本字体为"华文楷体"；大小为 24 磅。

单击"插入表格"图标，插入 4×5 的表格并录入内容。设置表格大小，高为 4.8 厘米，宽为 20.06 厘米；样式为浅色样式 3-强调 5。

（10）添加一张版式为"垂直排列标题和文本"的幻灯片，标题文本内容为：

三、简要结论

设置为左对齐，字体为"华文新魏"，40 磅。

文本占位符文本内容如下：

第一，非义务教育与经济发展水平成正相关关系，义务教育与经济发展水平呈负相关关系。这可以间接地说明，学费对短期经济增长产生了积极作用。

第二，高等教育在各层次教育中对经济增长的贡献最大。

第三，中等职业教育对经济增长有一定的促进作用，尤其是职业中学的发展。

第四，基础教育与经济发展水平呈现出非常弱的负相关关系，因此在全国推行完全免费的小学教育具有一定的可行性。

设置文本字体为"华文楷体"；大小为 24 磅。

2．制作一个四象限的幻灯片，如图 14-26 所示。

图 14-26　四象限的幻灯片

要求使用 SmartArt 矩阵图形，样式为"强烈效果"，所有文字设为"微软雅黑"字体，并设置字号为 32 磅。

3．按下列要求完成对此文稿的修饰并保存，最后结果如图 14-27 所示。

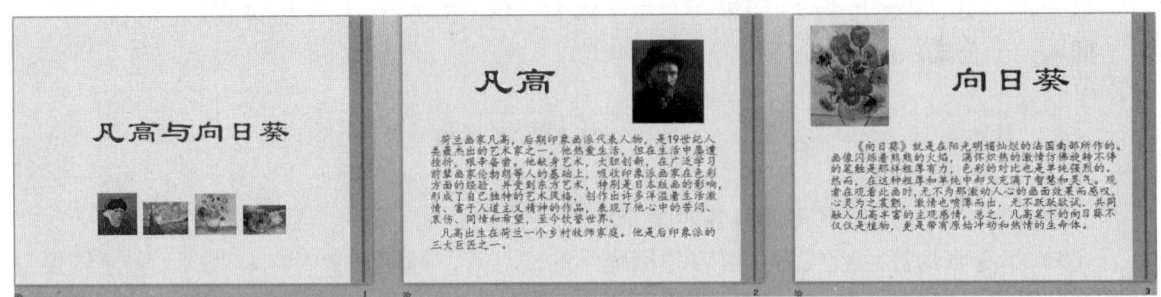

图 14-27　第 3 题图

（1）新建一个演示文稿文档，之后使用 ContemporaryPhotoAlbum.potx 演示文稿模板修饰全文，全部幻灯片的切换效果为"溶解"。

（2）将第 1 张幻灯片的版式改为"标题幻灯片"。插入两张版式为"标题和内容"的新幻灯片。

（3）第 1 张幻灯片中的标题文本为"凡高与向日葵"，设置为"隶书"，66 磅。插入 F3.jpg～F6.jpg 4 幅图片。4 幅图片的大小和位置，设置如下：

F3.jpg：高×宽为 3.4 厘米×2.76 厘米；位置设置（左上角）水平距离为 5.49 厘米，垂直距离（左上角）为 12.63 厘米。

F4.jpg：高×宽为 2.42 厘米×3.16 厘米；位置设置（左上角）水平距离为 8.85 厘米，垂直距离（左上角）为 13.24 厘米。

F5.jpg：高×宽为 2.98 厘米×2.98 厘米；位置设置（左上角）水平距离为 12.6 厘米，垂直距离（左上角）为 12.68 厘米。

F6.jpg：高×宽为 2.13 厘米×3.13 厘米；位置设置（左上角）水平距离为 16.18 厘米，垂直距离（左上角）为 13.53 厘米。

（4）第 2、第 3 张幻灯片的标题设置为"隶书"，80 磅；文本设置为"楷体"，24 磅。在第 2 张幻灯片的备注区插入"凡高简介"，在第 3 张幻灯片的备注区插入"凡高名作"。

（5）在第 2 张幻灯片中，插入一幅大小为 6×5 厘米的人物图（F1.jpg），位置设置（左上角）水平距离为 16.3 厘米，垂直距离 1.72 厘米；在第 3 张幻灯片中，插入一幅大小为 7.28 厘米×5.64 厘米向日葵图片（F2.jpg），位置设置（左上角）水平距离为 1.1 厘米，垂直距离为 0.72 厘米。

（6）第 2 张幻灯片中的人物图片的动画效果为"形状""上一动画之后"，"效果选项"为"方向→缩小"和"形状→方框"；第 3 张幻灯片中的向日葵图片的动画效果为"随机线条""上一动画之后""垂直"。

PPT 图片素材如图 14-28 所示。

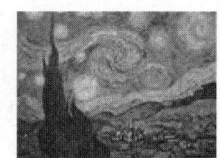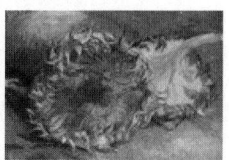

图 14-28　第 3 题素材

- 第 2 张幻灯片文字内容：

　　荷兰画家凡高，后期印象画派代表人物，是 19 世纪人类最杰出的艺术家之一。他热爱生活，但在生活中屡遭挫折，艰辛备尝。他献身艺术，大胆创新，在广泛学习前辈画家伦勃朗等人的基础上，吸收印象派画家在色彩方面的经验，并受到东方艺术，特别是日本版画的影响，形成了自己独特的艺术风格，创作出许多洋溢着生活激情、富于人道主义精神的作品，表现了他心中的苦闷、哀伤、同情和希望，至今饮誉世界。

　　凡高出生在荷兰一个乡村牧师家庭。他是后印象派的三大巨匠之一。

- 第 3 张幻灯片文字内容：

　　《向日葵》就是在阳光明媚灿烂的法国南部所作的。画像闪烁着熊熊的火焰，满怀炽热的激情仿佛旋转不停的笔触是那样粗厚有力，色彩的对比也是单纯强烈的。然而，在这种粗厚和单纯中却又充满了智慧和灵气。观者在观看此画时，无不为那激动人心的画面效果而感叹，心灵为之震颤，激情也喷薄而出，无不跃跃欲试，共同融入凡高丰富的主观感情。总之，凡高笔下的向日葵不仅仅是植物，更是带有原始冲动和热情的生命体。

4. 如图 14-29 所示，2008 年奥运会开幕式的晶莹剔透的画轴，给人梦幻般的感觉。它是高科技的成果，现在试用 PowerPoint 制作画轴打开效果。

（1）新建一个演示文稿，幻灯片选择版式为"空白"幻灯片。

（2）插入艺术字。插入一个艺术字"春暖花开"，艺术字样式为"填充：紫色，主题色 4；软棱台"；文本填充颜色：紫色到红色矩形渐变填充；文本形状效果为"双波形：上下"；发光效果为"发光：18 磅；橙色，主题色 6"。

（3）插入自选图形。利用"绘图"工具栏中的"矩形"按钮，插入一个矩形，高为 12.4 厘米，宽为 22.75 厘米，形状填充色为"淡紫"（可以采用颜色自定义 RGB：红色 255，绿色 153，蓝色 255）。

（4）插入一幅图片，高为 11.26 厘米，宽为 21.5 厘米。调整图片的位置，使其放置于矩形中间，并与矩形组合为一个对象，如图 14-30 所示。

图 14-29　画轴　　　　　　　　　　图 14-30　插入艺术字和图片

(5) 制作画轴。

1) 绘制一个高 13 厘米、宽 1 厘米的矩形和一个高 1 厘米、宽 1 厘米的圆形。

2) 复制圆形，分别作为矩形的上下端，并与矩形组合为一个对象。

3) 设置"形状填充"效果为"红色，个性 2"到"白色，背景 1"，以"线性向右"渐变填充。

4) 复制，产生第二根画轴，如图 14-31 所示。

(6) 设置动画效果。

1) 选中图片组合对象，设置图片组合对象的进入动画效果为"劈裂"，效果选项为"中央向左右展开"，开始方式为"上一动画之后"，持续时间为"3.00"。

2) 分别设置两根画轴的进入动画效果为"出现"，开始方式为"与上一动画同时"，持续时间为"自动"。

3) 如图 14-32 所示，分别设置两根画轴的动作路径，动画为"直线"，方向分别为"靠左"、"右"。开始方式为"与上一动画同时"，持续时间"2.75"。

图 14-31　做好的画轴

图 14-32　画轴的动作路径

5．制作如图 14-33 所示的幻灯片，实现的效果是：当单击按钮 A、B、C、D 时，会弹出一个动画效果的说明，并发出一声爆炸声，再次单击该按钮时隐藏。当单击按钮 C 时，则弹出"答对了，印度……"的文本标注，同时发出鼓掌声，且标注信息不隐藏。

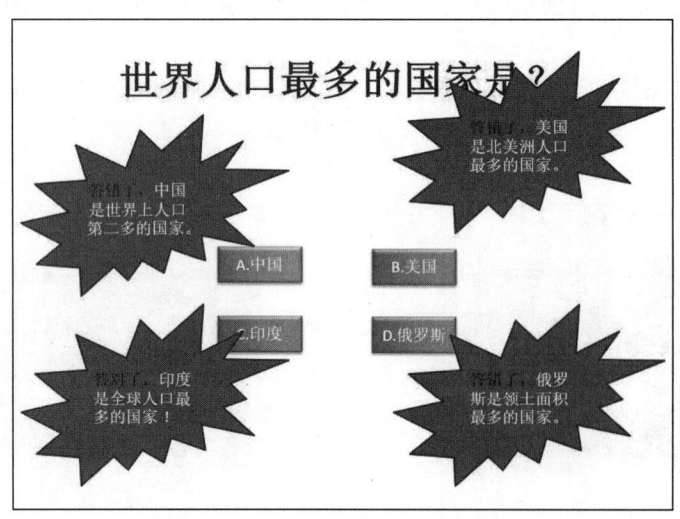

图 14-33　第 5 题图

（1）运行 PowerPoint，新建一个空白文档，幻灯片版式为"只有标题"。

（2）插入 4 个"自定义"按钮，添加适当的文字，调整它们的大小和位置；颜色为"橙色，个性色 6，深色 25%"到"橙色，个性色 6"线性向右渐变填充。

（3）添加 4 个"爆炸形：14pt"的 4 个"星和旗帜"形状，添加适当的文字，调整它们的大小和位置。

（4）设置形状的动画效果。选中其中一个形状（如答案 A 的爆炸形状），单击"动画"选项卡中的"添加动画"按钮，弹出动画列表，选择"进入"栏中的"出现"动画。

（5）单击"动画窗格"按钮，幻灯片编辑窗口的右侧出现动画窗格。

（6）在幻灯片编辑窗口中，单击选择一个形状，如"答错了，美国……"形状。此时，在动画窗格中被选中的形状动画出现红色边框，如图 14-34 所示。

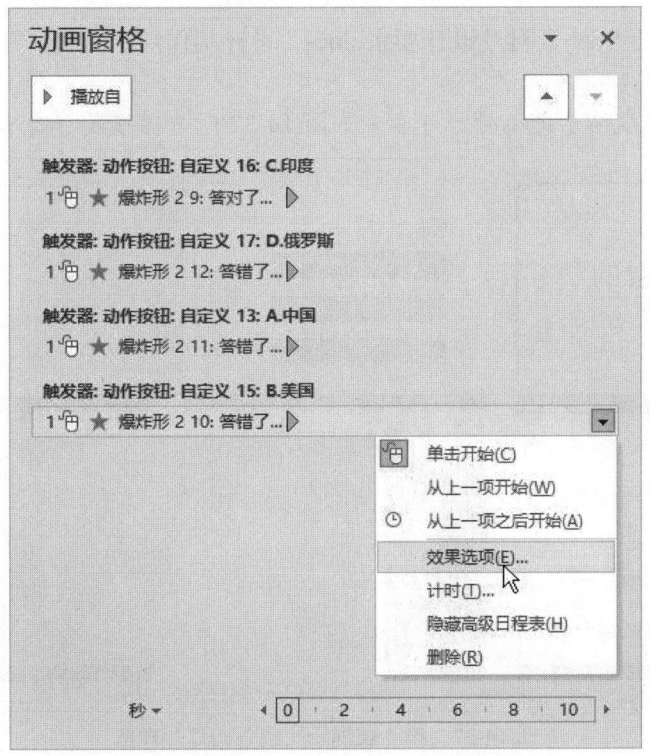

图 14-34　"动画窗格"任务窗格

（7）右击该形状，在弹出的快捷菜单中执行"效果选项"命令，紧接着会弹出对话框，在"效果"标签下，将声音设置为"爆炸"，并设为"下次单击后隐藏"，如图 14-35 所示。

（8）设置触发器，触发器的作用是使在单击按钮 B 时启动标注动画。在上面的对话框中单击"计时"选项卡，单击"触发器"按钮进行设置，本题将触发器连接到第 2 个动作按钮即"B.美国"，如图 14-36 所示。

（9）其他几个形状的设置类似，只是在设置答案 C 的标注时，将声音设为"鼓掌"，"播放动画后"设为"不变暗"。

（10）设置幻灯片循环播放，按 Esc 键结束播放。

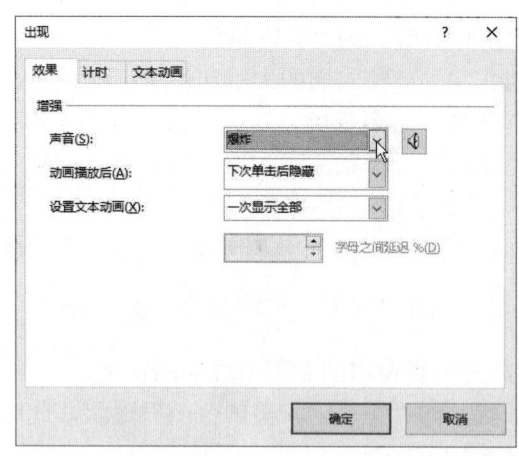
图 14-35 "效果"选项卡

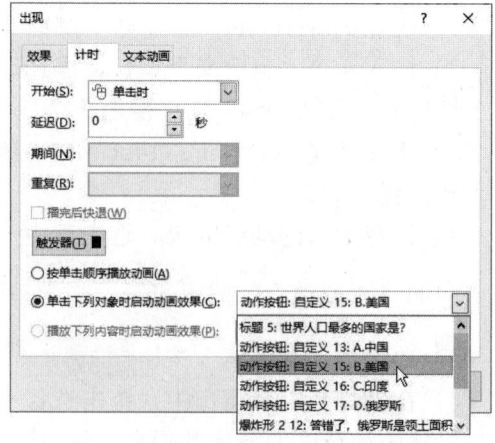
图 14-36 "计时"选项卡

6．请根据提供的"ppt 素材及设计要求.docx"设计制作演示文稿，并以文件名"ppt.pptx"存盘，具体要求如下：

说明：在制作完成演示文稿时，可参考如图 14-37 所示样张或"演示文稿示例.docx"。

图 14-37 第 6 题演示文稿各幻灯片样例

（1）演示文稿中需包含 6 张幻灯片，每张幻灯片的内容与"ppt 素材及设计要求.docx"文件中的序号内容相对应，并为演示文稿选择一种内置主题。

（2）设置第 1 张幻灯片为标题幻灯片，标题为"学习型社会的学习理念"，副标题包含制作单位"计算机教研室"和制作日期（格式：××××年××月×日）。

（3）设置第 3、第 4、第 5 张幻灯片为不同版式，并根据文件"ppt 素材及设计要求.docx"内容将其所有文字布局到对应幻灯片中，第 4 张幻灯片需包含所指定的图片。

（4）根据"ppt 素材及设计要求.docx"文件中的动画类别提示设计演示文稿中的动画效果，并保证各幻灯片中的动画效果先后顺序合理。

（5）在幻灯片中突出显示"ppt 素材及设计要求.docx"文件中重点内容（素材中加粗部

分),包括字体、字号、颜色等。

(6)第 2 张幻灯片作为目录页,采用"列表"→"垂直框列表"SmartArt 图形表示"ppt 素材及设计要求.docx"文件中要介绍的三项内容,并为每项内容设置超链接,单击各链接时跳转到相应幻灯片。

(7)设置第 6 张幻灯片为空白版式,并修改该页幻灯片背景为纯色填充。

(8)在第 6 张幻灯片中插入包含文字为"结束"的艺术字,并设置其动画动作路径为圆形形状。

7. 公司计划在大屏幕投影上向来宾自动播放并展示产品信息,因此需要市场部助理完善产品宣传文稿的演示内容。按照如下需求,请帮助该市场助理在 PowerPoint 中完成制作工作,在制作演示文稿时可参考如图 14-38 所示的幻灯片样张或"演示文稿示例.docx"。

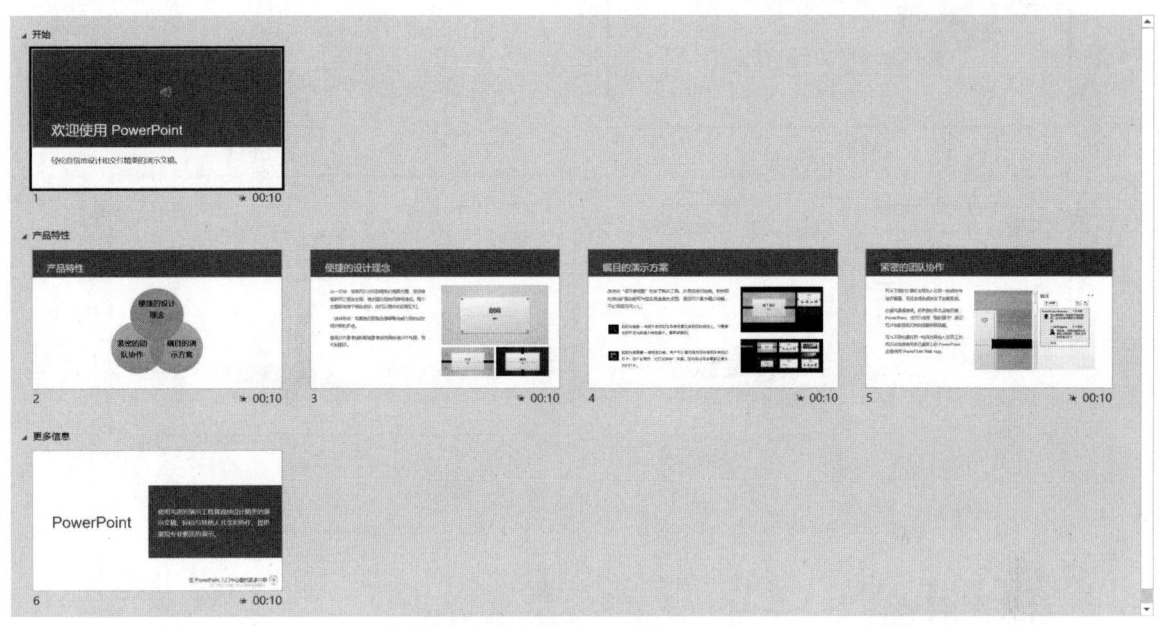

图 14-38　第 7 题演示文稿各幻灯片样例

(1)打开素材文件"PowerPoint_素材.pptx",将其另存为"PowerPoint.pptx",后续操作均在"PowerPointpptx"文件中进行。

(2)将演示文稿中的所有中文字体由"宋体"替换为"微软雅黑"。

(3)为了布局美观,将第 2 张幻灯片中的内容区域文字转换为"基本维恩图"SmartArt 布局,更改 SmartArt 的颜色,并设置该 SmartArt 样式为"强烈效果"。

(4)为上述 SmartArt 图形设置由幻灯片中心进行"缩放"的进入动画效果,并要求自上一动画开始之后自动、逐个展示 SmartArt 中的 3 点产品特性文字。

(5)为演示文稿中的所有幻灯片设置不同的切换效果。

(6)将声音文件"BackMusicmid.mp3"作为该演示文稿的背景音乐,并要求在幻灯片放映时即开始播放,至演示结束后停止。

(7)为演示文稿最后一页幻灯片右下角的图形添加指向网址 www.microsoft.com 的超链接。

(8) 为演示文稿创建 3 个节，其中"开始"节中包含第 1 张幻灯片，"更多信息"节中包含最后 1 张幻灯片，其余幻灯片均包含在"产品特性"节中。

(9) 为了实现幻灯片可以在展台自动放映，设置每张幻灯片的自动放映时间为 10 秒钟。

8．小明和小丽两位同学共同制作一份物理课件，他们制作完成的内容分别保存在"第 1～2 节.pptx"和"第 3～5 节.pptx"文档中。现在小明需要按下列要求完成课件的整合制作，整合完成并修饰后的演示文稿共有 10 张幻灯片，如图 14-39 所示。

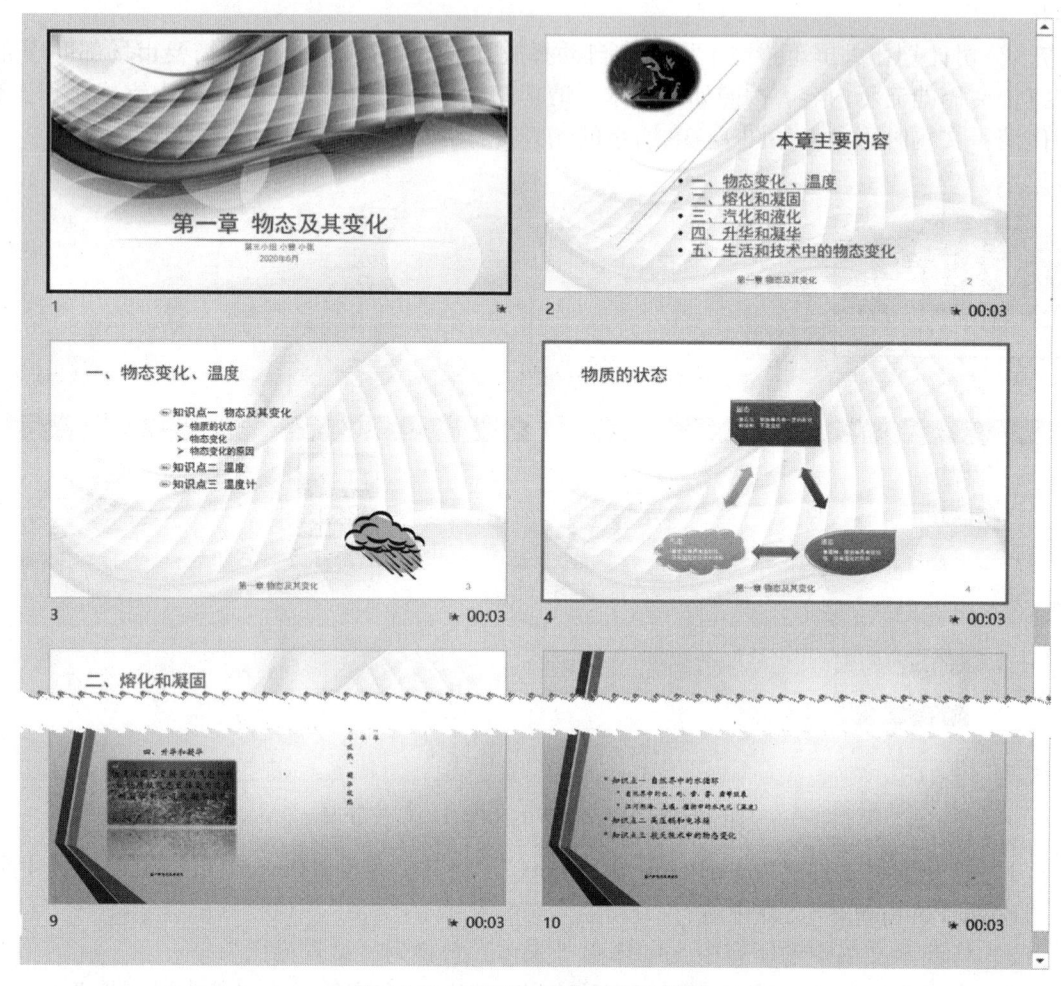

图 14-39　演示文稿各幻灯片样例

(1) 为演示文稿"第 1～2 节.pptx"应用自定义设计主题"五彩缤纷.thmx"，为演示文稿"第 3～5 节.pptx"应用自定义设计主题"视差.thmx"。

(2) 打开演示文稿 PPT.pptx，按照顺序将"第 1～2 节.pptx"和"第 3～5 节.pptx"中的所有幻灯片合并到演示文稿 PPT.pptx 中，要求所有幻灯片均保留原有格式。后续操作均基于 PPT.pptx 文件。

(3) 将应用了"五彩缤纷.thmx"设计主题下的"标题和内容"版式的幻灯片中所有一级文本的项目符号指定为图片 state.png，为二级文本设置蓝色的"箭头项目符号"。

(4) 为第 2 张幻灯片应用同一主题下的"节标题"版式，并将文本内容分别链接到相关的幻灯片上。当同一标题包含多张幻灯片时,只链接到首张。

(5)在第 3 张幻灯片后插入一张版式为"标题和内容"的幻灯片,按下列要求操作:

1)在标题占位符中输入标题文字"物质的状态"。

2)参考示例文档 SmartArt.png,在内容占位符中插入 SmartArt 图形,所需文字素材位于第 3 张幻灯片的备注中。

3)更改 SmartArt 图形的颜色、样式,分别改变 3 个矩形的形状。

4)为 SmartArt 图形添加动画效果,要求沿图形的顺时针方向按照"固态→箭头→液态→箭头→气态→箭头"的顺序依次自右下方自动飞入。

(6)在第 7 张幻灯片后,插入一张与第 7 张幻灯片应用同一主题的版式为"标题和内容"的幻灯片,输入标题文字"蒸发和沸腾的异同点";参照样例文档"蒸发和沸腾的异同点.docx",在内容占位符中插入相同的表格,并为该表格添加一个动画效果。

(7)将第 9 张幻灯片的版式更改为同一主题下的"内容与标题";用图片 frost.png 填充左下方的文本框,同时调整该图片的映像及柔化边缘两项效果。

(8)除标题幻灯片外,为其他幻灯片添加编号及页脚,页脚内容为"第一章　物态及其变化"。

(9)分别为前 5 张和后 5 张幻灯片应用不同的切换方式,设置除第 1 张外其他幻灯片的自动换片时间为 3 秒。

9.李老师现在要准备一份数学课的 PPT 课件(文件名为 PPT.pptx)。根据本题文件夹下提供的素材内容,请参考如图 14-40 所示的样例文档"参考效果_PPT.docx",帮助他完成演示文稿的制作,具体要求如下:

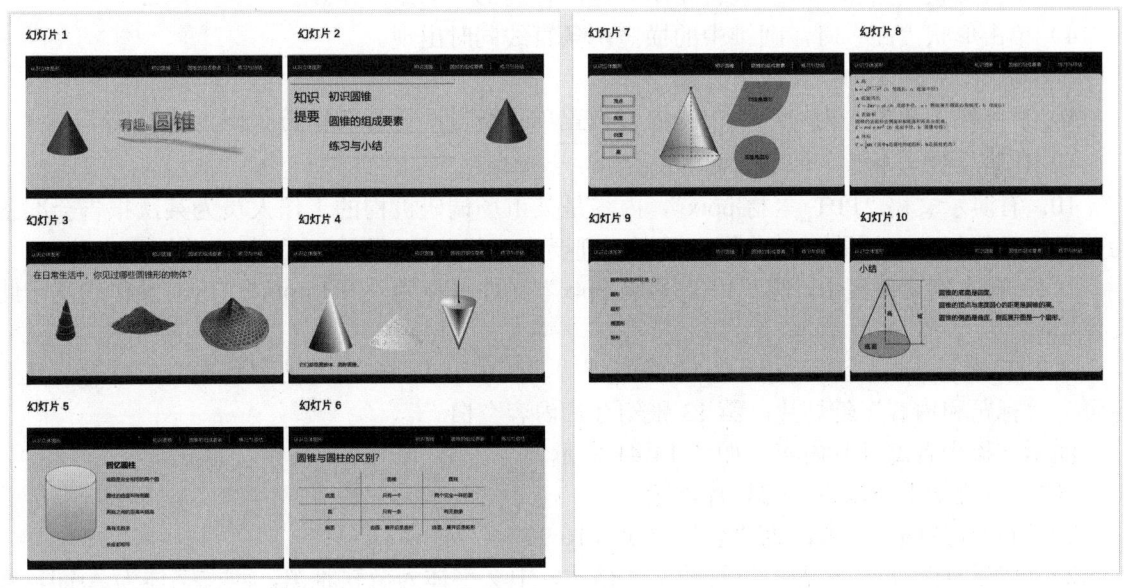

图 14-40　PPT 幻灯片样例

(1)参照样例效果,设计幻灯片母版。

1)设置空白版式的背景样式为"样式 4"。

2)在空白版式中插入圆角矩形,其和幻灯片等宽,高度为 15 厘米,在幻灯片中水平居中对齐，到幻灯片上边缘的距离为 2.9 厘米，设置圆角矩形的填充颜色为"白色，文字 1，深色 15%"，并取消边框。

3）输入样例效果图所示的文本和符号，其中文本"认识立体图形""初识圆锥""圆锥的组成要素""练习与总结"的字体为黑体，两个竖线符号字符代码为"250A"；以上 4 个文本项和两个符号应位于 6 个独立的文本框中。

4）为文本框"初识圆锥"、"圆锥的组成要素"和"练习与总结"添加超链接，分别链接到幻灯片 3、幻灯片 5 和幻灯片 9。

5）适当调整每张幻灯片中的文字和图形内容，使其位于圆角矩形背景形状之中。

（2）参照样例效果，修改幻灯片 1 中的文本字体和字号，并应用恰当的艺术字文本、轮廓和阴影效果。

（3）参照样例效果，将幻灯片 2 中的文本转换为"线型列表"布局的 SmartArt 图形。

（4）参照样例效果，在幻灯片 1 和幻灯片 2 中，通过插入一个内置的形状形成圆锥，要求顶部的棱台效果为"角度"，高度为 300 磅，宽度为 150 磅。

（5）在幻灯片 3 中，删除沙堆图片的白色背景。

（6）参照样例效果，在幻灯片 6 中，将文本转换为表格，文本在单元格中垂直和水平都居中对齐，表格无背景色且只有内部框线。

（7）在幻灯片 7 中，参照样例效果添加形状和输入文本，要求 4 个形状大小一样，且纵向等距分布，并为这些形状设置如下的动画触发效果：

1）单击形状"顶点"时，圆锥上方顶点对应的红色圆点出现。
2）单击形状"底面"时，包含文本"底面是圆形"的圆形出现。
3）单击形状"侧面"时，包含文本"侧面是扇形"的扇形出现。
4）单击形状"高"时，圆锥中的横竖两条直线同时出现。

（8）在幻灯片 8 中，完成下列操作。

1）参照样例效果，为幻灯片中的内容设置项目符号，符号的字符代码为"25B2"。
2）在第二行文本开头插入公式 $h = \sqrt{l^2 - r^2}$。

10. 有演示文稿"PPT_素材.pptx"，内容是某市场调研机构的工作人员为某次报告会准备的关于云计算行业发展的演示文稿。根据下列要求，帮助她运用已有素材完善演示文稿。

（1）在本例文件夹中，将"PPT_素材.pptx"文件另存为"PPT.pptx"，后续操作均基于此文件。

"PPT_素材.pptx"演示文稿有 13 张幻灯片，其中第 1 张幻灯片为"标题"幻灯片，其余各张为"标题和内容"幻灯片，第 13 张幻灯片内容空白。

演示文稿中各幻灯片内容，如图 14-41 所示。

（2）按照如下要求设计幻灯片母版。

1）将幻灯片的大小修改为"全屏显示（16:9）"。
2）设置幻灯片母版标题占位符的文本格式，中文字体为微软雅黑，西文字体为 Arial，并添加一种恰当的艺术字样式；设置幻灯片母版内容占位符的文本格式，中文字体为幼圆，西文字体为 Arial。
3）如图 14-42 所示，本例文件夹中有背景 1（左）和背景 2（右），分别作为"标题幻灯片"版式的背景和"标题和内容"版式、"内容与标题"版式以及"两栏内容"版式的背景。

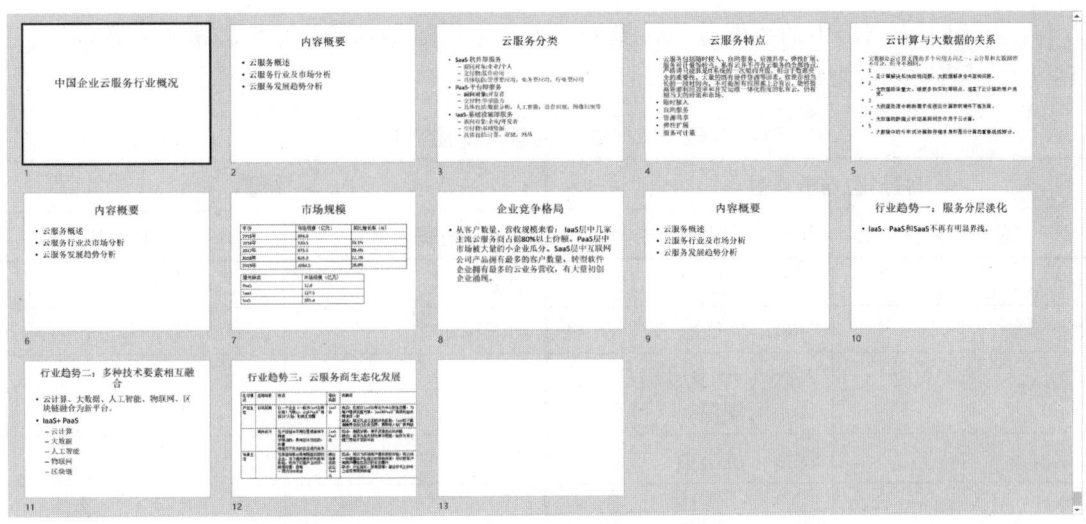

图 14-41　各幻灯片原始内容（缩略）

图 14-42　背景图片

（3）将第 2 张、第 6 张和第 9 张幻灯片中的项目符号列表转换为 SmartArt 图形，布局为"梯形列表"，主题颜色为"个性色 1"组下的"彩色轮廓-个性色 1"，并对第 2 张幻灯片左侧形状（即第 1 个形状），第 6 张幻灯片中间形状（第 2 个形状），第 9 张幻灯片右侧形状（第 3 个形状）应用"细微效果-水绿色，强调颜色 5"的形状样式。

（4）将第 3 张幻灯片中的项目符号列表转换为布局为"水平项目符号列表"的 SmartArt 图形，适当调整其大小，并应用恰当的 SmartArt 样式。

（5）将第 4 张幻灯片的版式修改为"内容与标题"，将原内容占位符中首段文字移动到左侧文本占位符内，适当加大行距；将右侧剩余文本转换为布局为"圆箭头流程"的 SmartArt 图形，并应用恰当的 SmartArt 样式。

（6）将第 7 张幻灯片的版式修改为"两栏内容"，其效果参考"市场规模.png"，如图 14-43 所示。

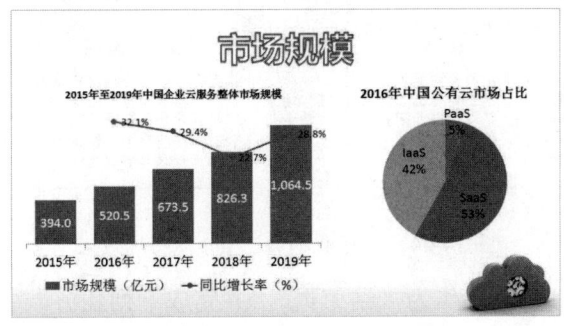

图 14-43　第 7 张幻灯片效果图

将上方和下方表格中的数据分别转换为图表（不得随意修改原素材表格中的数据），并按表 14-1 所示的要求设置格式。

表 14-1　图表元素的设置要求

柱形图与折线图		饼图	
图表元素	设置要求	图表元素	设置要求
主坐标轴	"市场规模（亿元）"系列	数据标签	包括类别名称和百分比
次坐标轴	"同比增长率（%）"系列	图表标题	2016 中国公有云市场占比
图表标题	2016 中国企业云服务整体市场规模	图例	无
数据标签	保留 1 位小数		
网格线、纵坐标轴标签和线条	无		
折线图数据标记	内置圆形，大小为 7		
图例	图表下方		

（7）在第 12 张幻灯片中，参考本文件夹下的"行业趋势三.png"图片效果，如图 14-44 所示。适当调整表格大小、行高和列宽，为表格应用恰当的样式，取消标题行的特殊格式，并合并相应的单元格。

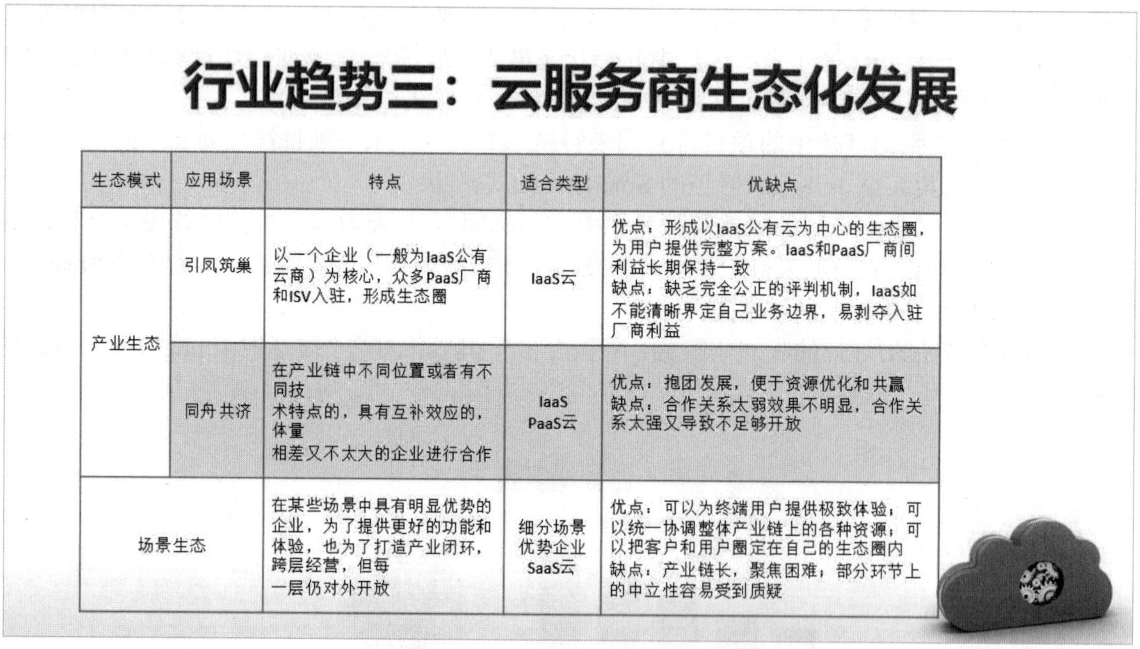

图 14-44　"行业趋势三.png"图片效果

（8）将第 13 张幻灯片，制作为"结束页"，并完成下列任务。

1）将版式修改为"空白"，并添加"蓝色，强调文字颜色 1，淡色 80%"的背景颜色。

2）制作与图 14-45 完全一致的徽标图形，要求徽标为由一个正圆形和一个太阳形构成的完整图形，徽标的高度和宽度都为 6 厘米，为其添加恰当的形状样式；将徽标在幻灯片中水平居中对齐，垂直距幻灯片上侧边缘 2.5 厘米。

图 14-45　第 13 张幻灯片效果图

3）在徽标下方添加艺术字，内容为"CLOUD SHARE"，恰当设置其样式，并将其在幻灯片中水平居中对齐，垂直距幻灯片上侧边缘 9.5 厘米。

（9）按照表 14-2 为幻灯片分节。

表 14-2　节与名称

节名称	幻灯片
封面	第 1 张幻灯片
云服务概述	第 2～第 5 张幻灯片
云服务行业及市场分析	第 6～第 8 张幻灯片
云服务发展趋势分析	第 9～第 12 张幻灯片
结束页	第 13 张幻灯片

（10）为第 2 节、第 3 节和第 4 节每一节应用一种单独的切换效果。

（11）按照表 14-3 为幻灯片中的对象添加动画。

表 14-3　动画设计与要求

对象	动画效果
幻灯片 4 中的 SmartArt 图形	"淡出"进入动画效果，逐个出现
幻灯片 7 中左侧图表	"擦除"进入动画效果，按系列出现，水平轴无动画，单击时自底部出现"市场规模（亿元）"系列，动画结束 2 秒后，自左侧自动出现"同比增长率（%）"系列
幻灯片 7 中右侧图表	"轮子"进入动画效果

（12）删除文档中的批注。

完成后的演示文稿，如图 14-46 所示。

11．某企业人力资源部门的工作人员要为公司来自港澳的新入职的员工进行规章制度培训。使用案例素材帮助她完成此项工作。

（1）在本例文件夹下，将"PPT 素材.pptx"文件另存为 PPT.pptx，后续操作均基于此文件。其中，"PPT 素材.pptx"中 16 张幻灯片的内容如图 14-47 所示。

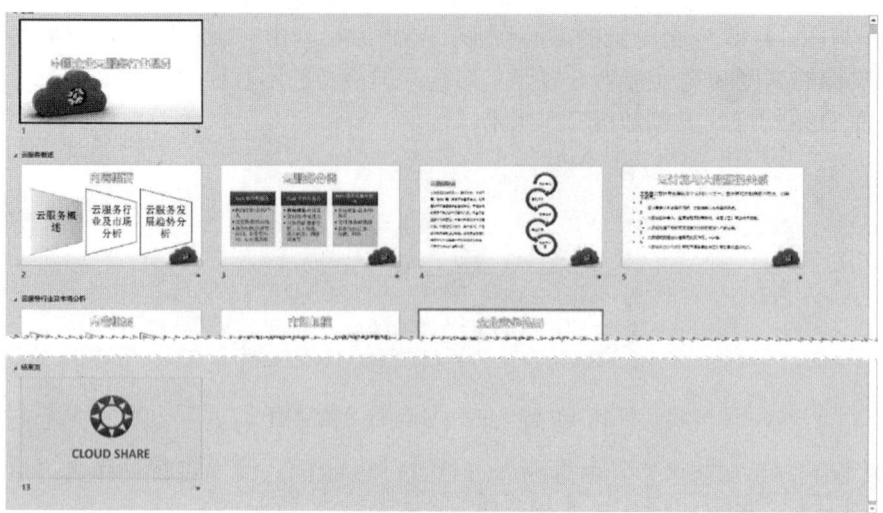

图 14-46　完成后的演示文稿

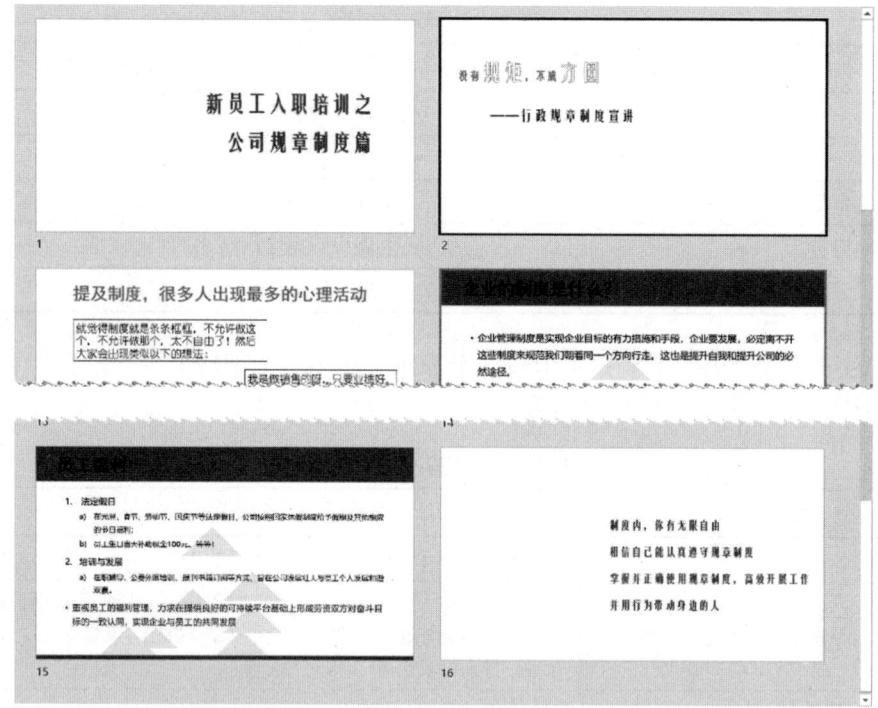

图 14-47　"PPT 素材.pptx"中 16 张幻灯片的部分内容

（2）比较与演示文稿"内容修订.pptx"的差异，接受其对于文字内容的修改（其他差异可忽略）。

（3）按照下列要求设置第 2 张幻灯片上的动画：

1）在播放到此张幻灯片时，文本"没有规矩，不成方圆"自动从幻灯片左侧飞入，与此同时文本"——行政规章制度宣讲"从幻灯片右侧飞入，右侧橙色椭圆形状以"缩放"的方式进入幻灯片，三者的持续时间都是 0.5 秒。

2)继续为橙色椭圆形状添加"对象颜色"的强调动画,使其在出现后以"中速(2 秒)"反复变换对象颜色,直到幻灯片末尾。

(4)在第 3 张幻灯片上,将标题下方的 3 个文本框的形状更改为 3 种不同的标注形状,并适当调整形状大小和其中文字的字号,使其更加美观。

(5)将第 4~第 15 张幻灯片标题文本的字体修改为微软雅黑,文本颜色修改为"白色,背景 1",并令本例文件夹中的图片"logo.png"显示在每张幻灯片右上角(位置须相同),图片样式如图 14-48 所示。

图 14-48　logo.png 图片

(6)在第 5 张幻灯片中,调整内容占位符中后 3 个段落的缩进设置,使得 3 个段落左侧的横线与首段的文本左对齐(注意:横线原始状态是与首段项目符号左对齐)。

(7)在第 6 张幻灯片中,将"请假流程:"下方的 5 个段落转换为 SmartArt 图形,布局为"连续块状流程",适当调整其大小和样式,并为其添加"淡出"的进入动画效果,5 个包含文本的形状在单击时自左到右依次出现,取消水平箭头形状的动画。

(8)在第 8 张幻灯片中,设置第一级编号列表,使其从 3 开始;在第 9 张幻灯片中,设置第一级编号列表,使其从 5 开始。

(9)为除第 1 张幻灯片之外的其他幻灯片添加从右侧推进的切换效果;将所有幻灯片的自动换片时间设置为 5 秒。

(10)删除演示文稿中的所有备注。

(11)放映演示文稿,并使用荧光笔工具圈住第 6 张幻灯片中的文本"请假流程:"(需要保留墨迹注释)。

(12)将演示文稿的内容转换为**繁体**,但不要转换常用的词汇用法。

(13)设置演示文稿打印效果,以便在使用黑白模式打印的时候,第 4~第 15 张幻灯片中的背景图片(包含三角形形状的图片)不会被打印。

第 7 章 Python 程序设计基础

实验 15 Python 语言环境的使用

实验目的

(1) 理解语言与编译环境的不同。
(2) 掌握一种 Python 语言环境的安装方式。
(3) 了解 Python 语言的使用方式。
(4) 会编写基本的输入、输出和四则运算程序。
(5) 掌握列表结构的切片操作。

实验内容与操作步骤

实验 15-1

实验内容：分别用命令行方式、图形界面方式和 Windows 命令提示符方式编写一个简单的 Python 程序。要求输入两个数，如 x=15、y=60，分别计算出这两数的相加、相减、相乘和相除的值。

分析：Python 安装完毕后，有四种使用 Python 的方式，即命令行方式、集成开发环境（IDLE）、IDLE 内置文本编辑器和 Windows 的命令行方式。

1. 命令行方式

(1) 使用命令行方式。单击"开始"→"所有程序"→Python 3.11→Python 3.11（64-bit），打开 Python 命令窗口，如图 15-1 所示。

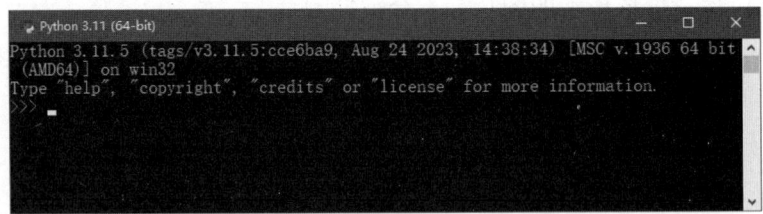

图 15-1 Python 命令窗口

(2) 在该窗口中，用户可在>>>提示符后直接输入以下命令语句序列：

```
>>> a=15
>>> b=60
>>> print("a+b=",a+b)
```

注意：每一条命令输入完毕后，需按下 Enter 键。

输入最后一条命令按下 Enter 键后，Python 命令窗口显示"a+b=75"。接着在>>>提示符后输入以下命令：

>>>print("a-b=%d\na×b=%d\na÷b=%f"%(a-b,a*b,a/b))

命令执行后，其命令序列的执行结果如图 15-2 所示。

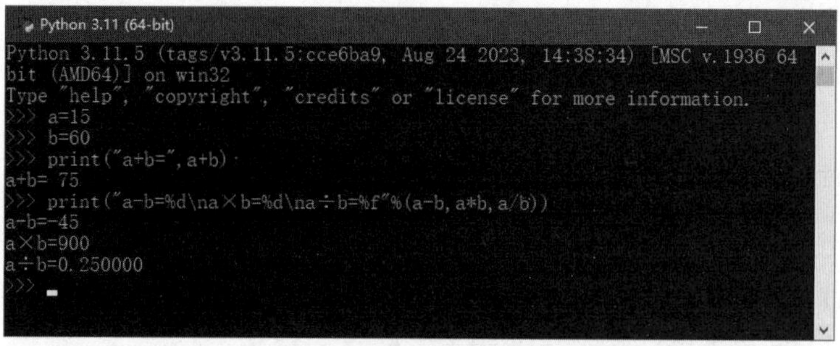

图 15-2　命令行方式下输入语句和执行结果

试一试：在命令提示符下输入以下语句并观察命令序列的执行结果，同时思考一下语句序列执行后，其表示的程序功能是什么？

>>> import os
>>> os.system('cls')

或输入以下语句：

>>> import os
>>> i = os.system('cls')

2. 集成开发环境

（1）使用命令行方式。单击"开始"→"所有程序"→Python 3.5→IDLE (Python 3.5 32-bit)，打开集成开发环境窗口，如图 15-3 所示。

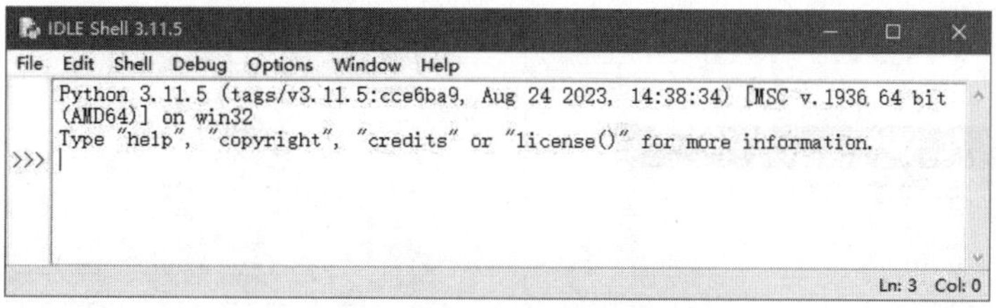

图 15-3　Python 集成开发环境窗口

（2）Python 集成开发环境窗口与命令行方式相同，只不过，它提供了一系列菜单，还可以完成调试、编辑源文件等功能。

在>>>提示符后输入 Python 语句，按 Enter 键即可执行该语句，例如：

>>> print("Hello World!")
Hello World!
>>>

其中，第 1 行的>>>是提示符，print("Hello World!")是输入的语句，第 2 行是执行结果。第 3 行是提示符，等待输入其他语句，如图 15-4 所示。

又如，输入 111+222*3/56，结果是：122.89285714285714。

按 Ctrl+Q 组合键或使用 File→Exit 菜单命令退出交互方式。

```
                    IDLE Shell 3.11.5                                    □  ×
                    File  Edit  Shell  Debug  Options  Window  Help
                    Python 3.11.5 (tags/v3.11.5:cce6ba9, Aug 24 2023, 14:38:34) [MSC v.1936 64 bit
                    (AMD64)] on win32
                    Type "help", "copyright", "credits" or "license()" for more information.
                    >>> print("Hello World!")
                    Hello World!
                    >>> 111+222*3/56
                    122.89285714285714
                    >>>
                                                                              Ln: 7  Col: 0
```

图 15-4　输入语句和执行的结果

思考题：执行以下命令序列，并观察 D:\1111.txt 的文件内容。

```
a=15
b=60
f=open("d:\\1111.txt","w+")
print("---x 和 y 两数的加、减、乘、除后值如下---")
print("a+b=",a+b)
print("a-b=%d\na×b=%d\na÷b=%.2f"%(a-b,a*b,a/b))
print("a-b=%d\na×b=%d\na÷b=%.2f"%(a-b,a*b,a/b),file=f)
f.close()
```

3. IDLE 内置文本编辑器

（1）在 IDLE 界面窗口中，单击 File 菜单，执行 New File 命令，打开如图 15-5 所示的 IDLE 文本编辑器。

（2）单击 File 菜单，执行 Save 命令（或按下 Ctrl+S 组合键），弹出如图 15-6 所示的"另存为"对话框

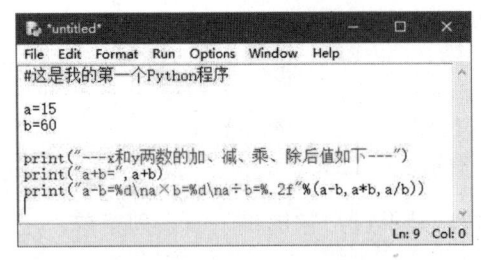

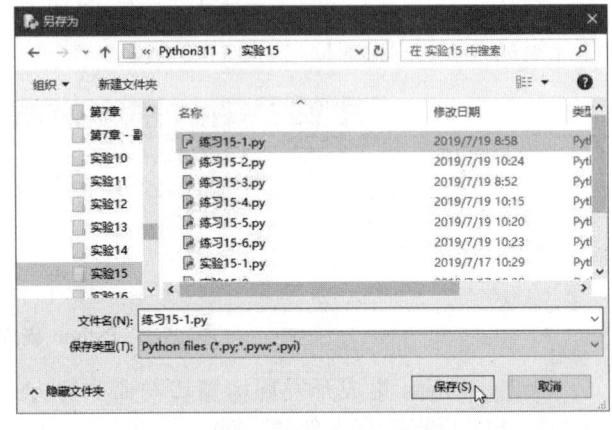

图 15-5　IDLE 文本编辑器　　　　　　图 15-6　"另存为"对话框

（3）在图 15-6 所示的对话框中，选择要保存的路径（文件夹），给出要保存文件的文件名（扩展名为.py），并单击"保存"按钮，Python 源程序被保存。

（4）单击 Run 菜单，执行 Run Modeule 命令（或按下 F5 键），执行该程序，如图 15-7 所示。

如果在执行该程序时出现错误，程序编写者可根据错误提示随时返回文本编辑器修改程序，直到程序运行结果正确。

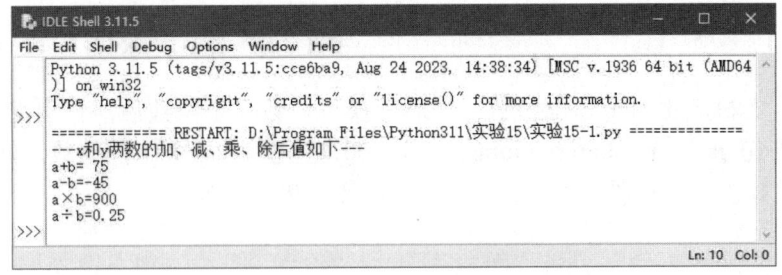

图 15-7　运行结果

4. Windows 的命令行方式

将上面保存的 Python 程序文件"实验 15-1.py"以 Windows 的命令行方式执行,其步骤如下:

(1) 在 Windows 中,单击"开始"按钮,在弹出的开始菜单搜索框输入 cmd.exe 并按下 Enter 键,进入 Windows 命令提示符方式。

(2) 为了能找到并执行 Python 程序,在 Windows 命令提示符下输入如下命令:

d:(按 Enter 键)
cd D:\Program Files\Python311\实验 15(按 Enter 键)

其含义是切换并工作在 Python 安装目录中。

(3) 直接输入命令:python 实验 15-1.py。

(4) 按下 Enter 键后,执行该程序,运行结果如图 15-8 所示。

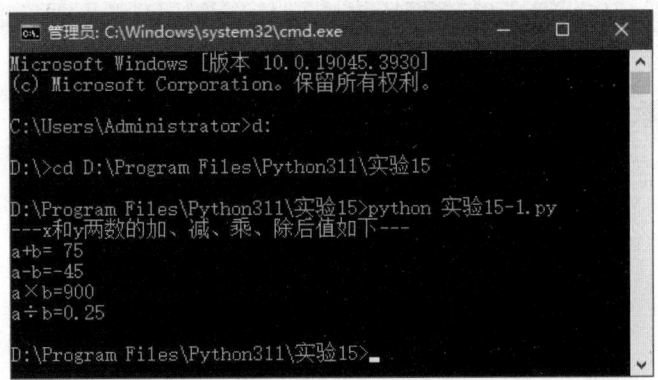

图 15-8　在 Windows 命令提示符下执行 Python 程序

实验 15-2

实验内容:建立一个程序文件"实验 15-2.py",输入下面的源代码,其功能是生成一个由 * 组成的矩形。

```
#实验 15-2.py
print('*' * 10)
for i in range(5):
    print('*         *')
print('*' * 10)
```

实验 15-3

实验内容：随机产生一个三位整数，然后交换百位数和个位数后，输出交换后的三位数。

分析：用语句 n=int(random.random()*900+100)随机产生一个三位整数，然后使用算术运算符 "//"、"-" 和 "%" 分别求出百位数 b、十位数 s 和个位数 g。

代码如下：

```
import math              #导入 math 包
import random            #导入 random 包
print("随机产生一个三位数：")
n=int(random.random()*900+100)
print("产生的一个三位数是：" + str(n))
b=n//100                 #b 表示百位数
s=(n-b*100)//10          #s 表示十位数
g=n%10                   #g 表示个位数
n=g*100+s*10+b
print("百位数和个位数交换后的数是：" + str(n))
```

实验 15-4

实验内容：编程输入两个人的 18 位身份证号码，取出身份证号码中的出生年月日，运行效果如图 15-9 所示（图中均为虚拟信息）。

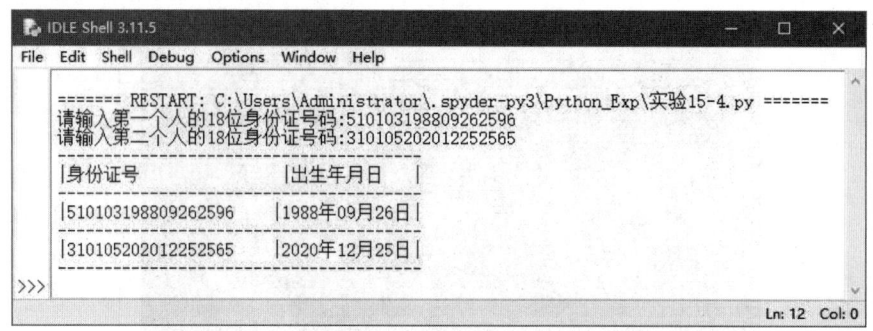

图 15-9 运行结果

分析：由于身份证中出生年月日的位置是固定的（第 7～第 14 位），可以通过字符串的切片来提取出生年月日。

代码如下：

```
#实验 15-4
id1 = input("请输入第一个人的 18 位身份证号码：")
id2 = input("请输入第二个人的 18 位身份证号码：")
print("-"*39)
print("|身份证号            |出生年月日    |")
print("-"*39)
#取出第一个人的出生年月日
birth1 = id1[6:14]
year1 = birth1[0:4]
```

```
month1 = birth1[4:6]
day1 = birth1[6:8]
print("|"+id1+"     |" + year1 +"年"+ month1 +"月" + day1 +"日|")
print("-"*39)
#取出第二个人的出生年月日
birth2 = id2[6:14]
year2 = birth2[0:4]
month2 = birth2[4:6]
day2 = birth2[6:8]
print("|"+id2+"     |" + year2 +"年"+ month2 +"月" + day2 +"日|")
print("-"*39)
```

运行代码后，程序会分别要求输入两个人的身份证号码，然后输出两个人的出生年月日。

思考与综合练习

1. 编写程序，功能为输入一个正整数，然后计算该数的平方根。
2. 编写程序，计算半径为 3.14 的圆的周长和面积。
3. 编程程序，在屏幕上打印以 "#" 为边界的矩形，宽度为 8（字符），如图 15-10 所示。

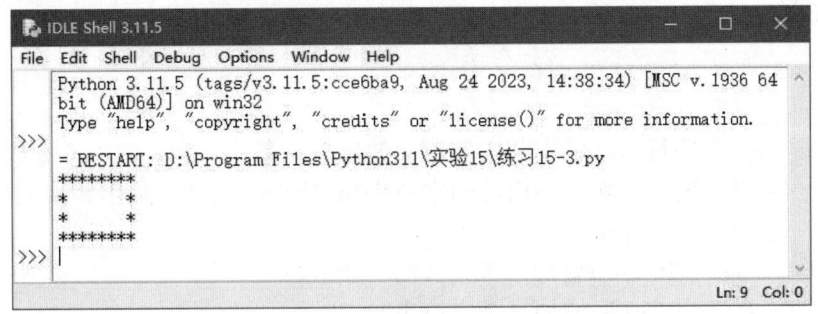

图 15-10　运行结果

4. 编写程序，功能为输入一个年份，判断是否为闰年。

注意：公历纪年法中，能被 4 整除的是闰年，不能被 100 整除而能被 400 整除的年份是闰年，能被 3200 整除的也不是闰年，如 1900 年是平年，2000 年是闰年，3200 年不是闰年。

5. 仅使用 Python 基本语法，即不使用任何模块，编写 Python 程序计算下列数学表达式并输出结果，小数点后保留 3 位。

$$x = \sqrt{\frac{(3^4 + 5 \times 6^7)}{8}}$$

6. 0x4DC0 是一个十六进制数，它对应的 Unicode 编码是中国古老的《易经》六十四卦的第一卦，请输出第五十一卦（震卦）对应的 Unicode 编码的二进制、十进制、八进制和十六进制格式。

```
print("二进制{①_____}、十进制{②_____}、八进制{③_____}、十六进制{④_____}".format(⑤_____))
```

7. 编写 Python 程序，输出一个具有文本进度条样式内容，部分代码如下：

```
N = eval(input("输入一个 0~100 的整数："))
print("____".format(N,"="*(N//5)))
```

填写空格处的代码以完善程序（运行三次）。

程序运行结果如下：
```
 10%@==
 20%@====
100%@====================
```
#前三个数字，右对齐；后面字符，左对齐

提示：文本中左侧一段输出 N 的值，右侧一段根据 N 的值输出等号，中间用@分隔，等号个数为 N 与 5 的整除商的值，例如，当 N 等于 10 时，输出 2 个等号。

8．以论语中的一句话作为字符串变量 s，补充程序，分别输出字符串 s 中汉字和标点符号的个数。

```
s = "学而时习之，不亦说乎？有朋自远方来，不亦乐乎？人不知而不愠，不亦君子乎？"
n = 0          # 汉字个数
m = 0          # 标点符号个数
_____       # 在这里补充代码，可以多行
print("字符数为{}，标点符号数为{}。".format(n, m))
```

9．补充横线处的代码，让 Python 随机选一个饮品，即随机输出 listC 列表中的元素。
```
import random
random.seed(1)
listC = ['加多宝','雪碧','可乐','勇闯天涯','椰子汁']
print(random._____(listC))
```

10．用户输入一个字符串，输出其中字母 a 的出现次数。

11．输入一个字符串，替换其中出现的字符串"py"为"python"，输出替换后的字符串。

12．ls 是一个列表，内容如下：
ls = [123, "456", 789, "123", 456, "789"]

请补充如下代码，在数字 789 后增加一个字符串"012"。
```
ls = [123, "456", 789, "123", 456, "789"]
_____
print(ls)
```

实验 16　结构化程序设计

实验目的

（1）掌握输入函数 input()及输出函数 print()的使用。
（2）掌握分支语句的应用。
（3）熟练掌握用 while 语句、do-while 语句和 for 语句实现循环的方法。
（4）理解循环结构中 break 语句的作用。
（5）掌握在程序设计中用循环的方法实现一些常用算法（如穷举、迭代、递推等）。
（6）学会使用调试程序。

实验内容与操作步骤

实验 16-1

实验内容：编写程序，用户从键盘输入 x，计算分段函数的值并打印。分段函数如下：

$$f(x) = \begin{cases} x-1, & x<0 \\ 0, & x=0 \\ x+1, & x>0 \end{cases}$$

分析：这是一个条件分支结构的嵌套使用。

（1）在 IDLE 环境中，输入并编辑程序，代码如下：

```
#计算分段函数的值
x=float(input("请输入 x="))      #输入数据，并转换成浮点数
if x>0:
    y=x+1                        #处理 x>0 的情况
else:
    if x<0:
        y=x-1
    else:
        y=0
print("f(x)=",y)                 #打印结果
```

（2）按下 Ctrl+S 组合键进行保存，程序文件名为：实验 16-1.py。

（3）按下 F5 功能键，执行该程序，执行三次。执行时，分别输入-5、0、5，查看结果。

实验 16-2

实验内容：输入 a、b、c 三个数，按从大到小的次序显示。

分析：本题有很多解法，在此使用嵌套的 if-elif-else 分支结构进行判断排序。首先，判断第一数 a 和第二个数 b 的大小，若 a<b，则交换位置。然后，新 b（即原来的 a 值）再和 c 进行比较，若 b>c，则得出结论 a>b>c。否则，c 和 a 进行比较，若 c>a，则 c>a>b。

若 a>b，则比较 b 和 c，若 b>c，则 a>b>c；否则 b 和 c 交换位置。然后，再比较 a 和 b，若 a>b，则 a>b>c，否则 b>a>c。

代码如下：

```
#输入 a、b、c 三个数，按升序排列
a = int(input("输入数 a="))
b = int(input("输入数 b="))
c = int(input("输入数 c="))
if b > a:                        #先比较第一个数和第二个数的大小
    t = a ; a = b ; b = t        #交换
    if b > c:                    #交换后，再比较第二个数和第三个数
        print("{}>{}>{}".format(a,b,c))
    else:
        t = c ; c = b ; b = t    #交换第二个数和第三个数
        if a > b:                #交换后，再比较第一个数和第二个数
```

```
                    print("{}>{}>{}".format(a,b,c))
                else:
                    print("{}>{}>{}".format(b,a,c))
    else:
        if b > c:
            print("{}>{}>{}".format(a,b,c))
        else:
            t = b ; b = c ; c = t
            if b < a: print("{}>{}>{}".format(a,b,c))
            else: print("{}>{}>{}".format(b,a,c))
```

程序运行结果图 16-1 所示。

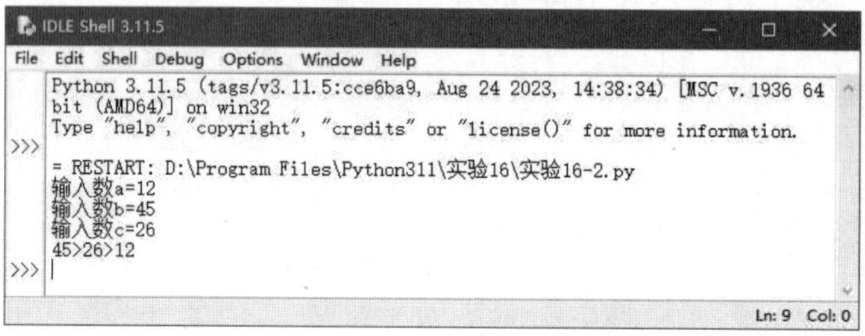

图 16-1 输入 a、b、c 三个数，按从大到小的次序显示

思考一下：本例有没有更为简单的解法，如何求解？

实验 16-3

实验内容：计算若干个连续数的和，要求通过键盘输入起始数和终止数。

分析：产生一个完成从起始数到终止数的连续数，可以使用 range() 函数。

代码如下：

```
#用户通过键盘输入起始数和终止数，然后再求和
startN=int(input("请输入连续求和的起始数和 startN=: "))
endN=int(input("请输入连续求和的终止数 endN=: "))
#以下使用 for 循环和 range() 函数进行求和
sum=0
for n in range(startN,endN+1):
    sum += n
print("起始数 %d 到终止数 %d 的数字之和是：%d"%(startN,endN,sum))
```

实验 16-4

实验内容：有数字 lst = [1,2,3,4,5,6,7,8,8]。编写代码，查看能组成多少个互不相同且不重复的两位数。

分析：采用双循环，然后取出列表中的每个数字进行比较，如果数字值不相等则配对，否则再取出下一个数字进行比较配对。

代码如下：

```
#组成不重复的数字对
lst1 = [1,2,3,4,5,6,7,8,8]
```

```
lst2 = [];lst3 = []
for i in lst1:
    for x in lst1:
        if i != x:
            a = "%d%d" % (i,x);
            lst2.append(a)
for y in lst2:
    if y not in lst3:
        lst3.append(y)
print(lst3);
print(len(lst3))
```

实验 16-5

实验内容：列表 ls 中存储了我国 39 所"985"高校所对应的学校类型，请以这个列表为数据变量，统计输出各类型的数量。

```
ls = ["综合","理工","综合","综合","综合","综合","综合","综合","综合","综合",\
    "师范","理工","综合","理工","综合","综合","综合","综合","综合","理工",\
    "理工","理工","理工","师范","综合","农林","理工","综合","理工","理工", \
    "理工","综合","理工","综合","综合","理工","农林","民族","军事"]
```

分析：首先声明一个空字典 d，然后取列表 ls 的一个值作为关键字 key，关键字相同的，其值增加 1。最后通过 format() 打印出结果。

代码如下：

```
ls = ["综合","理工","综合","综合","综合","综合","综合", \
    "综合","综合","师范","理工","综合","理工","综合","综合", \
    "综合","综合","综合","理工","理工","理工","理工","师范", \
    "综合","农林","理工","综合","理工","理工","理工","综合", \
    "理工","综合","综合","理工","农林","民族","军事"]
d = {}
for key in ls:
    d[key] = d.get(key, 0) + 1
for k in d:
    print("{}:{}".format(k, d[k]))
```

运行结果如下：

```
军事:1
民族:1
理工:13
综合:20
农林:2
师范:2
```

实验 16-6

实验内容：编写程序，其功能是产生并显示一个数列的前 n 项。数列产生的规律是，数列的前 2 项是小于 10 的正整数，将此两数相乘，若乘积<10，则以此乘积作为数列的第 3 项；若乘积≥10 则以乘积的十位数为数列的第 3 项，以乘积的个位数为数列的第 4 项。再用数列

的最后 2 项相乘，用上述规则形成后面的项，直至产生了第 n 项。

运行结果图 16-2 所示。

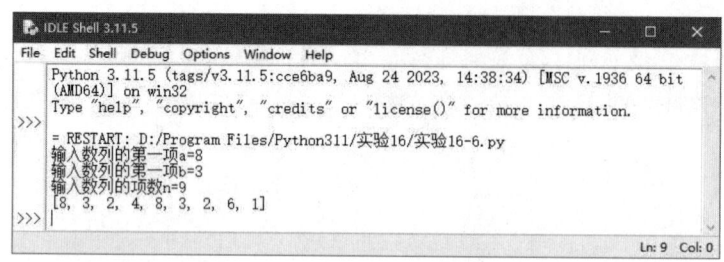

图 16-2　运行结果

分析：输入的数值 n 是数列的项数，a 和 b 表示输入数列的前两项。定义一个变量 k，前两项已经确定，因此 k 的取值范围为 3～n，先计算前两项的积，判断是否小于 10，如果乘积小于 10，则以此乘积作为数列的第 3 项数，如果乘积大于等于 10，则以乘积的十位数为数列的第 3 项，以乘积的个位数为数列的第 4 项，再用数列的最后 2 项相乘，运用循环语句，用上述规则形成后面的项，直至产生了第 n 项。在这里运用的是 while 语句，与 for 语句有所不同，要注意区分。

代码如下：

```python
a = int(input("输入数列的第一项 a="))
b = int(input("输入数列的第一项 b="))
n = int(input("输入数列的项数 n="))
ls=[]
ls.append(a)
ls.append(b)
ls[1]=b
k = 2
while k < n:
    c = a * b
    k = k + 1
    if c < 10:          #判断前两项乘积是否小于 10
        ls.append(c)    #若小于 10，则连接到 ls 末尾
        a = b           #第二项作为第一项
        b = c           #第三项作为第二项
    else:
        d = c//10       #若乘积大于 10，则取整
        ls.append(d)
        a = d
        k = k + 1
        if k <= n:
            #当 k>n，则数列个数已够
            d = c % 10
            ls.append(d)
            b = d       #将余数作为下次循环的后一项
print(ls)
```

实验 16-7

实验内容：检测输入的身份证号码的合法性，并且输出持卡人的出生日期和性别。

分析：我国公民的身份证号码是特征组合码，由 17 位数字的本体码和 1 位数字的校验码组成。排列顺序从左至右依次为 6 位数字的地址码、8 位数字的出生日期码、3 位数字的顺序码和 1 位数字的校验码。

地址码是编码对象常住户口所在地的行政区划代码，按《中华人民共和国行政区代码》（GB/T 2260—2007）的规定执行。地址码的数字编码规则如下。

- 第 1、2 位代码表示省、自治区、直辖市、特别行政区。
- 第 3、4 位代码表示市、地区、自治州、盟、直辖市所属市辖区（县、县级市）、省（自治区）直辖县级行政单位。
- 第 5、6 位代码表示县、自治县、县级市、旗、自治旗、市辖区、林区、特区。

出生日期码表示编码对象出生的年、月、日，年、月、日代码之间没有分隔符，如 19810511 表示 1981 年 5 月 11 日。

顺序码是在同一个地址码标识的区域范围内，对同年、同月、同日出生的人编定的顺序号。顺序码的奇数被分配给男性，偶数被分配给女性。

校验码是按照公民身份证号码规定，根据前面 17 位数字的本体码，使用公式计算出来的。

对于一个 18 位的身份证号码，可以通过计算最后一位校验码，判断其是否合法，其计算过程如下。

（1）将身份证号码前面 17 位数字分别乘相应的系数并求和。第 1～第 17 位数字的系数分别是 7、9、10、5、8、4、2、1、6、3、7、9、10、5、8、4、2。

（2）用上一步计算得到的和除以 11，得到余数。

（3）根据余数和最后一位校验码的对应关系，判断身份证号码的校验码是否合法。如果校验码和要判断的身份证号码最后一位相同，则表示身份证号码合法；否则表示身份证号码不合法。身份证最后一位号码分别与余数 0、1、2、3、4、5、6、7、8、9、10 对应。

代码如下：

```
#factor 中的元素分别表示从第 1～第 17 位数字的系数
factor = [7, 9, 10, 5, 8, 4, 2, 1, 6, 3, 7, 9, 10, 5, 8, 4, 2]
#last 中的元素表示身份证最后一位号码，分别与余数 0、1、2、3、4、5、6、7、8、9、10 对应
last = [ '1', '0', 'x', '9', '8', '7', '6', '5', '4', '3', '2']
while True:
    ID = input ("请输入身份证号码，或者输入"0"退出：")
    if ID == '0':
        break
    if len (ID) !=18:
        print ("输入的身份证号码位数不对，请重新输入。")
        continue
    else:
        weighted_sum = 0
        for i in range(17) :
            weighted_sum += int (ID[i])* factor [i]
        remaineder = weighted_sum % 11
```

```
            last_char = ID[-1].upper()
            if last_char == last [remaineder]:
                print (ID,'为合法身份证号码,', end = '')
                print(f"出生日期为{ID[6:10]}年{ID[10:12]}月(ID[12:14])日,", end = " ")
                if int (ID[-2])% 2 == 0:
                    print("持卡人为女性。")
                else:
                    print ("持卡人为男性。")
            else:
                print(ID,'为非法身份证号码。')
```

运行结果如图 16-3 所示。

图 16-3 运行结果

思考与综合练习

1. 编写程序，用户从键盘输入 x，计算分段函数的值并打印。分段函数如下：

$$f(x) = \begin{cases} x^2, & 0 \leqslant x \leqslant 1 \\ 2-x, & 1 < x \leqslant 2 \end{cases}$$

2. 编写程序计算学生奖学金等级。以语文、数学、英语（外语）三门功课的成绩为评奖依据。奖学金分为一等、二等、三等三个等级，评奖标准如下：

（1）符合下列条件之一的可获得一等奖学金：3 门功课总分在 285 分以上；或有两门功课成绩是 100 分，且第三门功课成绩不低于 80 分。

（2）符合下列条件之一的可获得二等奖学金：3 门功课总分在 270 分以上；或有一门功课成绩是 100 分，且其他两门功课成绩不低于 75 分。

（3）各门功课成绩不低于 70 分者，可获得三等奖学金。

要求符合条件者只能获得高的那一项奖学金，不能重复获得奖学金。

3. 身体质量指数（Body Mass Index，BMI），又称为体重指数、体质指数。BMI 指数在一定程度可以衡量人体胖瘦程度以及是否健康。计算 BMI 指数的公式如下：

BMI=体重（kg）/身高的平方（m^2）。

胖瘦程度分类见表 16-1。

表 16-1 国内外 BMI 指数分类

分类	国外 BMI 值	国内 BMI 值
偏瘦	<18.5	<18.5
正常	18.5～25	18.5～24
偏胖	25～30	24～28
肥胖	≥30	≥28

编程实现输入体重（kg）和身高（m），计算 BMI 并判断胖瘦。

4．编写程序，输出 1～200 之间的所有平方数（平方数，或称完全平方数，是指可以写成某个整数的平方的数，即其平方根为整数的数。例如，9=3×3，9 是一个平方数）。

5．使用 while 语句编写程序完成如图 16-4 所示的图形输出。

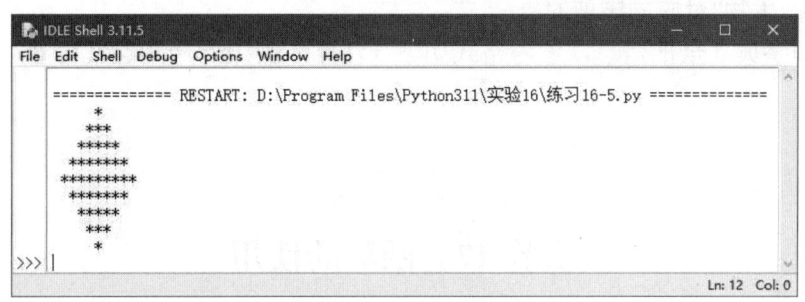

图 16-4　输出一个由"*"组成的菱形

6．现需把一百元以上的钞票换成十元、二十元、五十元的钞票（每种至少一张），编写程序求出每种换法各种钞票的张数。

7．计算下列表达式计算圆周率 π 的值：

$$\frac{\pi}{4}=1-\frac{1}{3}+\frac{1}{5}-\cdots+(-1)^{n-1}\times\frac{1}{2\times(n-1)+1}-(-1)^n\times\frac{1}{2\times n+1} \quad n=0,1,2,3,\cdots$$

说明：该公式是德国最重要的自然科学家、数学家、物理学家、历史学家和哲学家戈特弗里德·威廉·凡·莱布尼茨（Gottfriend Wilhelm von Leibniz）1674 年提出的，又称为莱布尼茨级数。

8．编写程序，随机产生 20 个长度不超过 3 位的数字，让其首尾相连以字符串形式输出，随机种子为 17。

9．猴子第 1 天摘下若干桃子，当即吃掉一半，又多吃一个；第二天将剩余的部分吃掉一半，还多一个；以此类推，到第 10 天只剩余 1 个。问第 1 天共摘了多少桃子。

提示：最后一天的 $D_{n+1}=1$ 个（n+1 表示最后一天），倒推出前一天的个数 D_n，有如下关系：

$$D_n=\begin{cases}1, & (n=10)\\ 2(D_{n+1}+1), & (1\leq n<10)\end{cases}$$

10．ls 是一个列表，内容为：ls = [123, "456", 789, "123", 456, "789"]。请补充如下代码，求其各整数元素的和：

ls = [123, "456", 789, "123", 456, "789"]
s = 0
for item in ls:
　　if ①_____ == type(123):
　　　　s += ②_____
print(s)

11．编写程序，从用户处获得一个不带数字的输入并打印输出这个输入，如果用户输入中含数字，则要求用户再次输入，直至满足条件。

输入格式：第一次输入一个带数字的数据，第二次输入一个不带数字的数据。

输出格式：输出用户提示，输出第二次输入的数据。

12．编写代码完成如下功能：
（1）建立字典 d，内容为{"数学":101, "语文":202, "英语":203, "物理":204, "生物":206}。
（2）向字典中添加键值对{"化学":205}。
（3）修改"数学"对应的值为 201。
（4）删除"生物"对应的键值对。
（5）打印字典 d 全部信息，参考格式如下（注意，其中冒号为英文冒号，逐行打印）：
201:数学
202:语文
203:(略)

实验 17　函数的使用

实验目的

（1）掌握函数的声明和使用。
（2）理解并掌握函数的参数传递。
（3）理解变量的作用域。
（4）理解匿名函数的声明和调用。
（5）了解函数的递归调用。

实验内容与操作步骤

实验 17-1

实验内容：实现字符串反转，输入 str="string"，输出'gnirts'。

分析：本例题声明一个函数 str_reverse(str)，该函数调用字符串函数 reverse()实现反转字符串。

代码如下：

```python
#自定义函数实现字符串的反转
def str_reverse(str):
    L=list(str)
    L.reverse()
    new_str=''.join(L)
    return new_str
s="string"
print(str_reverse(s))
```

思考题：本例题是否可以用下面的函数实现。

```python
def str_reverse(str):
    return str[::-1]
```

实验 17-2

实验内容：对 10 个数进行排序。

分析：可以利用选择法，即从第 1 个元素与后 9 个元素比较过程中，找出一个值最小的元素与第 1 个元素交换，以此类推，即用第 2 个元素与后 8 个元素进行比较，并与值最小的元素进行交换。

```
def main():
    a=[]
    b=[0,0,0,0,0,0,0,0,0,0]
    N=0
    print("请输入 10 个不重复的 2 位整数,每输入一个数后需按下 Enter 键：")
    for i in range(10):
        x=int(input("请输入第 %d 个 2 位整数:"%(i+1)))
        a.append(x)
    for i in range(10):
        for j in range(10):
            if a[i]>a[j]:
                N=N+1
        b[N]=a[i]
        N=0
    print(a)
    print('\n')
    print(b)
if __name__ == '__main__':
    main()
```

思考题：分析下面程序的运行结果，要求输入的数有重复。

```
def main():
    a=[]
    print("请输入 10 个不重复的 2 位整数,每输入一个数后需按下 Enter 键：")
    for i in range(10):
        x=int(input("请输入第 %d 个 2 位整数:"%(i+1)))
        a.append(x)         #12 21 23 32 34 43 45 54 65 56

    count=len(a)
    for i in range(count):
        for j in range(i+1,count):
            if a[i]>a[j]:
                a[i],a[j]=a[j],a[i]

    print(a)
    print('\n')
    print(a)
if __name__ == '__main__':
    main()
```

实验 17-3

实验内容：自定义一个函数，其可以根据 BMI 判断健康状态。

分析：自定义两个函数，一个是 calculate_bmi()，用以输入人的身高和体重，并能计算出 BMI；另一个 bmi_category(bmi)，用于根据 calculate_bmi() 函数计算出的 BMI 自动判断体重是否在健康范围内。

完整的程序代码如下：

```python
def calculate_bmi():
    height = float(input("请输入您的身高（米）: "))
    weight = float(input("请输入您的体重（公斤）: "))
    bmi = weight / (height ** 2)
    return bmi
def bmi_category(bmi):
    if bmi < 18.5:
        return "偏瘦"
    elif 18.5 <= bmi < 24.9:
        return "正常"
    elif 24.9 <= bmi < 29.9:
        return "超重"
    else:
        return "肥胖"
def main():
    bmi = calculate_bmi()
    category = bmi_category(bmi)
    print("您的 BMI 指数为：{:.2f}".format(bmi))
    print("您的健康状态为：{}".format(category))
    if category == "偏瘦":
        print("建议您增加营养摄入，适当进行锻炼。")
    elif category == "正常":
        print("恭喜您，您的体重在正常范围内，请继续保持。")
    elif category == "超重" or category == "肥胖":
        print("您的体重超出了正常范围，建议您控制饮食，增加运动量，以达到健康的体重。")
if __name__ == '__main__':
    main()
```

按下 F5 键，程序结果如图 17-1 所示。

图 17-1　运行结果

实验 17-4

实验内容：编写程序，统计英文短文中的所有单词，以及它们在文章中出现的次数（频数），打印出现次数最多的前 20 个单词及其频数。

分析：英文文章由单词和标点符号构成，可以将其看作一个字符串，其中每个单词之间都用空格或标点符号隔开。统计英文文章中单词及其频数的步骤如下：

（1）打开要处理的英文文章文件，并且读取其中的内容。

（2）为了不区分字母大小写，对字符串进行大小写转换，统一其大小写格式，并且利用字符串的 replace()方法，将标点符号替换为空字符。

（3）利用字符串的 split()方法，将字符串按照空格划分，得到一个单词列表。

（4）创建一个字典，字典的键是单词，键对应的值为该单词在文章中出现的次数（频数）。

（5）将字典按照值的大小进行降序排序。

（6）打印出现次数最多的前 20 个单词及其频数。

代码如下：

```python
import string
def getText(txt):
    '''本函数将英文短文中的单词统一转换为字母小写（或大写）格式，并且将短文中的标点符号替换为空字符。函数返回处理后的文本字符串。
    '''
    txt = txt.lower()
    for ch in string.punctuation:
        txt = txt.replace(ch,"")
    return txt
def main():
    s = "Lost time is never found again. This is something which I learned very clearly last semester.\
    I spent so much time fooling around that my grades began to suffer.\
    I finally realized that something had to be done. It was time for a change.\
    Now I have a new plan for using my time wisely. I have set my alarm clock ahead half an hour.\
    This will give me a head start on the day. I have also decided to keep a log of what I do and when I do it.\
    Looking back on what I've done will give me some ideas on how to reorganize my time."
    #调用 getText()函数，得到处理后的文本
    txts = getText(s)
    #按照空格对文本进行划分，得到单词列表
    wordslist =txts.split()
    #创建字典:键为单词，值为相应单词在文章中出现的次数
    counts = { }
    for word in wordslist:
        counts[word] = counts.get(word,0)+ 1
    #将字典按照值的大小进行降序排序
    items = list(counts.items())
    items.sort(key = lambda x:x[1], reverse = True)
    #打印排名前 20 的单词及其频数
    for i in range(20):
        word,count = items[i]
```

```
        print("{0:<10}{1:>5}".format(word,count))

if __name__ == '__main__':
    main()
```

运行结果如图 17-2 所示。

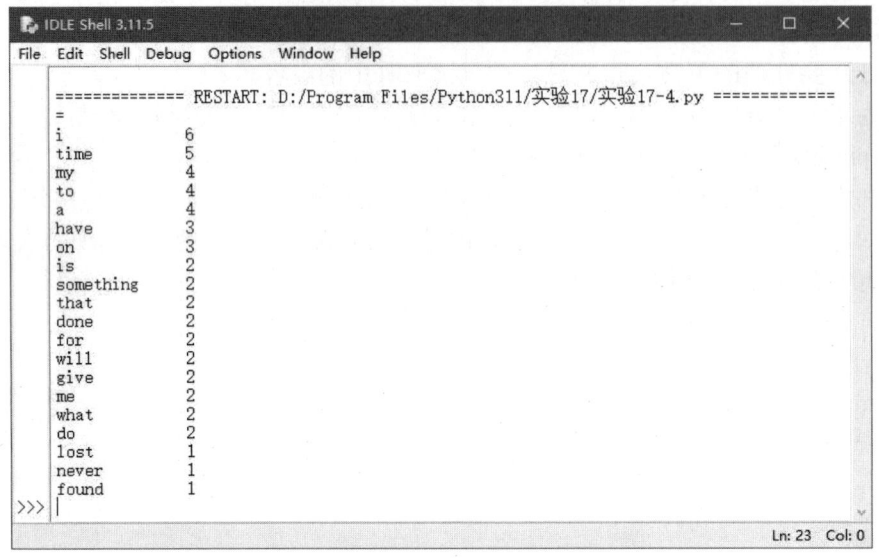

图 17-2　运行结果

说明：程序中的 string.punctuation 是一个字符串方法，它包含了所有的 ASCII 标点符号字符。string.punctuation 的值如下：

!"#$%&'()*+,-./:;<=>?@[\]^_`{|}~

这个字符串包含了所有常见的标点符号，例如感叹号、引号、括号、逗号、冒号、分号、问号、@符号、方括号、大括号、波浪线等。

思考与综合练习

1. 如下函数返回两个数的平方和，请补充横线处代码。

```
def psum(①_____):
    ②_____
a=eval(input())
b=eval(input())
print(psum(a,b))
```

2. 如下函数返回两个数的平方和，如果只给一个变量，则另一个变量的默认值为整数 10，请补充横线处代码。

```
def psum(①_____):
    ②_____
N = eval(input())
print(psum(N))
```

3. 如下函数同时返回两个数的平方和以及两个数的和，如果只给一个变量，则另一个变量的默认值为整数 10，请补充横线处代码。

```
def psum(①_____ ):
    ②_____    #返回两个数的平方和以及两个数之和
a=eval(input())
print(psum(a))
```

4. 用函数的方式，判断输入的正整数 N 是否为质数，如果是则输出 True，否则输出 False。下面给出程序，请补充横线处代码。

```
def prime():
    N = eval(input("请输入一个任意整数 N="))
    if N == 1 :
        flag = False
        ①_____
    else:
        flag = True
        for i in range(2,N):
            ②_____:
                flag = False
                break
    print(flag)
def main():
    prime()
if __name__ == ③_____:
    main()
```

5. 编写程序，获得用户输入的数值 M 和 N，求 M 和 N 的最大公约数，请补充横线处代码。

```
def GreatCommonDivisor(a,b):
    if a > b: a,b = b,a
    r = 1
    while r != 0:
        ①_____; a = b; b = r
    return a
m = eval(input())
n = eval(input())
print(②_____ )
```

6. 编写程序，实现将列表 ls = [23,45,78,87,11,67,89,13,243,56,67,311,431,111,141]中的素数去除，并输出去除素数后列表 ls 的元素个数。请结合程序整体框架，补充横线处代码。

```
def is_prime(n):
    for ①_____:
        if n % i == 0:
            return False
    return True
ls = [23,45,78,87,11,67,89,13,243,56,67,311,431,111,141]
for i in ls.copy():
    if is_prime(i) == ②_____:
        ③_____
print(len(ls))
```

7. 利用过程调用计算表达式 $\sum_{i=1}^{10} x_i = 1!+2!+3+\cdots+10!$ 的值，请补充横线处代码。

```
def factorial(x):    #x 用于接受主程序传递过来的数据
    a = 0
    b = 1
    while a < x:
        a = a + 1
        b = b * a         #b 为表示某个数字的阶乘
    ①_____            #返回阶乘数
s=0                       #这里 s 代表阶乘和
for ②_____:
    n = k
    s +=③_____
print("1!+2!+...+10!=",str(s))
```

8. 经常会有要求用户输入整数的计算需求，但用户未必一定输入整数。为了提高用户体验，编写 getInput()函数处理这样的情况。请补充如下代码，如果用户输入整数，则直接输出整数并输出退出，如果用户输入的不是整数，则要求用户重新输入，直至用户输入整数。

```
def getInput():
    txt = input("请输入整数：")            # "请输入整数: "
    while eval(txt) != ①_____:
        txt = input("请重新输入整数: ")     # "请输入整数: "
        return getInput()
    ②_____
print(getInput())
```

9. 如图 17-3 所示，设计一个应用程序，以调用自定义函数的方式实现不同进制数据之间的相互转换。要求从键盘输入待转换的数据，并显示转换的结果。请补充横线处代码。

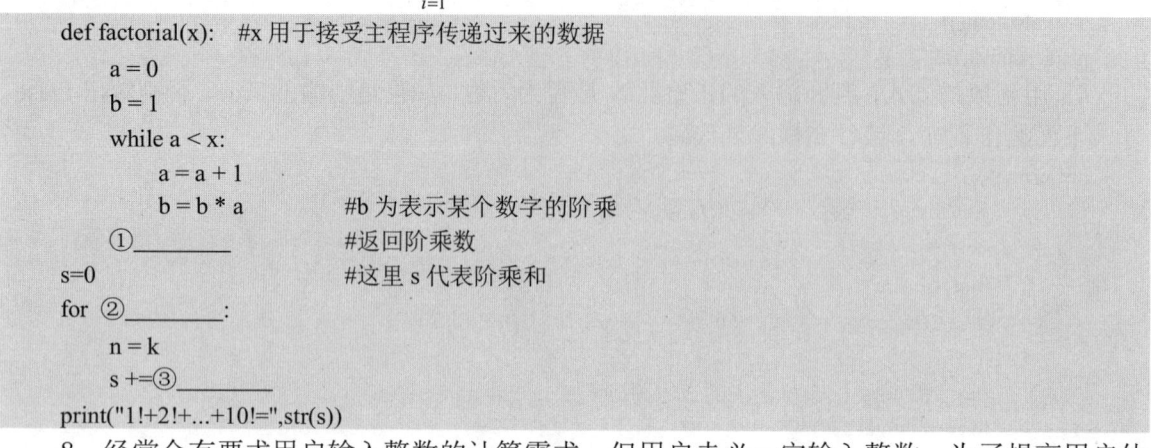

图 17-3 第 9 题图

```
def convert(a,b):
    s=""
    while a != 0:
        temp = a % b
        ①_____
```

```
            if temp >= 10:
                s = ②_____
            else: s = str(temp) + s
        ③_____
def main():
    x=int(input("请输入要转换的整数："))
    y=int(input("请输入要转换的进制（2，8，16）："))
    if y == 2:
        print(convert(x,y))
    if y == 8:
        print(convert(x,y))
    if y == 16:
        print(convert(x,y))
if __name__ == '__main__':
    main()
```

10．利用子过程 Fibonacci (&n)的递归调用，计算斐波那契（Fibonacci）数。程序运行结果如图 17-4 所示，请补充横线处代码。

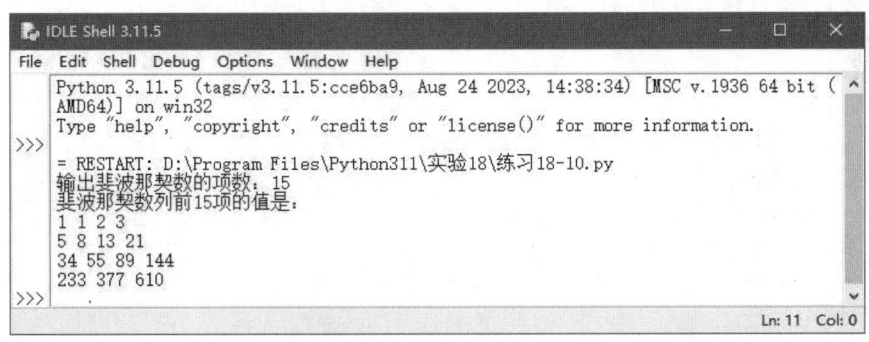

图 17-4　第 10 题图

```
#计算斐波那契（Fibonacci）数的函数过程代码
def Fibonacci(n):
        if ①_____:
            return Fibonacci(n - 1) + Fibonacci(n - 2)
        else:
            ②_____
#"计算"指定项数的斐波那契数
def main():
        n = int(input("输出斐波那契数的项数："))
        print("斐波那契数列前" + str(n) + "项的值是：")
        for k in range(1,n+1):
            print(Fibonacci(k),end= " ")        #调用 Fibonacci(n)递归函数
            if ③_____: print("")             #换行
if __name__ == '__main__':
    main()
```

11．蒙特卡罗方法计算圆周率近似值的原理如下：如果正方形内部有一个与之内切的圆，那么圆的面积和正方形的面积之比是 π/4，如图 17-5 所示。如果在正方形内部产生 n 个点（假

设这些点均匀分布，并且 n 的值足够大），那么圆内部点的数量与所有点的数量的比值是 $\frac{\pi}{4}$，用这个比值乘 4，即可得到圆周率的近似值。通过计算这些点与正方形中心的距离，可以判断这些点是否在圆内部。

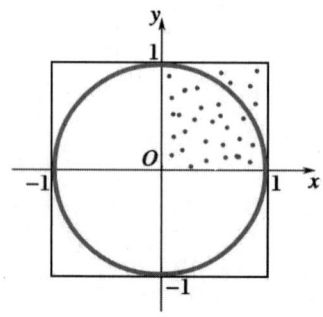

图 17-5　蒙特卡罗方法计算圆周率的近似值

下面给出程序代码，请补充横线处代码。

```
#使用蒙特卡罗方法计算圆周率的近似值
from random import random
def compute_pi(times):
    hits = 0
    for i in range(times) :
        x = random()
        y = round(①_____,1)
        if x**2+y ** 2 <=1.0:
            hits += 1
    return ②_____
if __name__ == '__main__':
    for i in range(2,10):
        times = 10**i
        print("当n={:,}时，到的圆周率近似值是{:.7f}".format(times,③_____))
```

12. 编写程序，指定一个由小写字母组成的字符串 s，打印字符串 s 中按照字母表顺序排序的最长子字符串。例如，指定字符串 s = 'azcbobobegghakl'，程序输出字符串'beggh'。如果出现相同长度的子字符串，那么打印第一个子字符串。例如，指定字符串 s = 'abcbcd'，程序输出子字符串'abc'。程序运行的结果如图 17-6 所示。

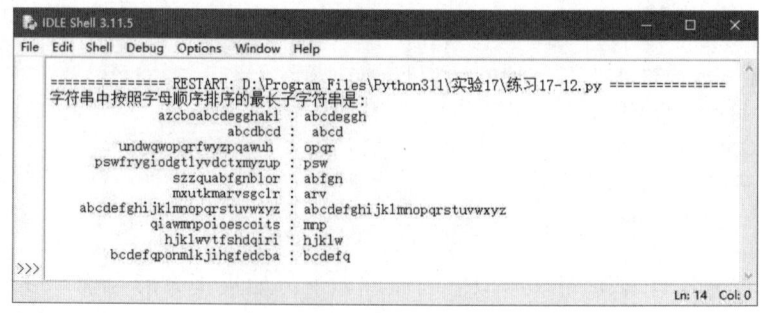

图 17-6　第 12 题图

分析与提示：为了找出指定字符串 s 中按照字母表顺序排序的最长子字符串，本题要使用 for 循环语句实现。首先，初始化 3 个变量：变量 substring 主要用于存储局部最长子字符串，初始值为字符串 s 中的第一个字符；变量 length_sub 主要用于存储全局最长子字符串的长度，初始值为 0；变量 long_sub 主要用于存储全局最长子字符串，初始值为空字符串。其次，从字符串 s 中的第二个字符开始，依次对比每个字符与变量 substring 中的最后一个字符。如果当前字符的 ASCII 码比变量 substring 中的最后一个字符的 ASCII 码大，那么将其添加到 substring 中。如果当前字符的 ASCII 码比变量 substring 中的最后一个字符的 ASCII 码小，那么对比变量 substring 的长度与变量 length_sub 的长度。如果变量 substring 的长度比变量 length_sub 的长度长，那么将变量 substring 赋值给变量 long_sub，并且将字符串 s 中的当前字符赋值给变量 substring；如果变量 substring 的长度比变量 length_sub 的长度短，则只将当前 s 中的字符赋值给 substring。

程序代码如下，请补充横线处代码。

```python
def find_alph_substring(s):
    #函数返回字符串 s 中按照字母表顺序排序的最长子字符串
    substring = s[0]
    length_sub = 0
    long_sub = ""
    for i in range(1, len(s)):
        if s[i]>=substring[-1]:
            substring +=①_____
            if i == len (s) -1 and len(substring) > length_sub :
                long_sub = substring
        elif len(substring) >②_____ :
            long_sub = substring
            length_sub = len(long_sub)
            substring = s[i]
        else:
            substring =③_____
    return long_sub
def main():
    #测试
    test_s = [ 'azcboabcdegghakl' ,' abcdbcd' ,
    'undwqwopqrfwyzpqawuh ' ,'pswfrygiodgtlyvdctxmyzup' ,'szzquabfgnblor' ,
    'mxutkmarvsgclr',
    'abcdefghijklmnopqrstuvwxyz','qiawmnpoioescoits' ,
    'hjklwvtfshdqiri','bcdefqponmlkjihgfedcba'
    ]
    print("字符串中按照字母顺序排序的最长子字符串是：")
    for s in test_s:
        long_sub = find_alph_substring(s)
        print(s.rjust(30),":",long_sub.ljust(26))
if __name__ == '__main__':
    main()
```

第 8 章 Pandas 数据分析与 Matplotlib 数据可视化

实验 18 Pandas 数据分析与 Matplotlib 数据可视化

实验目的

（1）正确理解常用的几个统计量，包括均值（mean）、方差（variance）等。

（2）正确理解 Series 和 DataFrame 结构；学会正确构建 Series 和 DataFrame 数据对象和查看对象属性。

（3）掌握使用[]、[:]、iloc[]、iloc[,]、loc[]、loc[,]Series 和 DataFrame 数据对象的元素。

（4）掌握使用查询方法查询数据，包括 df.query、df.where、s.where、df.isin、s.isin 等。

（5）掌握 DataFrame 数据的编辑功能，包括列的增加和删除、更名、修改行的值等。

（6）掌握 Series 和 DataFrame 数据的运算。

（7）掌握 Pandas 读写 CSV、TXT 及 Excel 文件。

（8）学会和初步掌握 Pandas 数据清洗的过程，包括删除空列和重复列等。

（9）掌握 Pandas 数据的合并、更新、清洗、转换。

（10）了解 Pandas 日期数据的转换功能。

（11）学会对 Pandas 数据的排序和排名。

（12）学会使用 Pandas 数据的分组、聚合函数的使用。

（13）掌握使用 Pandas 进行数据汇总与统计的方法。

（14）了解和初步使用透视表与交叉表进行分析数据。

（15）掌握 Python 的绘图区和子绘图区的使用方法。

（16）掌握 Matplotlib 中 pyplot 模块绘制直线、曲线、条形图、饼图、散点图的方法。

（17）掌握图表常用组成元素的输出方法。

实验内容与操作步骤

实验 18-1

实验内容：产生 30 个 40～100 之间的随机数作为某班学生某门课程的摸底考试成绩，对产生的成绩乘以 1.5，将其转换成 150 分制。利用统计描述查看其最大值、方差和四分位数。

分析：产生随机数可使用两种方法，一种是使用 Python 自带的随机数产生函数；另一种使用 NumPy 中的 arange 函数或随机数产生函数。本题使用第一种方式。

代码如下：

```
import pandas as pd
import random as rnd
```

```
#产生30个随机整数
x=[rnd.randrange(40, 101,1) for i in range(30)]
#转换为float型，再乘1.5
x=[float(num)*1.5 for num in x]
print("-"*18+"产生的随机数序列，共"+str(len(x))+"个"+"-"*18)
i=0
for num in x:
    print(num,end=",")
    i=i+1
    if i%10==0: print("\r")
#将列表x转化为Series对象cj
cj=pd.Series(x)
print("\r")
print("----------统计描述----------")
print(cj.describe())
```

运行结果如图 18-1 所示。

```
------------------产生的随机数序列，共30个------------------
103.5,91.5,108.0,117.0,126.0,115.5,102.0,102.0,145.5,67.5,
90.0,72.0,117.0,78.0,136.5,82.5,67.5,114.0,133.5,94.5,
85.5,81.0,111.0,81.0,144.0,112.5,78.0,150.0,64.5,100.5,

----------统计描述----------
count     30.000000
mean     102.400000
std       24.498909
min       64.500000
25%       81.375000
50%      102.000000
75%      116.625000
max      150.000000
dtype: float64
```

图 18-1　产生的 30 个随机数与统计描述

实验 18-2

实验内容：表 18-1 所示的是不同地区在 1—4 月份产品的销售量。

表 18-1　不同地区在 1—4 月份产品的销售量

序号	地区	月份	销售量
0	东部	一月	10000
1	西部	十月	15000
2	北部	三月	12000
3	南部	四月	18000

要求完成如下操作：
（1）筛选销售额大于 12000 的数据。
（2）分析每个销售地区的平均销售量。

分析：在本题中，使用 DataFrame 创建了一个销售数据 df；通过使用条件筛选操作，筛选出销售额大于 12000 的数据行。

然后，使用 groupby()方法根据地区进行分组，并计算每个地区的销售平均额。最后，将筛选结果和平均销售额打印出来。

代码如下：

```
# 创建 DataFrame 并处理销售数据
import pandas as pd
sales_data = {'地区': ['东部', '西部', '北部', '南部'],
              '月份': ['一月', '二月', '三月', '四月'],
              '销售量': [10000, 15000, 12000, 18000]}
df = pd.DataFrame(sales_data)
# 筛选销售额大于 12000 的数据
filtered_df = df[df['销售量'] > 12000]
# 统计每个地区的销售平均额
mean_sales = df.groupby('地区')['销售量'].mean()
print("---销售额大于 12000 的数据：---")
print(filtered_df)
print("----每个地区的平均销售额：----")
print(mean_sales)
```

运行结果如图 18-2 所示。

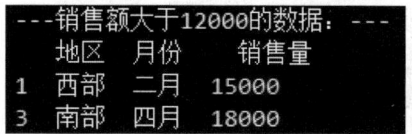

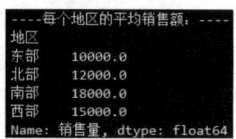

图 18-2 实验 18-2 运行后的结果

实验 18-3

实验内容：学生成绩统计分析。假设有一个成绩单文件 score.xlsx，内含三个班级的成绩表，如图 18-3 所示（只显示了 Class3 的部分数据，其他班级类似），实现如下功能。

	A	B	C	D	E	F	G	H	I	J
1	学号	姓名	班级	出生日期	年龄	高数	英语	计算机	总分	等级
2	20234033001	韦芳燕	3班	2002/12/9		58	94	77		
3	20234033002	薛珺文	3班	2004/6/12		73	63	99		
4	20234033003	宋佳	3班	2003/6/22		79	91	58		
5	20234033004	王垚之	3班	2003/2/6		100	86	54		
6	20234033005	焦傲	3班	2002/5/2		54	93	100		
7	20234033006	彭一珊	3班	2002/10/1		85	62	55		
8	20234033007	陈晟	3班	2003/5/15		75	77	70		
9	20234033008	徐屹	3班	2005/3/1		80	57	82		
10	[illegible]3009	杨甄甄	3班	2004/11/21		69	作弊	57		
30	20234033029	[illegible]	3班	2005/3/16		57	88	56		
31	20234033030	夏雨晴	3班	2004/4/25		51	67	93		
32	20234033031	陈霜	3班	2004/11/13		70	54	59		
33	20234033032	杜天齐	3班	2004/8/18		62	66	缺考		
34										

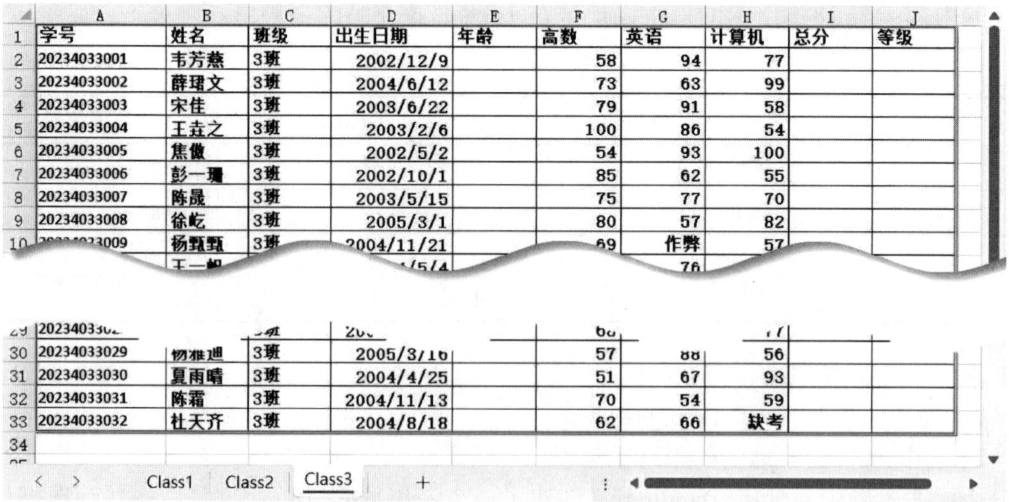

图 18-3 score.xlsx 文件及部分数据

（1）合并三张表成绩。

```python
import pandas as pd
import numpy as np
df1 = pd.read_excel("score.xlsx","Class1")    #读取 Class1 表中的数据
df2 = pd.read_excel("score.xlsx","Class2")    #读取 Class2 表中的数据
df3 = pd.read_excel("score.xlsx","Class3")    #读取 Class3 表中的数据
df = pd.concat([df1,df2,df3],ignore_index = True)   #合并三张表
print(df)
```

（2）统计每个学生的总分。由于存在作弊、缺考、缺失值的情况，因此应预先处理这些情况。

```python
#观察数据，有重复数据先去重
df = df.drop_duplicates()              #去重
df1 = df.fillna(value = 0)             #将缺失值和汉字替换掉
df2 = df1.replace(["作弊","缺考"],[0,0])
df2["总分"] = df2.高数 + df2.英语 + df2.计算机   #计算各科总分
print(df2)
```

（3）按照总分分为 3 个等级：成绩≥240，为"优秀"；180≤成绩<240，为"较好"；成绩<180 为"一般"。

```python
#计算等级
bins = [df2["总分"].min()-1,180,240,df2["总分"].max()+1]  #分三个区间
print(bins)
label = ["一般","较好","优秀"]
df2["等级"] = pd.cut(df2["总分"],bins,right = False,labels = label)
print(df2)
```

（4）计算出每个人的年龄。

```python
#计算出每人的年龄
#方法一：
#出生日期是 Timestamp 类型，用 Timestamp.year 获取年份
df2["年龄"]=[2023-x.year for x in df["出生日期"]]
print(df2["年龄"])
```

或采用以下的代码计算年龄：

```python
#方法二：
#出生日期采用 astype('str')强制转换成字符串，取前 4 个字符后转换成数值型
df2["年龄 2"]=2024-df2["出生日期"].astype('str').str[0:4].apply(pd.to_numeric)
print(df2["年龄 2"])
```

（5）按班级汇总每个班的高数、英语、计算机的平均分。

```python
m=df2.groupby(by='班级').size()
print("显示每个班的人数：")
print(m)           #每个班的人数
three=df2.groupby(by = '班级')[['高数','英语','计算机']].agg(np.mean)
print("每个班"高数"、"英语"和"计算机"的平均分：")
print(three)
```

运行结果如图 18-4 所示。

```
---显示每个班的人数：---
班级
1班    33
2班    35
3班    32
dtype: int64
```

```
---每个班“高数”、“英语”和“计算机”的平均分：---
           高数         英语        计算机
班级
1班  72.727273  74.151515  73.909091
2班  73.914286  68.571429  67.657143
3班  73.281250  77.093750  74.937500
```

图 18-4　代码（5）的运行结果

（6）按班级降序、总分降序排序。

```
#仅指定按总分降序排序
df2 = df2.sort_values(by = "总分",ascending = False)
print("------按“总分”的降序排列------")
print(df2.head(5))
#分别指定班级降序和总分升序排序
df2 = df2.sort_values(by = ["班级","总分"],ascending = [False,True])
print("------按“总分”的降序排列------")
print(df2.head(5))
```

运行结果如图 18-5 所示。

```
------按“总分”的降序排列------
            学号   姓名  班级        出生日期  年龄     高数  英语  计算机     总分  等级
19  20234031039  刘海怡  1班 2004-07-03  20   99.0  96   93  288.0  优秀
81  20234033014  陶峥羽  3班 2002-08-23  22   96.0  83  100  279.0  优秀
59  20234032054  李金鹏  2班 2004-09-03  20   79.0  95   93  267.0  优秀
23  20234031047  钟菊花  1班 2003-12-18  21  100.0  79   88  267.0  优秀
24  20234031049   袁宏  1班 2005-05-01  19   76.0  97   91  264.0  优秀
------按“总分”的降序排列------
            学号   姓名  班级        出生日期  年龄    高数  英语  计算机     总分  等级
76  20234033009  杨甄甄  3班 2004-11-21  20  69.0   0   57  126.0  一般
99  20234033032  杜天齐  3班 2004-08-18  20  62.0  66    0  128.0  一般
83  20234033016  刘雨轩  3班 2002-01-22  22   0.0  97   66  163.0  一般
98  20234033031   陈霜  3班 2004-11-13  20  70.0  54   59  183.0  较好
96  20234033029  杨雅迪  3班 2005-03-16  19  57.0  88   56  201.0  较好
```

图 18-5　代码（6）的运行结果

（7）统计“英语”60 分以下，60～80 分，以及 80 分以上的人数。

```
#统计“英语”各分数段人数
eng1=df2.loc[(df2['英语']>=60)&(df2['英语']<=80)].英语.count()
print("60 到 80 分之间人数: ",eng1)
eng2=df2.loc[(df2['英语']>=0)&(df2['英语']<60)].英语.count()
print("60 分以下人数: ",eng2)
eng3=df2.loc[(df2['英语']>80)].英语.count()
print ("80 分以上人数:",eng3)
```

运行结果如图 18-6 所示。

```
80分以上人数: 38
60到80分之间人数:  42
60分以下人数:  20
```

图 18-6　代码（7）的运行结果

（8）统计每科的平均分、最高分和最低分。

```
#统计每科的平均分、最高分
print("显示每科的平均分:\n",df2[['高数','英语','计算机']].mean())
print("显示每科的最高分:\n",df2[['高数','英语','计算机']].max())
```

运行结果如图 18-7 所示。

```
显示每科的平均分:
 高数      73.32
英语      73.14
计算机     72.05
dtype: float64
```

```
显示每科的最高分:
 高数      100.0
英语      100.0
计算机     100.0
dtype: float64
```

图 18-7　代码（8）的运行结果

实验 18-4

实验内容：接上题，学生成绩存储在 Excel 文件 score.xlsx 中，本程序从 Excel 文件读取学生成绩，统计各个分数段（90 分以上、80～89 分、70～79 分、60～69 分、60 分以下）学生人数，并用柱状图展示所有学生“高数”成绩分布情况，如图 18-8 所示。

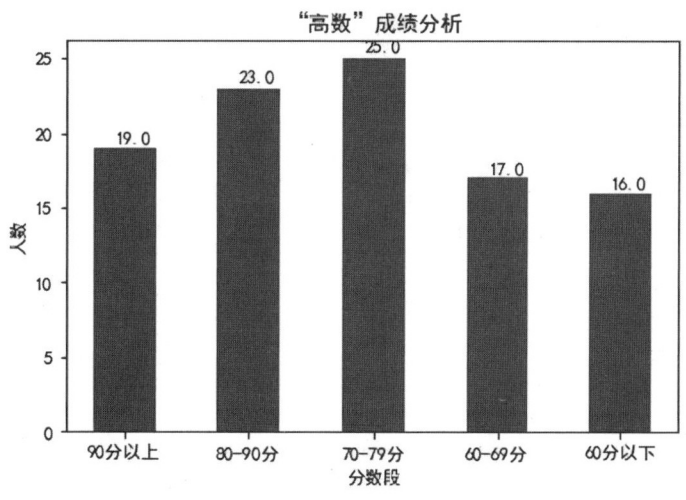

图 18-8　柱形图及显示的数值

分析：（1）计算 90 分以上、80～89 分、70～79 分、60～69 分、60 分以下各学生人数。（2）绘制柱形图。

代码如下：

```
import pandas as pd
import matplotlib.pyplot as plt
plt.rcParams['font.sans-serif'] = ['SimHei']                #显示中文
df1 = pd.read_excel("score.xlsx","Class1")                  #读取 Class1 表中的数据
df2 = pd.read_excel("score.xlsx","Class2")                  #读取 Class2 表中的数据
df3 = pd.read_excel("score.xlsx","Class3")                  #读取 Class3 表中的数据
df = pd.concat([df1,df2,df3],ignore_index = True)  #合并三张表
print(df)
#观察数据，有重复数据先去重
df = df.drop_duplicates()
#将缺失值和汉字替换掉
df.fillna(value = 0,inplace=True)
df.replace(["作弊","缺考"],[0,0],inplace=True)
#获取高数成绩，计算各分数段人数
```

```
math = df["高数"]           #获取高数成绩列
y = [0, 0, 0, 0, 0]
for score in math:          #计算各分数段人数
    if score >= 90:
        y[0] += 1
    elif score >= 80:
        y[1] += 1
    elif score >= 70:
        y[2] += 1
    elif score >= 60:
        y[3] += 1
    else:
        y[4] += 1
print('90 分以上：',y[0]);
print('80-90 分：',y[1])
print('70-79 分：',y[2]);
print('60-69 分：',y[3])
print('60 分以下：',y[4])
#绘制柱形图
x = [1, 2, 3, 4, 5]
x1 = ['90 分以上', '80-90 分', '70-79 分', '60-69 分', '60 分以下']
recs = plt.bar(x, y, width = 0.5, color = 'green')
#plt.bar(x=a, height=y, color='green', width=0.5)
plt.xlabel('分数段')
plt.ylabel('人数')
plt.xticks(x, x1)
plt.title(' "高数" 成绩分析')
for rec in recs:    #显示人数
    height = rec.get_height()
    plt.text(rec.get_x() + rec.get_width() /3, 1.02 * height, '%s' % float(height))
plt.show()
```

结论：从图 18-8 中可以看出，70～79 分之间的人数最多。

实验 18-5

实验内容：有 250 部电影的上映时长，保存在 movies.csv 中，如图 18-9 所示。试根据这些数据，绘制出这些电影的上映时长的直方图，如图 18-10 所示。

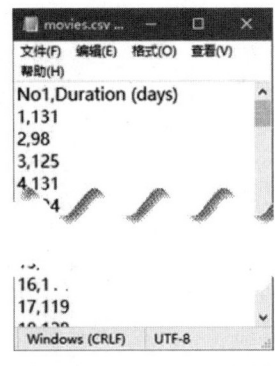

图 18-9 movies.csv 文件

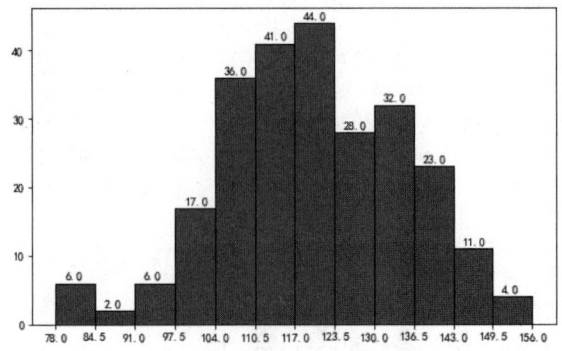

图 18-10 绘制的直方图

代码如下：
```
import matplotlib.pyplot as plt
import pandas as pd
plt.rcParams['font.sans-serif'] = ['SimHei']        #显示中文
durations = pd.read_csv("movies.csv")               #读取 movies.csv 文件中的数据
plt.figure(figsize=(8,5))
nums,bins,patches = plt.hist(durations["Duration (days)"],bins=12,edgecolor='k')
#每间隔 6.5 天
plt.xticks(bins,bins)
for num,bin in zip(nums,bins):plt.annotate(num,xy=(bin,num),xytext=(bin+1.5,num+0.5))
plt.show()
```

实验 18-6

实验内容：有 451 条青少年身高和体重以及年龄的数据文件"青少年身高和体重.csv"，如图 18-11 所示。

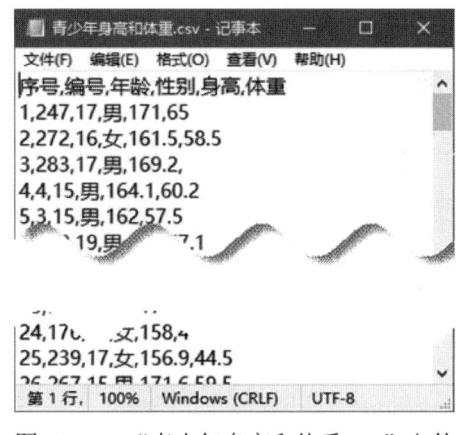

图 18-11 "青少年身高和体重.csv"文件

试利用图 18-11 中的相关数据，绘制男女身高和体重的散点图，代码如下：

```
import matplotlib.pyplot as plt
from matplotlib import font_manager        #导入字体管理包
import numpy as np
import pandas as pd
font = font_manager.FontProperties(fname="C:\Windows\Fonts\msyh.ttc")
data = pd.read_csv('青少年身高和体重.csv',index_col=0)

adolescent = data.dropna()                 #删除有 NaN 的行
print(adolescent)

m_adolescent = adolescent[adolescent['性别'] == '男']
f_adolescent = adolescent[adolescent['性别'] == '女']
m_mean_height = m_adolescent['身高'].mean()
f_mean_height = f_adolescent['身高'].mean()
m_mean_weight = m_adolescent['体重'].mean()
```

```
f_mean_weight = f_adolescent['体重'].mean()
plt.figure(figsize=(8,5))
plt.scatter(m_adolescent['身高'],m_adolescent['体重'],
            s=m_adolescent['年龄'],marker='^',color='g',label='男性',alpha=0.5)
plt.scatter(f_adolescent['身高'],f_adolescent['体重'],
            color='r',alpha=0.5,s=f_adolescent['年龄'],label='女性')
plt.axvline(m_mean_height,color="g",linewidth=1)
plt.axhline(m_mean_weight,color="g",linewidth=1)
plt.axvline(f_mean_height,color="r",linewidth=1)
plt.axhline(f_mean_weight,color="r",linewidth=1)
plt.xticks(np.arange(131,190,5))
plt.yticks(np.arange(25,85,10))
plt.legend(prop=font)
plt.xlabel("身高（cm）",fontproperties=font)
plt.ylabel("体重（kg）",fontproperties=font)
plt.title("青少年身高和体重散点图",fontproperties=font)
plt.grid()
plt.show()
```

运行结果如图 18-12 所示。

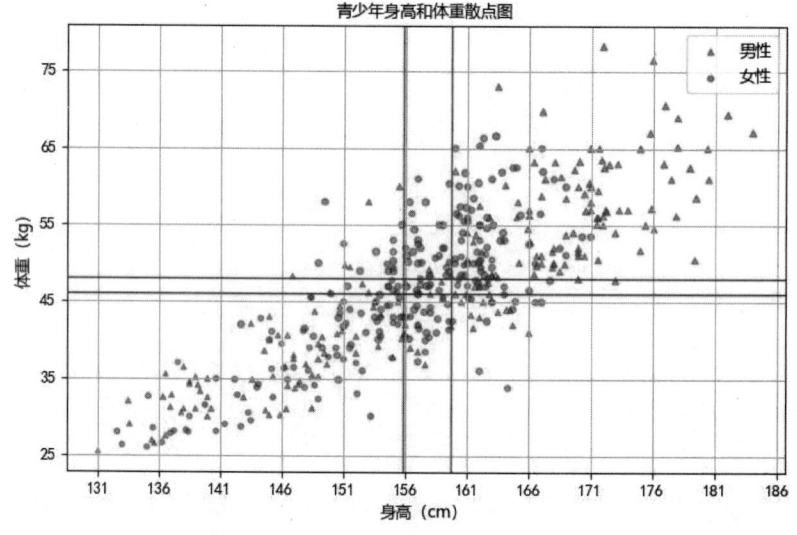

图 18-12　青少年身高和体重的散点图

实验 18-7

实验内容：气泡图是散点图的一种变体，通过每个点的面积大小，反映第三维数据。气泡图可以表示多维数据，并且可以通过对颜色和大小的编码表示不同的维度数据。如使用颜色对数据分组，使用大小来映射相应值的大小。可以通过 scatter() 函数得到散点图。

现有数据集"鸢尾花.xlsx"，其中 Sepal_length 表示花萼长度，Sepal_width 表示花萼宽度，Petal_length 表示花瓣长度，Petal_width 表示花瓣宽度，Iris_type 表示鸢尾花种类。"鸢尾花.xlsx"及部分数据，如图 18-13 所示，绘制反映不同种类鸢尾花大小的气泡图。

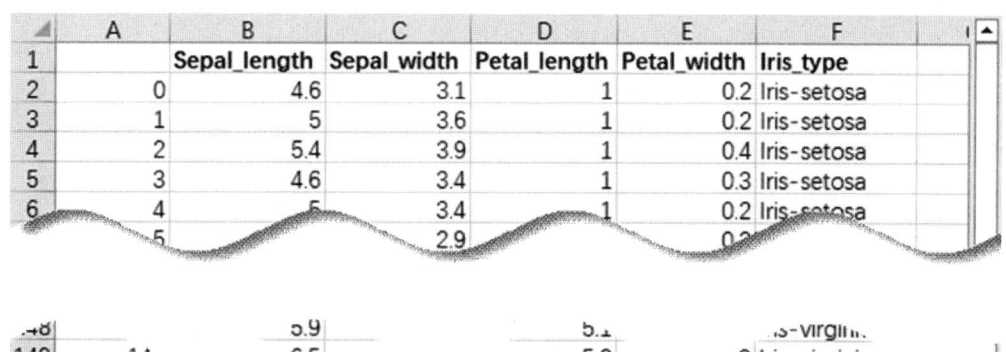
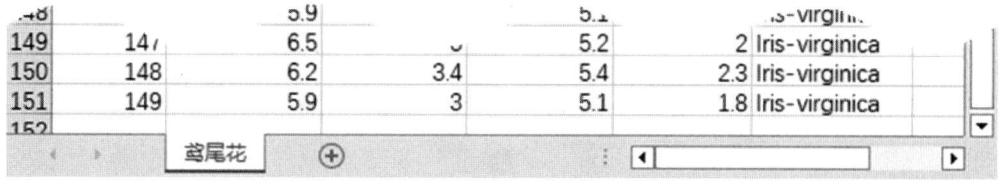

图 18-13　"鸢尾花.xlsx"文件及部分数据

代码如下：

```python
import matplotlib.pyplot as plt
import pandas as pd
data = pd.read_excel('鸢尾花.xlsx',sheet_name="鸢尾花",index_col=0)
Iris = data.dropna()    #删除有 NaN 的行
#取不同鸢尾花的数据
fig = plt.figure(figsize=(10,8))
plt.rcParams['font.sans-serif'] = ['SimHei']            #显示中文
#创建气泡图
#Sepal_length 为 x，Sepal_width 为 y，同时设置 Petal_length 为气泡大小，并设置颜色透明度等
Iris1 = Iris[Iris['Iris_type'] == 'Iris-setosa']        #取出山鸢尾花
Iris2 = Iris[Iris['Iris_type'] == 'Iris-versicolor']    #取出变色鸢尾花
Iris3 = Iris[Iris['Iris_type'] == 'Iris-virginica']     #取出弗吉尼亚鸢尾花
#绘制三种鸢尾花的气泡图
plt.scatter(Iris1['Sepal_length'],Iris1['Sepal_width'],s=Iris1['Petal_length']*100,
alpha=0.6,color="red")
plt.scatter(Iris2['Sepal_length'],Iris2['Sepal_width'],s=Iris2['Petal_length']*100,
alpha=0.6,color="green")
plt.scatter(Iris3['Sepal_length'],Iris3['Sepal_width'],s=Iris3['Petal_length']*100,
alpha=0.6,color="blue")
#第三个变量表明根据 Iris[Petal_Length]*100 数据显示气泡的大小
plt.xlabel('花萼长度(cm)')
plt.ylabel('花萼宽度(cm)')
plt.title('花萼长度(cm)*100')
plt.grid(True)          #显示网格
plt.show()
```

运行结果如图 18-14 所示。

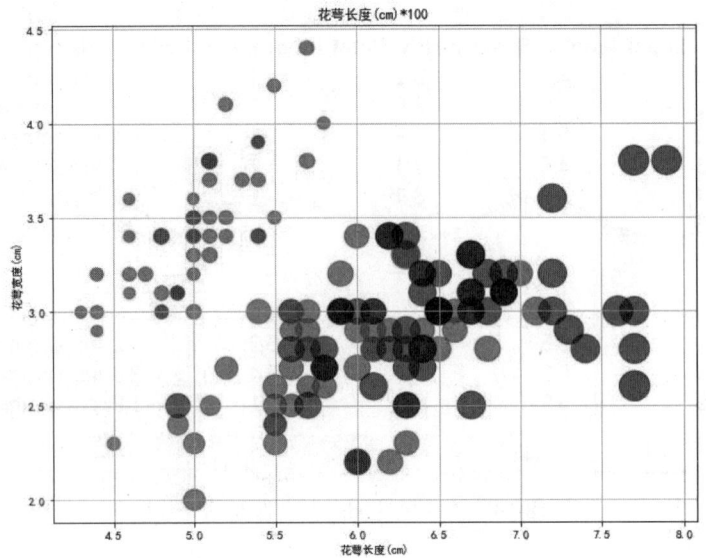

图 18-14 不同种类鸢尾花大小的气泡图

实验 18-8

实验内容：（综合题）餐饮消费数据分析与可视化。现有某餐饮店 2019 年 7 月数据文件"餐饮消费.xlsx"，如图 18-15 所示。

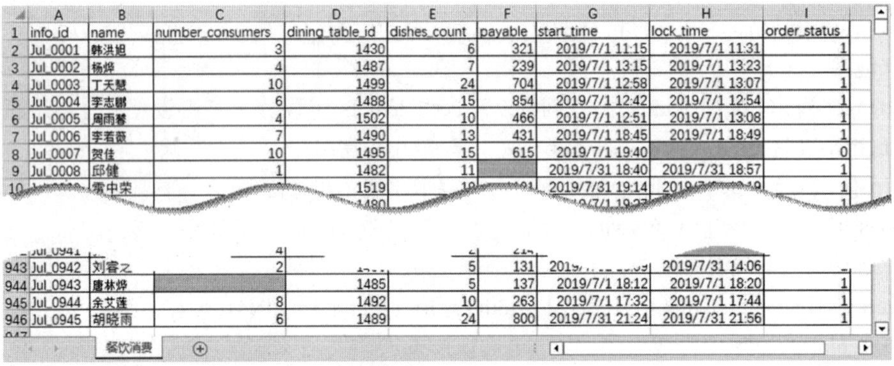

图 18-15 "餐饮消费.xlsx"文件及部分数据

在图 18-15 中，各个字段的意义如下：

info_id：订单编号。

name：订餐客户姓名。

number_consumers：就餐人数。

dining_table_id：桌号。

dishes_count：菜品数量。

payable：消费金额。

start_time：下单时间。

lock_time：结账时间。

order_status：订单状态，“1”表示订单结算成功，“0”表示缺少结账时间，即“0”表示没有结账成功。

现在对“餐饮消费.xlsx”中的数据用 Pandas 对菜品、就餐人数、销售金额等多种视角进行分析与可视化，要求如下：

（1）数据中有些数据缺少结账时间，将这些数据去除。

（2）为了分析就餐时间，从下单时间和结账时间中提取就餐时间。

（3）统计双休日订单占比。

（4）统计大桌（就餐人数在 8 到 10 人之间）订单占比。

（5）计算平均销售金额、平均就餐人数、平均菜品数量、平均就餐时间等总体指标。

（6）统计不同就餐人数的订单数量频数，并加以比较，分析哪些就餐人数的订单较多。

（7）分析不同星期和不同就餐人数对于销售金额的影响。

（8）统计消费金额总和排名最高前 5 个客户。

（9）计算周一到周日的菜品数量，并分析最高值出现在周几。

（10）计算周一到周日的消费金额平均值。

（11）根据不同就餐人数统计频数绘制柱形图，分析哪些就餐人数出现的情况较多。

（12）根据周一到周日的消费金额（payable）的平均值绘制折线图。

操作方法及步骤如下：

（1）导入库。

1）导入所需要的库 pandas、matplotlib.pyplot。

2）利用 rcParams 设置相关参数，将显示字体设置为黑体。

代码如下：

```
import pandas as pd
import matplotlib.pyplot as plt
plt.rcParams['font.sans-serif']=['Simhei']
```

（2）导入数据并查看。利用 read_excel 导入“餐饮消费.xlsx”文件，将读入的数据命名为 data。查看 data 的行数与列数以及数据的前 5 行。

代码如下：

```
data = pd.read_csv("c:\data\meal_info.csv",encoding='gbk')
print("数据的行数 =%d\n 数据的列数 =%d"%(data.shape[0],data.shape[1]))
print("数据的前 5 行为:\n",data.head())
```

输出结果如图 18-16 所示。

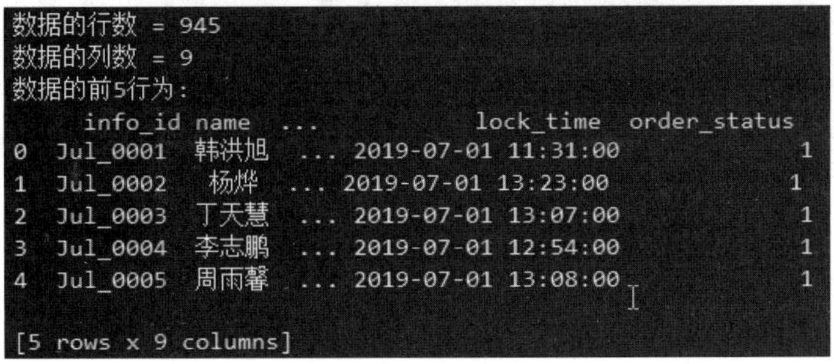

```
数据的行数 = 945
数据的列数 = 9
数据的前5行为:
    info_id name  ...           lock_time  order_status
0  Jul_0001  韩洪旭  ...  2019-07-01 11:31:00             1
1  Jul_0002   杨烨  ...  2019-07-01 13:23:00             1
2  Jul_0003  丁天慧  ...  2019-07-01 13:07:00             1
3  Jul_0004  李志鹏  ...  2019-07-01 12:54:00             1
4  Jul_0005  周雨馨  ...  2019-07-01 13:08:00             1

[5 rows x 9 columns]
```

图 18-16　输出结果

（3）数据去空。

1）查看含有空值的列名及对应的空值个数。

2）删除没有消费金额或没有结账时间的数据，payable 和 lock_time 两列中均出现空值的行，结果在原数据中显示，并查看数据的行数。

代码如下：

```
null_result = data.isnull().sum()
null_result = null_result.loc[null_result>0]
null_result = null_result.sort_values(ascending=False)
print("数据空值情况为：\n",null_result)
data = data.dropna(axis=0,subset=['payable','lock_time'],how='any')
print("去空后的数据的行数  = ",data.shape[0])
```

输出结果如图 18-17 所示。

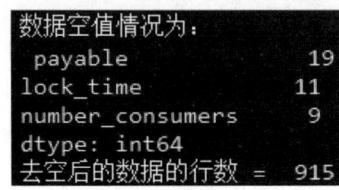

图 18-17　输出结果

（4）时间序列处理。

1）将下单时间（start_time）和结账时间（lock_time）转换成时间格式。

2）生成新列 meal_time 表示就餐时间，其公式为：meal_time=lock_time - start_time。

3）从开始时间（start_time）中抽取出"星期"，生成新变量 weekday（"星期"）。

代码如下：

```
data['start_time'] = pd.to_datetime(data['start_time'])
data['lock_time'] = pd.to_datetime(data['lock_time'])
data['deal_time'] = data['lock_time'] - data['start_time']
data['weekday'] = data['start_time'].dt.weekday_name
print("数据的前 5 行为:\n",data.head())
```

输出结果如图 18-18 所示。

```
数据的前5行为:
   info_id    name  number_consumers ... order_status         deal_time weekday
0  Jul_0001  韩洪旭              3.0 ...            1  0 days 00:16:00  Monday
1  Jul_0002   杨烨              4.0 ...            1  0 days 00:08:00  Monday
2  Jul_0003  丁天慧             10.0 ...            1  0 days 00:09:00  Monday
3  Jul_0004  李志鹏              6.0 ...            1  0 days 00:12:00  Monday
4  Jul_0005  周雨馨              4.0 ...            1  0 days 00:17:00  Monday

[5 rows x 11 columns]
```

图 18-18　时间序列处理后的输出结果

（5）数据筛选。

1）筛选双休日的订单数据（Saturday 和 Sunday），计算筛选结果的行数，并计算其比例。

2）筛选就餐人数在 8～10 人之间的订单数据，计算筛选结果的行数，并计算其比例。

代码如下：

```
loc_result1 = data.loc[(data['weekday']=='Saturday') | (data['weekday']=='Sunday')]
print("双休日的订单数据的比例为：%.2f%%"
      %(loc_result1.shape[0]/data.shape[0]*100))
loc_result2 = data.loc[(data['number_consumers']>=8) & (data['number_consumers']<=10)]
print("就餐人数在 8 到 10 人之间的订单数据的比例为：%.2f%%"
      %(loc_result2.shape[0]/data.shape[0]*100))
```

输出结果如图 18-19 所示。

```
双休日的订单数据的比例为:58.03%
就餐人数在8到10人之间的订单数据的比例为:24.04%
```

图 18-19　输出结果

（6）描述性统计分析。

1）计算平均销售金额、平均就餐人数、平均菜品数量、平均就餐时间。

2）统计不同就餐人数的订单数量频数，并按降序排序。

计算销售金额、就餐人数、菜品数量、就餐时间的平均值，代码如下：

```
pay_mean = round(data['payable'].mean(),2)
con_mean = round(data['number_consumers'].mean(),2)
dish_mean = round(data['dishes_count'].mean(),2)
time_mean = data['deal_time'].mean()
print("平均销售金额为：",pay_mean)
print("平均就餐人数为：",con_mean)
print("平均菜品数量为：",dish_mean)
print("平均就餐时间为：",time_mean)
```

输出结果如图 18-20 所示。

```
平均销售金额为： 491.56
平均就餐人数为： 5.21
平均菜品数量为： 11.78
平均就餐时间为： 0 days 00:48:24
```

图 18-20　运行结果

统计不同就餐人数的订单数量频数，并按降序排序，代码如下：

```
count_result = data['number_consumers'].value_counts(ascending=False)
print("不同就餐人数的订单数量频数:\n",count_result)
```

输出结果如图 18-21 所示。

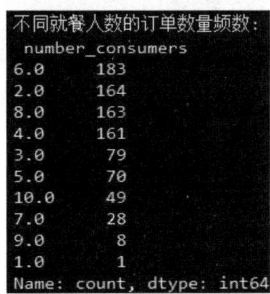

图 18-21　不同就餐人数的订单数量频数

（7）交叉透视表分析。

1）制作数据交叉表，统计不同星期的不同就餐人数的频数。

2）制作数据透视表，统计不同星期不同就餐人数的销售金额平均值。

使用交叉表，统计不同星期的不同就餐人数的频数，代码如下：

```
tab_result1 = pd.crosstab(index = data['number_consumers'],\
columns = data['weekday'], margins=True)
print("不同星期的不同就餐人数的数据交叉表为：\n",tab_result1)
```

输出结果如图 18-22 所示。

```
不同星期的不同就餐人数的数据交叉表为：
 weekday          Friday  Monday  Saturday  Sunday  Thursday  Tuesday  Wednesday  All
number_consumers
1.0                   0       0         1       0         0        0          0    1
2.0                  12      14        41      44        14       25         14  164
3.0                   9      10        20      20         3       10          7   79
4.0                  16      17        47      47         9        8         17  161
5.0                   5       4        22      26         8        2          3   70
6.0                  18      10        59      59        10       12         15  183
7.0                   1       6         7       5         2        3          4   28
8.0                  12      17        57      41        10        7         19  163
9.0                   0       1         2       2         2        0          1    8
10.0                  5       6        15      11         3        3          6   49
All                  78      85       271     255        61       70         86  906
```

图 18-22　不同星期的不同就餐人数的频数

使用数据透视表，统计不同星期不同就餐人数的销售金额平均值，代码如下：

```
import numpy as np
tab_result2 = pd.pivot_table(data,index = 'number_consumers',columns = 'weekday',
values='payable',aggfunc=np.mean,margins=True)
tab_result2 = round(tab_result2,2)
print("不同星期的不同就餐人数的销售金额的平均值的数据透视表为：\n",tab_result2)
```

输出结果如图 18-23 所示。

```
不同星期的不同就餐人数的销售金额的平均值的数据透视表为：
 weekday          Friday  Monday  Saturday  ...  Tuesday  Wednesday     All
number_consumers                            ...
1.0                  NaN     NaN    404.00  ...      NaN        NaN  404.00
2.0               349.25  294.36    421.78  ...   303.64     274.93  371.13
3.0               398.56  351.10    410.15  ...   281.70     308.29  358.15
4.0               359.19  390.65    408.19  ...   376.12     384.12  432.80
5.0               382.60  336.00    573.77  ...   432.00     469.67  496.16
6.0               596.22  658.50    498.90  ...   530.92     533.33  557.36
7.0               752.00  492.50    627.43  ...   461.00     461.50  585.07
8.0               589.75  557.35    566.98  ...   612.00     682.74  600.78
9.0                  NaN  255.00    340.50  ...      NaN     301.00  479.75
10.0              502.40  767.50    704.00  ...   804.00     447.83  646.65
All               468.09  464.61    498.50  ...   410.44     462.23  492.06

[11 rows x 8 columns]
```

图 18-23　不同星期不同就餐人数的销售金额平均值

（8）分类汇总。

1）按客户姓名统计消费金额的和，查看消费金额总和排名最高前 5 个客户。

2）按星期统计菜品数量的和，按降序方式查看不同星期菜品数量总和。

3）按星期统计消费金额的平均值，查看不同星期的消费金额平均值，结果四舍五入保留整数。

查看消费金额总和排名最高的前 5 个客户，代码如下：

```
group_result1 = data.groupby(by='name')['payable'].sum()
group_result1 = group_result1.sort_values(ascending=False)
print("消费金额总和排名最高的前 5 个客户",group_result1.head())
```

输出结果如图 18-24 所示。

```
消费金额总和排名最高的前5个客户
name
李雪     1422.0
李欣     1371.0
喻露     1314.0
张鑫     1295.0
罗橙昕   1282.0
Name: payable, dtype: float64
```

图 18-24　消费金额总和排名最高前 5 个客户

查看不同星期菜品数量总和，代码如下：

```
group_result2 = data.groupby(by='weekday')['dishes_count'].sum()
group_result2 = group_result2.sort_values(ascending=False)
print("不同星期菜品数量和", group_result2)
```

输出结果如图 18-25 所示。

```
不同星期菜品数量和  weekday
Saturday    3375
Sunday      3171
Wednesday    967
Monday       932
Friday       874
Thursday     755
Tuesday      707
Name: dishes_count, dtype: int64
```

图 18-25　不同星期菜品数量总和

查看不同星期的消费金额平均值，代码如下：

```
group_result3 = data.groupby(by='weekday')['payable'].mean()
group_result3 = round(group_result3,0)
print("不同星期的消费金额平均值")
print(group_result3)
```

输出结果如图 18-26 所示。

```
不同星期的消费金额平均值
weekday
Friday       469.0
Monday       461.0
Saturday     497.0
Sunday       530.0
Thursday     507.0
Tuesday      410.0
Wednesday    466.0
Name: payable, dtype: float64
```

图 18-26　不同星期的消费金额平均值

（9）绘制不同就餐人数频数的柱形图。根据不同就餐人数统计频数绘制柱形图，柱形颜色为天蓝色，柱形边缘色为棕色，柱形宽度为0.3。图标标题设为"不同就餐人数频数统计"，x轴为就餐人数，y轴为统计频数。代码如下：

```
#绘制不同就餐人数频数的柱形图
result1 = data['number_consumers'].value_counts(ascending=False)
x = result1.index
height = result1
width = 0.5
plt.bar(x,height,width,color='skyblue',edgecolor='brown')
plt.title("不同就餐人数频数统计",color='r')
plt.grid(axis="y")
plt.show()
```

输出结果如图 18-27 所示。

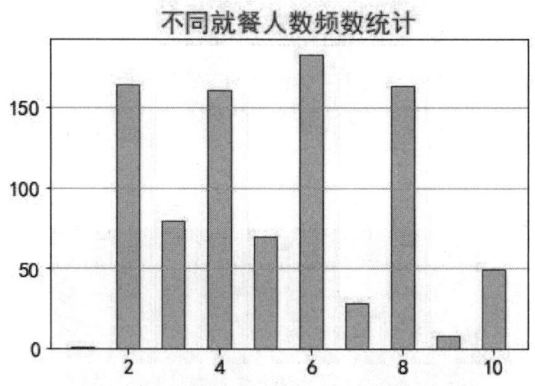

图 18-27　不同就餐人数频数的柱形图

（10）绘制折线图。

1）统计周一到周日的消费金额（payable）的平均值，并保留整数。

2）将绘图窗口设为（12，8），根据周一到周日的消费金额（payable）的平均值绘制折线图，线型的颜色为红色。图标标题设为"周一到周日平均消费金额"，x轴名称设为"星期"，y轴名称设为"平均消费金额"，并添加蓝色数据标签。

代码如下：

```
#绘制周一到周日的消费金额平均值折线图
fig= plt.figure(figsize=(12, 8))
result2 = data.groupby(by='weekday')['payable'].mean()
result2 = round(group_result2,0)
#plt.style.use('ggplot')
result2 = result2.reindex(['Monday','Tuesday','Wednesday',
                          'Thursday','Friday','Saturday','Sunday'])
x = result2.index
y = result2
plt.plot(x,y,color='red')
plt.xlabel("星期")
plt.ylabel("平均消费金额")
```

```
plt.grid(axis="y")
plt.title("星期一到星期日平均消费金额",color='r',size=25)
for i,j,k in zip(x,y,y):
    plt.text(i,j+2,j,color='blue',size=16)
plt.show()
```

输出结果如图 18-28 所示。

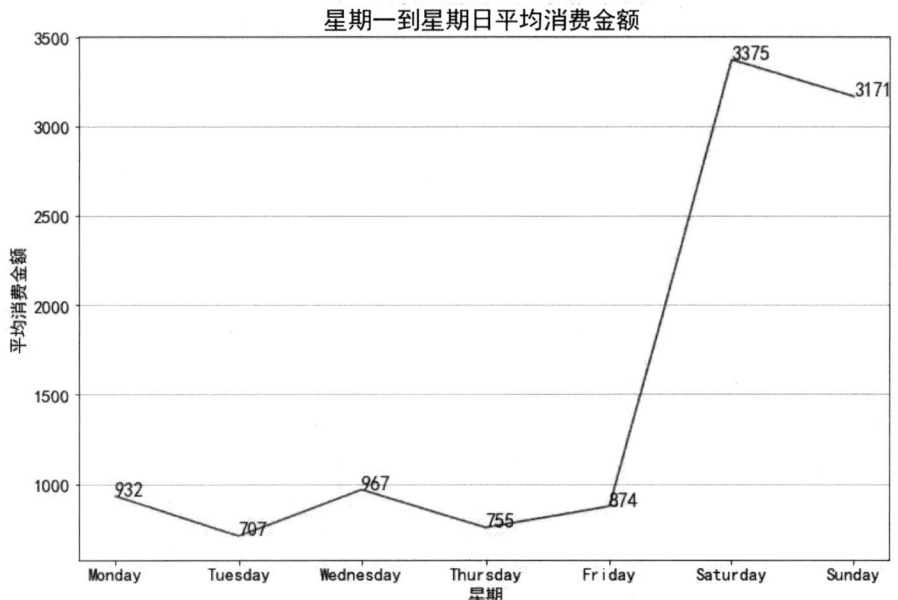

图 18-28　星期一到星期日的消费金额平均值折线图

思考题：请读者给出本实验的结果分析。

思考与综合练习

1．按要求进行如下练习。

（1）创建一个名为 series_a 的 Series 对象，其中值为[1,2,3,4]，对应的索引为['n','T','a','x']。

（2）创建一个名为 dict_a 的字典，字典内容为{'t':1,'s':2,'d':32,'x':44}。

（3）将 dict_a 字典转化成名为 series_b 的 Series 对象。

2．按要求进行如下练习。

（1）创建一个 5 行 3 列的名为 df1 的 DataFrame 对象，列名为['province','city','community']，行名为['one';'two','three';'four'.'five']。

（2）给 df1 添加新列，列名为 new_add，值为[7,6,5,4,3]。

3．有如下数据：

```
s1 = pd.Series([41,23,76,32,58], index=[ 'z','y','j','i','e'])
d1 = pd.DataFrame({'e':[14,23,46,15],'f':[0,15,43,221]})
```

按要求进行如下练习。

（1）对 s1 进行按索引排序，并将结果存储到 s2。

（2）对 d1 进行按值降序排序（index 为 f），并将结果存储到 d2。

4. 假设有如图 18-29 所示的用户数据文件 users.xlsx，完成如下任务。

图 18-29　users.xlsx 文件及部分数据

（1）导入数据。
（2）以职业（occupation）分组，求每一种职业所有用户的平均年龄（age）。
（3）求每一种职业男性的占比，并按照从低到高的顺序排列。
（4）获取每一种职业对应的最大和最小用户年龄。

5. 假设有如图 18-30 所示的订单表 order.xlsx，完成如下任务。

图 18-30　order.xlsx 文件及部分数据

（1）导入数据，计算有多少商品的价格（item_price）值大于 10。
（2）根据商品的价格对数据进行排序。
（3）在所有商品中价格最高的商品的数量（quantity）是多少？
（4）在所有订单中，商品"番茄酱"的订单数是多少？
（5）在所有订单中，商品"桂花糕"的订单数大于 15 的有多少？

6. 数据集 patient_heart_rate.xlsx 描述不同个体在不同时间的心跳情况。数据列包括病人的姓名、年龄、体重、性别和不同时间段的心率，如图 18-31 所示。

第 8 章 Pandas 数据分析与 Matplotlib 数据可视化

图 18-31 patient_heart_rate.xlsx 及其数据

加载文件中的数据到 DataFrame 对象，序号列为索引，完成如下任务。

（1）查看哪些列有缺失值。
（2）统一性别列的表示方法，用 m、f 表示。
（3）统一体重列的单位为 kg，然后把"公斤"和"斤"去掉。
（4）将第 2～4 行 00～06 的心率设置为缺失值。
（5）填充心率缺失值，缺失数据用 75 填充。
（6）将前两行设置为缺失值。
（7）删除有缺失值的行。
（8）查看是否有重复行，如有删除重复行。
（9）年龄列离散化：0～30 岁为青少年，31～59 岁为中年，60 岁及以上为老年，添加一列"年龄组"保存离散化后的数据，同时删除年龄列。
（10）重新设置索引为连续的整数（0～n-1，n 为数据的行数）。

7. 某外卖平台的客户信息保存在文件 users.csv 中，如图 18-32 所示；订单信息保存在文件 orders.csv 中，如图 18-33 所示。读取两个文件中的数据，合并到一个名为 user_order 的 DataFrame 对象中，完成如下任务。（注，图中信息均为虚拟数据。）

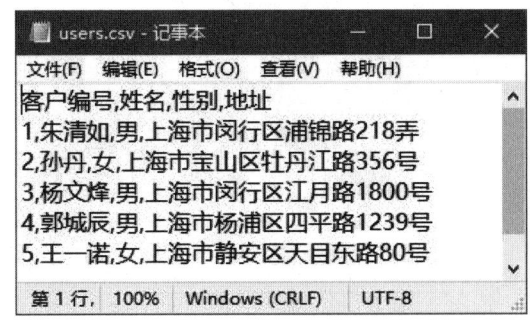
图 18-32 users.csv

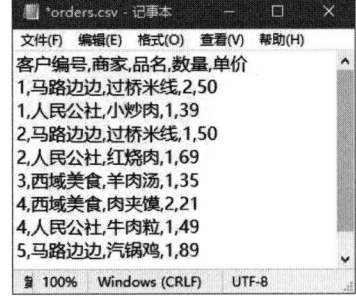
图 18-33 orders.csv

（1）查看 user_order 的行索引、列索引、各列的数据类型。
（2）查看订了"过桥米线"的客户的姓名。
（3）查看哪些客户在"马路边边"或者"人民公社"订过餐。

（4）为 user_order 增加“小计”列（小计=数量×单价）。

（5）计算每位客户的订餐总金额和所有订单的总金额。

（6）计算每个商家的订单数量和订单的平均金额。

（7）输出订单来自哪些商家（重复的只输出一次）。

（8）将“姓名”“品名”“数量”“小计”4 列的数据按“小计”列降序排序后，写入文件 out. csv。

8．现有如图 18-34 所示的学生身高和体重信息，数据保存在“身高和体重.xlsx”文件中，请根据图中的信息完成以下操作：

	A	B	C	D	E	F	G	H
1		年级	姓名	年龄	性别	身高（cm）	体重（kg）	
2	0	大一	李宏卓	18	男	175	65	
3	1	大二	李思真	19	女	165	60	
4	2	大三	张振海	20	男	178	70	
5	3	大四	赵鸿飞	21	男	175	75	
6	4	大二	白蓉	19	女	160	55	
7	5	大三	马腾飞	20	男	180	70	
8	6	大一	张晓凡	18	女	167	52	
9	7	大三	金紫萱	20	女	170	53	
10	8	大四	金烨	21	男	185	73	

Sheet1

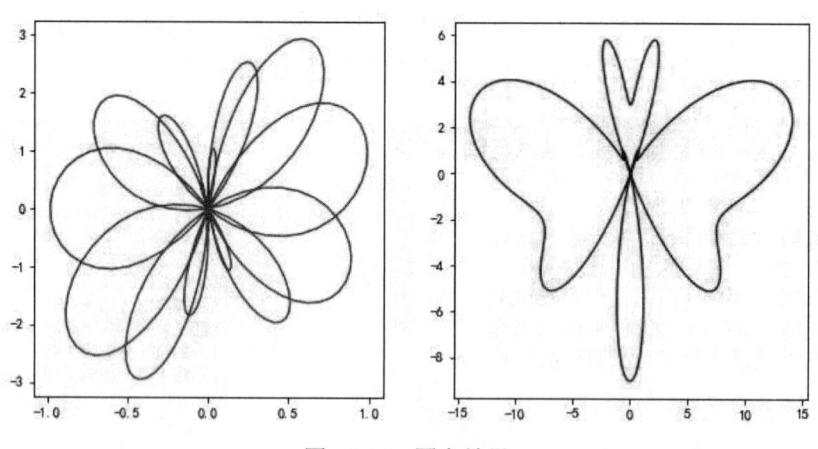

图 18-34 “身高和体重.xlsx”文件与数据

（1）根据年级信息为分组键，对学生信息进行分组，并输出大一学生信息。

（2）分别计算出四个年级中身高最高的同学。

（3）计算大一学生与大三学生的平均体重。

9．创建一个 1 行 2 列的绘图区，参考下面的参数方程，在第 1 行第 1 列绘制第一个蝶形图案，在第 1 行第 2 列绘制第二个蝶形图案，效果如图 18-35 所示。

图 18-35 图案效果

第一个蝶形图案的参数方程为
$$\begin{cases} p = \sin 3\theta \cos 3\theta \\ x = p(1-\cos 5\theta) \\ y = p(1-5\sin 5\theta) \end{cases}$$

第二个蝶形图案参数方程为 $\begin{cases} x = 3Q\cos\theta \\ y = 3Q\sin\theta \end{cases}$

其中：$Q=-3\cos2\theta+\sin7\theta-1$，$\theta$ 的取值范围为 $-\pi\sim\pi$，步长为 0.01。

10．有 100 名学生的期末成绩保存在"期末成绩.xlsx"文件中，部分数据如图 18-36 所示。设计一个程序可从 Excel 文件中读取学生的 python 成绩，统计各个分数段（90 分及以上、80～89 分、70～79 分、60～69 分、60 分以下）的学生人数，并用条形图展示学生成绩分布，如图 18-37 所示。同时，计算出最高分、最低分、平均分等分析指标。

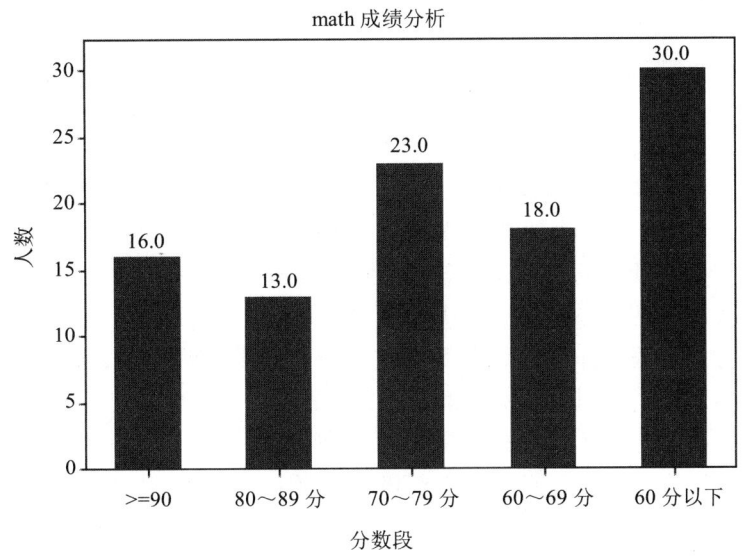

图 18-36　"期末成绩.xlsx"文件及部分数据

图 18-37　学生成绩分布条形图示意

11．创建两个数据表 staff.xlsx 和 salary.xlsx，结构如图 18-38 和图 18-39 所示，完成以下任务。

编号	姓名	性别	工龄	部门	工作日期
0101	彭子芳	女		测试部	1993/11/12
0102	李蕾	女		测试部	1999/5/13
0103	王东杰	男		测试部	1993/8/8
0104	陈国臣	男		市场部	19930125
0201	梁初晴	女		销售部	2002/6/18
0202	胡兆丰	男		销售部	1999/8/17
0203	刘欣瑞	男		市场部	1996/6/14
0301	胡玉婷	女		市场部	1995/10/8
0302	刘孟奇	男		市场部	2000/9/16
0303	张宇豪	男		销售部	2001/4/21
0304	魏旭林	男		开发部	2000/6/26
0305	秦巧	女		开发部	2002/9/30
0401	孙嘉琪	男		开发部	1999/5/16
0402	魏金今	男		开发部	1996/3/23
0403	瞿红英	女		开发部	2005/10/12

员工信息

图 18-38 staff.xlsx 文件及数据

编号	基本工资	奖金	实发工资
0101	6600	620	
0102	3400	510	
0103	6200	555	
0104	6450	700	
0201	2400	400	
0202	2250		
0203	4400	530	
0301	4800	618	
0302	2000		
0303	2900	476	
0304	3050	499	
0305	2400	418	
0401	3600	506	
0402	4400		
0403	3650	450	

工资 Sheet ...

图 18-39 salary.xlsx 文件及数据

（1）输入数据，完善两张数据表。

（2）查看 salary.xlsx 中数据的缺失情况，将“奖金”字段的缺失值用 0 填充。

（3）检查“工作日期”的格式是否符合“yyyy-mm-dd”，对不符合的进行转换。

（4）计算“实发工资”，实发工资=基本工资+奖金。

（5）将“编号”字段用作键，合并两个数据表，生成新数据表 staff_salary.xlsx。

（6）对“基本工资”列进行 Min-Max 标准化变换。

（7）计算并分析“基本工资”列的离散程度指标。

（8）统计“实发工资”分别在 1000～2000、2001～3000、3001～4000、4001～5000 以及 5000 以上的人数，并画出直方图。

12.（综合题）超市数据分析与可视化。随着互联网与大数据的发展，电商行业得到飞速发展，每天产生成千上万的数据，挖掘出其中的价值尤为重要。在电商超市数据分析中，分析的内容主要包括三个方面：为高管提供盈利性分析，为运营部门提供产品分析，为销售部门提供客户分析。

本题包括三个数据集：supermarket.xlsx、category.xlsx、region.txt。

（1）supermarket.xlsx。如图 18-40 所示，supermarket.xlsx 数据集包括字段：利润率、产品 ID、产品名称、利润、发货日期、国家、城市、子类别、客户 ID、客户名称、折扣、数量、省、细分、订单 ID、订单日期、邮寄方式、销售额。

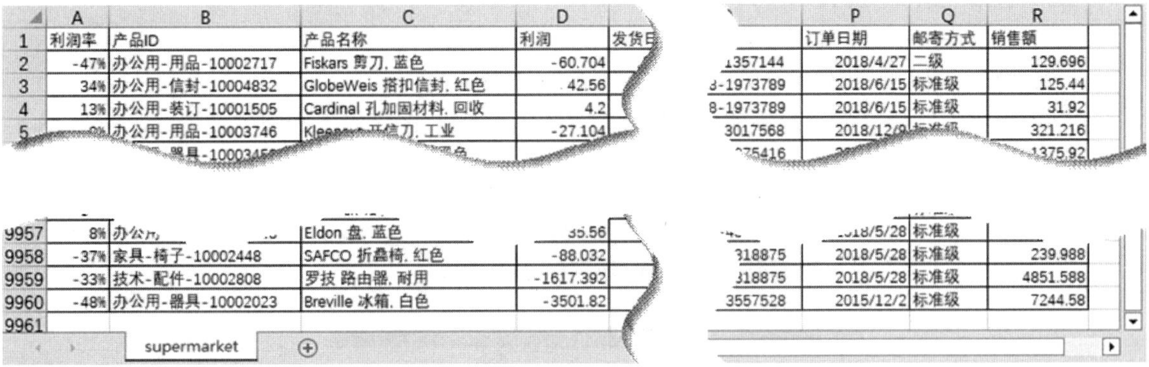

图 18-40　supermarket.xlsx 文件及部分数据

（2）region.txt。如图 18-41 所示，region.txt 数据集包括字段：地区、省。

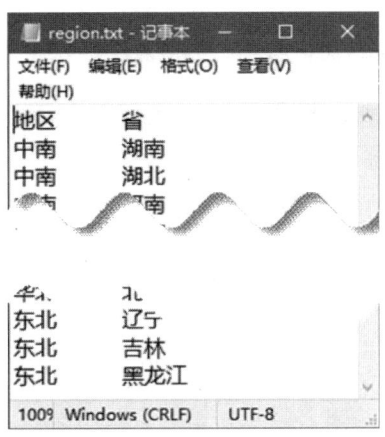

图 18-41　region.txt 数据集

（3）category.xlsx。如图 18-42 所示，rcategory.xlsx 数据集包括字段：子类别、类别。

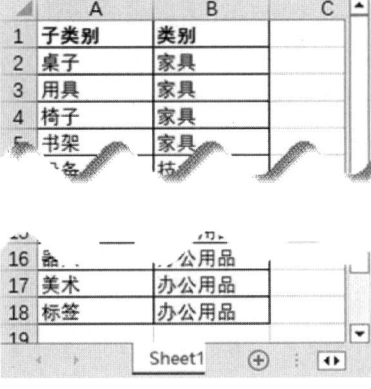

图 18-42　rcategory.xlsx 数据集

要求完成如下操作。

（1）统计销售金额排名前 5 的产品，找出热销商品。

（2）计算所有年份的利润，分析利润变化趋势。

（3）计算 2015—2018 年的利润环比。

（4）计算 2016 年中南地区办公用品的平均每月利润。

（5）分析不同地区的不同类别对于销售金额的影响。

（6）根据不同地区的平均销售额绘制条形图，分析哪些地区的平均销售额较高，如图 18-43 所示。

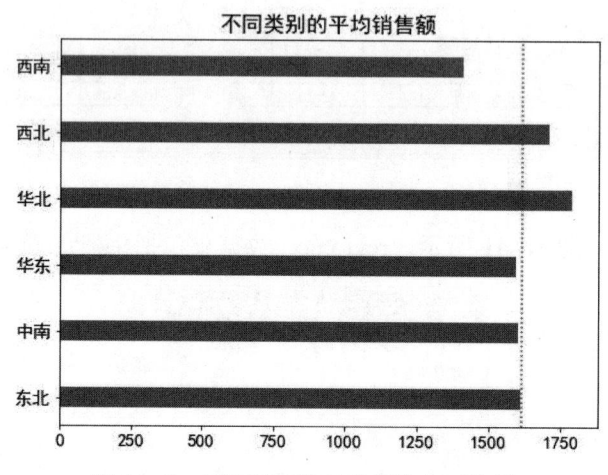

图 18-43　不同地区的平均销售额对比图

（7）根据不同月份的平均销售额、平均利润、平均利润率，在同一个绘图窗口中绘制多子图柱形图与折线图，并分析哪些月份销售和利润情况较好，如图 18-44 所示。

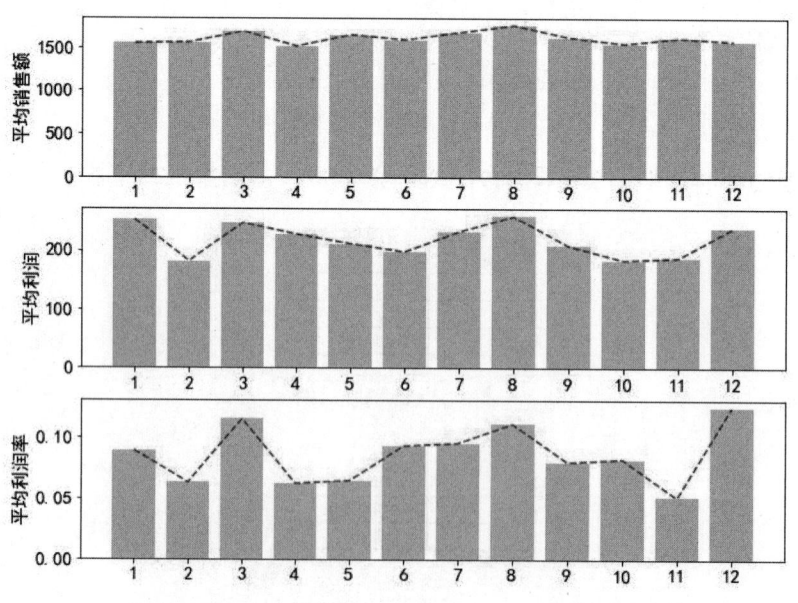

图 18-44　不同月份的平均销售额、利润和利润率

（8）根据不同邮寄方式的利润绘制环形图，并分析哪些邮寄方式的利润和较高，如图 18-45 所示。

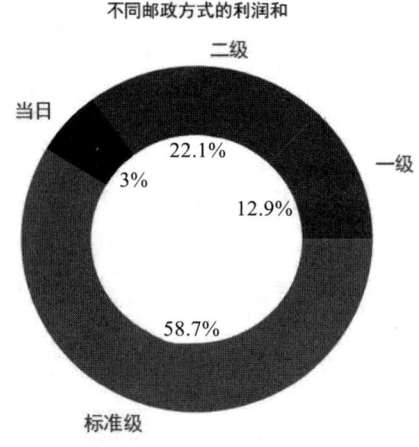

图 18-45　不同邮寄方式的利润环形图

（9）给出分析结论。

参 考 文 献

[1] 龚沛曾，杨志强．大学计算机上机实验指导与测试[M]．7 版．北京：高等教育出版社，2017．
[2] 何振林，罗奕．大学计算机基础上机实践程[M]．7 版．北京：中国水利水电出版社，2022．
[3] 林沣，钟明．Office 2016 办公自动化案例教程[M]．北京：中国水利水电出版社，2019．
[4] 姜春峰．大学计算机基础实验教程（Windows 7/10 + Office 2016) [M]．北京：清华大学出版社，2021．
[5] 徐红云，解晓萌，郭芬，等．大学计算机基础实验指导与习题集[M]．3 版．北京：清华大学出版社，2018．
[6] 陈晓文，熊曾刚，王曙霞，等．大学计算机基础实验教程[M]．2 版．北京：清华大学出版社，2020．
[7] 方其桂．PowerPoint 多媒体课件制作实例教程（微课版）[M]．3 版．北京：清华大学出版社，2019．
[8] 教育部考试中心．全国计算机等级考试二级教程：二级 MS Office 高级应用与设计上机指导（2021 版）[M]．北京：高等教育出版社，2020．
[9] 未来教育．全国计算机等级考试上机考试题库：二级 MS Office 高级应用[M]．四川：电子科技大学出版社，2022．
[10] 高海英，陈承欢．Python 数据分析与可视化典型项目实战（微课版）[M]．北京：人民邮电出版社，2024．
[11] 曹洁．Python 程序设计与项目实践教程[M]．北京：机械工业出版社，2023．
[12] 孙仁鹏，何淼，董志勇．数据分析应用项目化教程（Python）[M]．北京：高等教育出版社，2023．
[13] 赵广辉，李屾，秦珀石，等．Python 程序设计基础实践教程[M]．北京：高等教育出版社，2021．
[14] 林川，章杰，郭剑，等．Python 语言程序设计上机指导与习题解答[M]．北京：清华大学出版社，2024．
[15] 王辉，张中伟．Python 实验指导与习题集[M]．北京：清华大学出版社，2020．
[16] 王利娟．Python 程序设计实验教程[M]．北京：电子工业出版社，2024．
[17] 储岳中，薛希玲．Python 程序设计实践教程[M]．2 版．北京：人民邮电出版社，2024．
[18] 张莉，陶烨．Python 程序设计（第 2 版）实验指导[M]．北京：高等教育出版社，2022．